煤气安全作业

主　编　高永刚

副主编　魏三伦　李积虎

U0316599

中国铁道出版社

CHINA RAILWAY PUBLISHING HOUSE

内 容 简 介

本书介绍了冶金企业副产的煤气安全作业问题，包括：几种常见人工煤气的回收及其安全操作；煤气柜设置、容量、安全要求和异常情况处理，以及煤气管道及其附属装置；煤气事故的预防与处理，煤气管网操作、维护和检修，煤气安全的防护技术。

本书强调实践性和可操作性，适合作为冶金企业煤气工程管理人员、作业人员和相关人员的培训教材，也可作为城市煤气用户的常识性读物。

图书在版编目（CIP）数据

煤气安全作业/高永刚主编. —北京：中国
铁道出版社，2011.9
ISBN 978-7-113-13406-8

Ⅰ.①煤… Ⅱ.①高… Ⅲ.①煤气工程—安全技术—
技术培训—教材 Ⅳ.①TQ54

中国版本图书馆 CIP 数据核字（2011）第 165606 号

书　　名：煤气安全作业	
作　　者：高永刚　主编	

策　　划：李小军	读者热线：400-668-0820	
责任编辑：李小军		
编辑助理：孟　利　董志乔		
封面设计：付　巍	封面制作：白　雪	
责任印制：李　佳		

出版发行：中国铁道出版社(北京市宣武区右安门西街8号　邮政编码:100054)
网　　址：http://www.tdpress.com，http://www.edusources.net
印　　刷：航远印刷有限公司
版　　次：2011年9月第1版　2012年2月第2次印刷
开　　本：700mm×1000mm　1/16　印张：18　字数：362千
印　　数：3001～5000册
书　　号：ISBN 978-7-113-13406-8
定　　价：28.00元

前　言

煤气是由多种可燃成分组成的一种气体燃料。煤气的种类繁多,成分也很复杂,一般可分为天然煤气和人工煤气两大类。天然煤气是通过钻井从地层中开采出来的,如天然气、煤层气。人工煤气则是利用固体或液体含碳燃料热分解或汽化后获得的,常见的有焦炉煤气、高炉煤气、转炉煤气、发生炉煤气、油煤气等。

高炉是钢铁企业冶炼生铁的设备。高炉冶炼生铁的炉料是以铁矿——原矿或烧结矿为主要原料,冶金焦炭作燃料和还原剂,还有石灰石等附加物料组成的。在冶炼过程中,由于焦炭中的碳素在炉缸内与风口鼓入的热风相遇燃烧,并由开始空气过剩而逐渐变成空气不足的燃烧,结果产生了高炉煤气。净化的高炉煤气是无色、无味、剧毒的易燃易爆气体。

当今世界的转炉炼钢生产,都是氧气顶吹或顶、底复合吹炼转炉。氧气顶吹转炉在吹炼过程中,由于铁水中碳的氧化产生了炉气,其炉气量的大小主要取决于吹氧量及铁水含碳量的多少。因为炉内温度很高,所以碳的主要氧化物是 CO,也就是转炉煤气的主要成分。净化的转炉煤气是无色、无味、有剧毒的易燃易爆气体。

炼焦生产工艺就是煤的干馏过程,即煤在隔绝空气加热时,其中的有机质在不同的温度下,发生一系列变化,结果形成数量和组成不同的气态、固态产物。在炼焦末期形成了焦炭,炼焦过程中副产了大量的焦炉煤气。净化的焦炉煤气是无色、有臭味、有毒的易燃易爆气体。

任何一种副产煤气都是由一些单一气体混合而成。其中可燃气体成分有 CO、H_2 和其他气态碳氢化合物以及 H_2S。不可燃的气体成分有 CO_2、N_2 和少量的 O_2。除此之外,在气体燃料中还含有水蒸气、焦油蒸气以及粉尘固体微粒。主要组成副产煤气的单一气体的物理化学性质如下:

(1)甲烷:化学式 CH_4,无色、无味气体,质量密度 $0.715\ kg/m^3$,难溶于水。热值为 $35\ 671\ kJ/m^3$,着火温度为 $650\sim750℃$。与空气混合可引起剧烈爆炸,爆炸范围为 $5.4\%\sim15\%$。当空气中甲烷浓度高达 25% 时才有毒性,可引起头痛、头晕、乏力、注意力不集中、呼吸和心跳加速、共济失调。若不及时远离,可致窒息死亡。皮肤接触液化的甲烷,可致冻伤。

(2)乙烷:化学式 C_2H_6,无色、无味气体,难溶于水,热值 $63\ 690\ kJ/m^3$,着火温度为 $520\sim630℃$,空气中的爆炸范围为 $5\%\sim12\%$。高浓度时,有单纯性窒息作用。空气中浓度大于 6% 时,出现眩晕、轻度恶心、麻醉症状;达 40% 以上时,可引起惊厥,甚至窒息死亡。

(3)氢气:化学式 H_2,无色、无味气体,难溶于水,热值为 10 747.5 kJ/m³,着火温度为 580～590 ℃,爆炸范围为 4.2%～74%。

(4)一氧化碳:化学式 CO,无色、无味气体,质量密度为 1.25kg/m³,热值为 16 269 kJ/m³,着火温度为 644～658 ℃,火焰呈蓝色。爆炸范围为 12.4%～75%。CO 毒性极强,空气中含有 0.06% 即有害于人体,含 0.2% 时可使人失去知觉,含 0.4% 时可使人迅速死亡。空气中允许 CO 的最高质量浓度为 30 mg/m³。

(5)硫化氢:化学式 H_2S,无色、具有浓厚的臭鸡蛋气味的剧毒气体。易溶于水,质量密度为 1.539 kg/m³,热值为 23 669 kJ/m³,着火温度为 364℃,火焰呈蓝色。当浓度为 0.04% 时即有害于人体,0.1% 时可致命。室内气体最大允许质量浓度为 10 mg/m³。

(6)二氧化碳:化学式 CO_2,为略有气味的无色气体,易溶于水,质量密度为 1.977 kg/m³,空气中 CO_2 浓度达 25 mg/L 时,刺激呼吸系统,引起呼吸加快、困难,并有窒息、中毒的危险,浓度为 163 mg/L 时可致命。

(7)氧气:化学式 O_2,无色、无味气体。助燃,空气中约含有 21%,质量密度为 1.429 kg/m³。

冶金企业副产的煤气,主要被作为燃料由工业窑炉和城市煤气用户使用。因其存在易中毒、着火、爆炸的危险性,为避免相关事故的发生,达到安全生产、回收、储存、输送、使用以及节能、减少环境污染的目的,有必要对煤气作业场所、作业人员加强专业管理。

本书由高永刚任主编,魏三伦、李积虎任副主编。本书于 2005 年完成初稿,先以内部教材形式使用,在几年的教学实践中又进行了修改和补充。

为保证教材的编写质量,我们编写组进行了审核和校订。但因经验不足,时间仓促,水平有限,缺点错误在所难免。希望读者多提宝贵意见,以便日后进一步完善。

编　者
2011 年 5 月

目　　录

第一章

高 炉 煤 气

第一节 高炉煤气的产生概述

高炉煤气的产生几乎贯穿高炉生铁冶炼的全过程,在这个过程中,各种参与物质在炉内各区域进行着错综复杂的物理和化学变化,最终在炉底形成生铁和炉渣,在炉顶产生高炉煤气。

一、高炉炼铁工艺流程

高炉炼铁就是从铁矿石中将铁还原出来,并熔炼成液态生铁。铁矿石的种类主要有磁铁矿 Fe_3O_4、赤铁矿 Fe_2O_3、褐铁矿(即含水氧化铁矿石,包括水赤铁矿 $2Fe_2O_3 \cdot H_2O$、针赤铁矿 $Fe_2O_3 \cdot H_2O$、水针赤铁矿 $3Fe_2O_3 \cdot 4H_2O$、褐铁矿 $2Fe_2O_3 \cdot 4H_2O$、黄针铁矿 $Fe_2O_3 \cdot 2H_2O$、黄赭石 $Fe_2O_3 \cdot 3H_2O$、菱铁矿即碳酸盐矿石 $FeCO_3$)和人造富矿(球团矿、烧结矿)。为了使铁矿石中的脉石生成低熔点的熔融炉渣而排出,必须有足够的热量并加入溶剂(主要是石灰石)。在高炉炼铁中,还原剂和热量都是由燃料与鼓风供给的。目前所用的燃料主要是焦炭(含固定碳 $84\% \sim 85\%$、灰分 $12\% \sim 14\%$、硫分 $0.5\% \sim 0.6\%$、挥发分 $<1.2\%$、水分 $<2\% \sim 6\%$,以质量计),有的高炉还从风口喷入重油、天然气、煤粉等燃料,以代替部分焦炭。

高炉是一个竖式的圆筒形炉子,基本体包括炉基、炉壳、炉衬及其冷却设备和高炉框架。通常,高炉炉型即高炉内部工作空间的形状分为炉喉、炉身、炉腰、炉腹、炉缸五段。炉缸部分设有风口、铁口、渣口。从炉顶装入铁矿石、燃料(焦炭)、溶剂(石灰石),从高炉下部的风口处鼓入热风($1\,000 \sim 1\,300$ ℃),燃料中的碳素在热风中发生燃烧反应,产生具有很高温度的还原性气体(CO、H_2)。炽热的气流在上升过程中将下降的炉料加热,并与矿石发生还原反应。还原出来的海绵铁进一步熔化和渗碳,最后形成生铁。铁水定期从铁口排放。矿石中的脉石变成炉渣浮在液态的铁面上,从渣口排出。反应的气态产物即煤气从炉顶排出。

二、炉料在高炉内的主要变化

1. 炉料的蒸发和焦炭中的挥发物

炉料从炉顶装入高炉后,在下降过程中受到上升煤气流加热,首先水分蒸发。装入高炉的炉料,除烧结矿等熟料外,在焦炭及一些矿石中均含有较多的水分。可以分为吸附水和化合水两种。吸附水加热到 105 ℃时就迅速干燥和蒸发。高炉炉顶温度很高(用冷料时为 150~250 ℃,用热料时为 400~450 ℃),炉内煤气流速很快,因此吸附水在高炉上部很快蒸发。在炉料中以化合物存在的水叫结晶水,也叫化合水。一般存在于褐铁矿($nFe_2O_3 \cdot mH_2O$)和高岭土($Al_2O_3 \cdot SiO_2 \cdot 2H_2O$)中。褐铁矿中的结晶水在 200 ℃左右开始分解,400~500 ℃时分解迅速激增。高岭土在 400 ℃时开始分解,但分解速度很慢,到 500~600 ℃时才迅速进行。部分在较高温度下分解出的水分还可以与焦炭中的碳素反应。

在 500~1 000 ℃时:$\qquad$ $C+2H_2O \Longrightarrow CO_2+2H_2-83\ 134\ kJ$

在 1 000 ℃以上时:$\qquad$ $C+H_2O \Longrightarrow CO+H_2-124\ 450\ kJ$

焦炭中一般含有挥发物 0.7%~1.3%(按质量计),其主要成分是 N_2、CO、CO_2 等气体。焦炭到达风口前,被加热到 1 400~1 600 ℃时,挥发分全部挥发。由于挥发物的量少,对煤气成分和冶炼过程影响不大。但高炉炉顶温度很高,对还原也有影响。

2. 还原反应是高炉内最基本的反应

高炉内进行的还原方式共有三种,即直接还原、间接还原和氢还原。高炉炉料中铁的氧化物的存在形态大致有 Fe_2O_3、Fe_3O_4、Fe_2SiO_4、$FeCO_3$、FeS_2 等,但最后都经 FeO 的形态被还原成金属 Fe。矿石入炉后,在加热温度未超过 900 ℃时的高炉中上部,铁氧化物中的氧被煤气中的 CO 夺取而产生 CO_2。这种还原过程为**间接还原**。

温度低于 570 ℃时:
$$3Fe_2O_3+CO \Longrightarrow 2Fe_3O_4+CO_2+27\ 130\ kJ$$
$$Fe_3O_4+4CO \Longrightarrow 3Fe+4CO_2+17\ 160\ kJ$$

当温度高于 570 ℃时:
$$3Fe_2O_3+CO \Longrightarrow 2Fe_3O_4+CO_2+27\ 130\ kJ$$
$$Fe_3O_4+CO \Longrightarrow 3FeO+CO_2-20\ 890\ kJ$$
$$FeO+CO \Longrightarrow Fe+CO_2+13\ 600\ kJ$$

用固体碳还原铁的氧化物生成的气态产物是 CO,这种还原叫**直接还原**。
$$FeO+C \Longrightarrow Fe+CO-152\ 200\ kJ$$

由于铁矿石在下降过程中,在高炉上部的低温区已先经受了高炉煤气的间接还原,残存下来的铁氧化物主要以 FeO 形式存在。矿石在软化和熔化之前,与焦炭接触面积很小,反应的速度很慢,所以直接还原反应受到限制。

在不喷吹燃料的高炉上,煤气中的含 H_2 量只是 1.8%~2.5%。它主要是由鼓风中的水分在风口前高温分解产生。在喷吹料(特别是重油、天然气)的高炉,煤气中的含 H_2 量显著增加,约为 5%~8%。氢的还原也称间接还原。用氢还原铁氧化物的顺序与一氧化碳还原是一样的,在温度高于 570 ℃时还原反应分三步进行:
$$3Fe_2O_3+H_2 \Longrightarrow 2Fe_3O_4+H_2O+21\ 800\ kJ$$
$$Fe_3O_4+H_2 \Longrightarrow 3FeO+H_2O-63\ 570\ kJ$$
$$FeO+H_2 \Longrightarrow Fe+H_2O-27\ 700\ kJ$$

温度低于 570 ℃ 时：

$$3Fe_2O_3 + H_2 \Longrightarrow 2Fe_3O_4 + H_2O + 21\ 800\ kJ$$

$$Fe_3O_4 + 4H_2 \Longrightarrow 3Fe + 4H_2O - 146\ 650\ kJ$$

3. 炉缸内的燃烧反应

入炉焦炭中的碳素除了少部分消耗于直接还原和溶解于生铁外，大部分在风口前与鼓入的热风相遇燃烧。此外，还有从风口喷入的燃料（煤粉、重油、天然气），也要在风口前燃烧。高炉炉缸内的燃烧反应与一般的燃烧过程不同，它是在充满焦炭的环境中进行，即在空气量一定而焦炭过剩的条件下进行的。由于没有充足的氧，燃烧反应的最终产物为 CO、H_2、N_2，没有 CO_2。

在风口前氧气比较充足，最初有完全燃烧和不完全燃烧反应同时存在，产物为 CO 和 CO_2，反应式为：

完全燃烧：
$$C + O_2 \Longrightarrow CO_2 + 4\ 006\ 600\ kJ$$

不完全燃烧：
$$2C + O_2 \Longrightarrow 2CO + 234\ 980\ kJ$$

在离风口较远处，由于自由氧的缺乏及大量焦炭的存在，而且炉缸内温度很高，即使在氧充足处产生的 CO_2 也会与固体碳进行碳的气化反应：

$$C + CO_2 \Longrightarrow 2CO - 165\ 800\ kJ$$

干空气的成分中，$O_2 : N_2 = 21 : 78$，而氮气不参加化学反应，这样在炉缸中的燃烧反应的最终产物是 CO 和 N_2。总的反应可表示为：

$$2C + O_2 + (78/21)N_2 \Longrightarrow 2CO + (78/21)N_2$$

鼓风中还有一定量的水分，水分在高温下与碳发生以下反应：

$$C + H_2O \Longrightarrow CO + H_2 - 124\ 390\ kJ$$

此时炉缸反应最终产物除 CO 和 N_2 外，还有少量 H_2。

三、高炉煤气成分

带有一定水分的炽热空气进入高炉，使碳素及其他喷吹燃料燃烧，由于不完全燃烧而产生大量的 CO，同时由于水分和喷吹燃料的存在产生一定量的 H_2，空气中带入的 N_2 不参加化学反应，与 CO 和 H_2 一起形成上升气流，CO 和 H_2 与人造富矿或铁矿石进行反应，也有碳的还原反应，使铁形成滴状下滴，上升气流中 CO 及 H_2 逐渐减少，而 CO_2、H_2O 逐渐增加，上升气流达到炉顶时仍有相当数量的 CO 和 H_2 存在于炉气中，经净化和物理能回收后输出即为净高炉煤气。按氮气平衡计算，如每吨铁鼓风 $1\ 250\ m^3$，鼓风中氮含量 78%，高炉煤气中氮含量 56%，则每吨铁可产煤气：$V_高 = (78/56) \times 1\ 250\ m^3 = 1\ 741\ m^3$。通常高炉冶炼每吨生铁大约产生煤气 $1\ 700 \sim 3\ 000\ m^3$。高炉煤气成分和主要参数大致为（体积百分率）：

含有 $CO_2(15\% \sim 20\%)$、$CO(22\% \sim 30\%)$、$H_2(1\% \sim 3\%)$、$O_2(0.8\%)$、$N_2(56\% \sim 58\%)$ 和微量的 CH_4。其发热量为 $3\ 350 \sim 3\ 770\ kJ/m^3$，理论燃烧温度为 $1\ 500\ ℃$，着火温度为 $700\ ℃$ 左右。是无色、无味、剧毒的易燃易爆气体。爆炸范围为 $30.84\% \sim 89.49\%$。

第二节　高炉煤气回收的意义

广义来说,高炉煤气的回收应包括为化学能利用的可燃气体的回收和存在于煤气中的物理能的回收利用。物理能指炉内余压(炉顶煤气压力,即顶压)和热能的回收利用。

一、化学能的回收利用

高炉煤气化学能的回收就是利用煤气中的可燃成分的燃烧热来加热炉、窑、机组,即作为燃料。

传统的方法是将炉顶引出的煤气进行除尘、降温后使用。先经重力除尘器,再经洗涤塔和文氏管除尘器进一步除尘并降温(也有不用洗涤塔而用经串联文氏管装置的),最后经脱水器和减压阀组脱水降压后送入输气总管,再分输到各高炉煤气用户。除湿法除尘外,还有的采用干法除尘,如采用布袋过滤或干法静电除尘(Electrostatic Precipitator, EP)。采用干法除尘有利于高炉煤气余压、热能利用,约可多发 30% 电量。

二、物理能的回收利用

高炉煤气物理能的利用是指炉顶高炉煤气所具有的较高压能和一定的热能。现代大高炉顶压一般为 $0.2 \sim 0.25$ MPa。

回收方法一般是设置顶压回收透平(Top Pressure Recovery Turbine, TRT)带动发电机发电。在高炉利用系数为 2、顶压为 0.2 MPa、煤气量为 47×10^4 m³/h 的情况下,如采用湿法除尘,进入 TRT 的煤气温度为 55 ℃时,其每小时发电量为 1.1×10^4 kW·h;如采用干法除尘,则煤气中热能得到利用,其进入的煤气温度将提高到 $125 \sim 180$ ℃,如按 125 ℃计算,在其他参数相同的情况下,其每小时发电量将增到 1.43 万 kW·h,增幅达到 30%。

第三节　高炉煤气除尘基本原理与设备

从炉顶排出的煤气含尘量约为 $10 \sim 40$ g/m³,温度为 $150 \sim 300$ ℃,会影响输送管道的安全及煤气燃烧效果,因此应除尘降温后使用。一般工业燃烧器要求煤气含尘量要小于 $5 \sim 10$ mg/m³。为降低煤气中的饱和水,一般将煤气温度降至 40 ℃以下。

煤气中的炉尘主要来自矿石和焦炭中的粉末,含有大量的含铁物质和含碳物质,回收后可以作为烧结原料加以利用。

按除尘后煤气所能达到的净化程度,除尘设备可以分为以下三类:

(1)粗除尘设备:比如重力除尘器等,粗除尘后煤气含尘量为 $1 \sim 6$ g/m³。

(2)半精细除尘设备:包括洗涤塔、一级文氏管、一次布袋除尘器等,除尘后煤气含尘量为 $0.05 \sim 1 \ g/m^3$。

(3)精细除尘设备:如电除尘设备、二级文氏管、二次布袋除尘器等,除尘后煤气含尘量为 $0.002 \sim 0.1 \ g/m^3$。

一、除尘基本原理

高炉煤气带出的炉尘微粒为 $0 \sim 500 \ mm$ 之间的小颗粒。颗粒在气体中沉降,由于气体有一定的黏度,粒径越小质量密度越轻的颗粒,具有相对较大的表面积,沉降速度越低,越不容易沉积,$10 \ mm$ 以下的颗粒,沉降速度只有 $1 \sim 10 \ mm/s$。

实际的除尘过程是循序渐进的。一般 $60 \sim 100 \ mm$ 以上的颗粒除尘称为粗除尘,常用重力除尘器。$20 \ mm$ 以上的颗粒除尘称为半精细除尘,常用湿法除尘。小于 $20 \ mm$ 的颗粒除尘称为精细除尘,常用文氏管、静电除尘器、布袋除尘器等。

二、除尘设备

1. 重力除尘器

重力除尘器是荒煤气进行除尘的第一步除尘装置。其工作原理是:经下降管流出的荒煤气从重力除尘器上部进入,沿中心导管下降,在中心导管出口处流向突然倒转 $180°$ 向上流动,流速也突然降低,荒煤气中的灰尘因惯性力和重力作用而离开气流,沉降到重力除尘器的底部,通过清灰阀和螺旋清灰器定期排出。

除尘器直径的大小根据煤气在除尘器内的流速而定。通常根据经验数据来选择其直径大小,也就是要保证煤气在除尘器内的流速不超过 $0.6 \sim 1.0 \ mm/s$。上限适用于高压高炉。除尘器直筒部分高度决定于煤气在除尘器内的停留时间,一般要保证煤气停留时间为 $12 \sim 15 \ s$。导入管口以下高度决定于贮灰体积,一般应能满足三天的贮灰量。我国不同容积的高炉所用重力除尘器尺寸如表 1-1 所示。

表 1-1 我国不同容积的高炉所用重力除尘器尺寸

炉容/m³	100	255	620	1 000	1 513	2 025	2 516
除尘器直径/mm	4 016	5 894	8 000	8 028	11 012	12 032	13 258
直筒部分高度/mm	6 000	7 000	10 000	11 484	12 080	13 400	13 860
喇叭管上口/mm	1 112	2 016	2 550	3 240	3 524	3 520	3 500
喇叭管下口/mm	1 612	2 936	3 800	3 740	3 524	3 520	3 500

重力除尘器一般的除尘效率可达 80%,出口含尘量为 $2 \sim 10 \ g/m^3$。这种重力除尘器阻力小,只有 $0.196 \sim 0.245 \ kPa$。其尺寸越大,煤气流动速度越小,除尘效率越高。

螺旋清灰器由清灰阀、螺旋推进器、出灰箱、配水管、蒸汽管及加水灰泥出口等组成。螺旋清灰器安装在重力除尘器底部出灰口处,它通过开启清灰阀将炉尘从下口排出落入车皮中运走,蒸汽则从排气管排出。这种装置除了解决干尘飞扬的问题,还可以按一定的速度排灰。但有时易被除尘器里掉下来的砖卡住。

2. 洗涤塔

不能除去的细颗粒灰尘,就要靠洗涤的方法加以进一步清除。应用较多的半精细除尘设备是空心洗涤塔。可使含尘量降到 $0.05\sim1$ g/m³。其作用有二:一是除尘,二是冷却煤气(约降至 $30\sim40$ ℃),以降低煤气中水的含量。

洗涤塔除尘原理:靠尘粒和水滴碰撞而将尘粒吸收,靠除尘过程中形成的蒸汽,以尘粒为中心,促使尘粒聚合成大颗粒;由于重力作用,大颗粒尘粒离开煤气流随水一起流向洗涤塔下部,与污水一起经塔底水封排走;与此同时,两者进行热交换,降低煤气温度。经冷却和洗涤后的煤气由塔顶部管道导出。

空心洗涤塔内设有三层喷水管,上层向下喷水,中下层向上喷水,上层喷水量占全部喷水量的 60%。为保证除尘效率,最上层水压不应小于 0.15 MPa,这样就可以将煤气含尘量由 $2\sim8$ g/m³ 降到 0.8 g/m³ 左右,除尘效率可达 $80\%\sim90\%$。压力损失为 $78\sim196$ kPa。煤气在塔内的平均流速一般为 $1.8\sim2.5$ m/s。

对于洗涤塔的排水机构,在常压高炉内可采用水封排水,水封高度与煤气压力相适应,不小于 29.4 kPa。当塔内煤气压力加上洗涤水压力超过 29.4 kPa 时,水就不断从排水管排出,当小于 29.4 kPa 时则停止排水。在塔底还安设了排放淤泥的放灰阀。

高压洗涤塔由于压力高,需要采用浮子式水面自动调整机构,当塔内压力突然增加时,水面下降,通过连杆将蝶阀关小,则水面又逐步回升;反之,则将蝶阀开大。

3. 文氏管

煤气经洗涤塔洗涤后,仍有一部分灰尘悬浮于煤气中。由于所剩灰尘颗粒更细,不能被洗涤塔喷水所润湿,因此必须用强大的外加力量来使其聚成大颗粒而与煤气分离。用文氏管可以达到这一目的。用它可以将煤气含尘量净化到 20 mg/m³ 以下。在高压高炉的煤气系统上,文氏管称为精除尘设备,它由收缩管、喉管、扩展管三部分组成,一般在收缩管前设有两层喷水管,在收缩管后设有一个喷嘴。

文氏管按喉口有无溢流可分为两类:喉口有均匀水膜的称为溢流文氏管,喉口无水膜的称为文氏管。按喉口有无调节装置亦可分为两类:喉口装有调节装置的称为调径文氏管,喉口无调节装置的称为定径文氏管。

文氏管的工作原理是:把煤气和水以极大的流速通过一个收缩口,水被高速煤气流雾化,煤气中的灰尘被细小的水雾浸湿,使水滴和灰粒凝聚在一起,最后在重力式灰泥捕集器内使水滴脱离煤气流。

溢流文氏管多用于清洗高温的未饱和的荒煤气。文氏管口上部设有溢流水箱或喷淋冲洗水管,在喉口周边形成一层均匀的连续不断的水膜,避免灰尘在喉口壁上聚集,同时降温并保护文氏管。

4. 静电除尘器

在高炉炉顶煤气压力不超过 147 kPa 的高炉上,为了得到含尘量更低的煤气,可用静电除尘器作精细除尘设备,它可将煤气净化到含尘 10 mg/m³ 以下,且高炉操作波动对其影响较小;流经静电除尘器的煤气压头损失小,只有 588~784 Pa;耗电量少,一般为 0.7 kW·h/m³(煤气)。

静电除尘器就是利用电晕放电,是含尘气体中的粉尘带电而通过静电作用进行分离的一种除尘装置。有平板式、管式和套管式几种。通常负极称为放电极(电晕极),正极接地称为集尘极(沉淀极)。其除尘原理是:煤气在高压(电压可达数万伏)静电场的两极间通过时,由于电晕放电作用使煤气电离,带负离子的部分气体聚焦在灰尘上,使灰尘带负电被正极所吸收,沉淀在正极上的灰尘失去电荷达到一定厚度,干式电除尘器经撞击使尘粒脱落,湿式电除尘器让水膜沿集尘极留下,去除电极上的灰尘。

5. 布袋除尘器

布袋除尘器是利用织物对气体进行过筛的,能处理 0.1~90 mm 的尘粒。除用于除尘外,还用于气动输送的捕集系统。它的最大优点是不用水,能节约脱水设备的投资,还能提高煤气的发热值。缺点是不能在高温下工作,一般织物要求气体温度不大于 100 ℃,玻璃纤维的要求气体温度不大于 350 ℃。另外,温度不能低于零点,以免水分凝结。

这种除尘设备除尘效果稳定,净煤气含尘量能经常保持在 10 mg/m³ 以下,并不受高炉煤气压力与流量波动的影响。

现在布袋除尘器的除尘袋多用玻璃纤维制作。滤袋做成直径 150~250 mm、长 2~4 m 的圆筒形袋,上下和法兰固定,使用高强度织物时直径可为 450~10 mm。每组由 10~50 个滤袋组成。单位面积上的气流速度常控制在使阻损不超过 980 Pa(一般在 490 Pa 上下),以防撕坏织物。为清除织物上的积灰,可定期地用机械振打,也可用压缩空气反吹。炉尘用螺旋输送机回收。

第四节 高炉煤气生产、净化设备的安全要求

一、一般安全要求

为防止煤气泄漏,高炉冷却设备与炉壳、风口、渣口以及各水套软探尺的箱体、检修孔盖的法兰和链轮都应保持密封,硬探尺与探尺孔间应用蒸汽或氮气密封,通入大、小钟拉杆之间的密封处旋转密封间的蒸汽或氮气的压力,应超过炉顶工作压力0.001 MPa。通入大、小钟之间的蒸汽或氮气管口不得正对拉杆及大钟壁。炉喉应有蒸汽或氮气喷头,旋转布料器外壳与固定支座之间应密封,无料钟炉顶的料仓上下密封阀,应采用耐热材料的软密封和硬质合金的硬密封。另外,要求高炉放散具有在正常压力下能放散全部煤气的能力,并且在高炉休风时能尽快将煤气排出,炉顶放散阀应比卷扬机绳轮平台至少高出 3 m,并能在下面主控室或卷扬机室控制操作,放散阀和盘阀之间要保持接触严密。

二、除尘器的安全要求

除尘器顶端至切断阀之间,应设蒸汽、氮气管接头,并且在除尘器顶及煤气管道最高点设放散阀及阀门。除尘器的下部和上部,应至少各有一个直径不小于 600 mm 的入口;并应设置两个出入口相对的清灰平台,其中一个出入口应能通往高炉值班室和高炉炉台。除尘器应设带旋塞的蒸汽或氮气管头;其蒸汽管或者氮气管应与炉台蒸汽包相连接,不能堵塞或冻结。用氮气赶煤气后,应采取强制通风措施,直至除尘器内残余氮气符合安全要求,才能进入除尘器作业。如采用除尘器,要求电除尘入口、出口设置煤气压力计,若煤气压力低于规定值要及时停止运行,应在除尘器入口、出口管道处设置可靠的隔断装置。电除尘器还应设置放散管和蒸汽管,在除尘器的沉淀板间,要有带阀门的连管,以免煤气在死角处聚集。此外,电除尘器还应设置在高炉煤气含氧量超过 1% 时能自动切断电源的装置。采用布袋除尘器时,要在布袋除尘器的每个出入口设置可靠的隔断装置,每个箱体应采用泄爆装置并设置放散管,此外还应设有煤气高低温度和低压报警装置。

三、洗涤塔、文氏管、洗涤器和灰泥捕集器的安全要求

常压高炉的洗涤塔、文氏管、洗涤器、灰泥捕集器和脱水器的污水排出管,其水封有效高度要保证 3 m 以上,并且压力应为高炉炉顶最高压力的 1.5 倍。高压高炉的洗涤塔、文氏管、洗涤器、灰泥捕集器下面的浮标箱和脱水器应使用符合高压煤气要求的排水控制装置,并要有可靠的水位指示器和水位报警器。水位指示器和水位报警器均应在管理室反映出来。各种洗涤装置要装蒸汽或氮气接头,在洗涤器顶部还应装有能在地面操作的安全泄压放散装置,洗涤塔的每层喷水嘴处应设对开人孔,每层喷嘴应设栏杆和平台。对可调文氏管、减压阀组必须采用可靠而严密的轴封,并设较宽的检修平台。另外,在每座高炉煤气净化设施与煤气总管之间,还应设可靠的隔断装置。

第五节　高炉煤气的安全操作

由于高炉煤气的成分和性质决定了其极易造成操作人员中毒,且比较容易发生着火爆炸事故,因此操作中要注意防止中毒和爆炸事故的发生。

一、煤气净化(回收)系统

(1)在洗涤塔、文氏管系统处理时宜采用氮气置换空气或煤气的方法;如采用传统的直接以空气置换煤气(自然通风)的方法,则存在发生中毒事故的风险。必要时佩带空气呼吸器(或氧气呼吸器),自上面下地开启人孔,最终放掉底部水封中的水。

(2)采用湿法除尘时,要经常检查排水是否畅通。水存在过多会发生事故,如洗涤塔水位过高,往往引起塔体严重摇晃。

（3）湿法除尘工艺的塔、器水位要防止过低，以免发生煤气击穿水封，造成煤气外泄中毒事故。

（4）湿法除尘系统由于排水中能析出 CO，因此要防止排水口或地沟附近的人员中毒事故的发生。

（5）湿法除尘系统的给水管、水过滤器等装置检修时，一定要可靠地隔断煤气，以防止煤气倒窜入水系统而发生人员中毒事故。

（6）高炉休风净化系统处理残余煤气时，必须与高炉方面密切联系，残余煤气尚未处理完毕，决不允许打开式除尘器上的切断阀，以免具有爆炸性的混合气体被吸入炉顶而产生燃爆，造成严重后果。

（7）在净化系统各放散装置已满负荷放散，气柜贮量接近上限，而用户又不能增量的情况下，煤气压力急剧上升时，调度指挥中心应果断采取措施（可命令高炉减风或休风），以防止水封普遍击穿的严重后果发生，必要时（指非常情况下）调度指挥中心可以直接指示高炉鼓风机站减少风量输出。

（8）净化系统设备充氮封存期间，必须加强管理，防止盲目进入造成人员窒息死亡。

（9）鉴于在净化系统操作或驻留极易发生 CO 中毒事故，因此操作或驻留人员均应佩带便携式 CO 警报仪，一旦 CO 含量异常，应立即佩带氧气呼吸器查明原因，及时采取措施进行处理。

二、高炉（含重力除尘器、热风炉）煤气发生区域

（1）开炉时必须按制定的烘炉曲线烘炉。炉皮应有临时排气孔。经 24 h 连续联动试车正常后，才能开炉。

（2）开炉时冷风管应保持正压，除尘器、炉顶及煤气管道必须通入蒸汽或氮气，以驱除残余空气。送风后，中、小高炉炉顶煤气压力应为 0.003～0.005 MPa，大高炉炉顶煤气压力应为 0.005～0.008 MPa，并作煤气爆发实验，确认不会产生爆炸，才能接通煤气系统。

（3）待开工的高炉的热风炉开始烘炉之前以及高炉休风后进入炉内作业，必须卸下风管、堵住风口，还必须与高炉煤气总管及其他煤气源可靠隔断，并经检测炉内含 CO 合格，才允许进入高炉作业。

（4）热风炉烘炉或正常生产燃用煤气，都要勤观察、勤调整，确保煤气完全燃烧。

（5）采用套筒式或格栅式燃烧器的热风炉，烧炉期间应经常观察和调整煤气火焰，火焰熄灭时应及时关闭煤气闸板，查明原因，确认可重新点火时方可点火。煤气自动调节机失灵时，不得烧炉。

（6）热风炉炉皮烧红、开焊或者有裂纹时，应立即停用，及时处理。值班人员应至少每小时检查一次热风炉。

（7）热风炉管道及各种阀门应严密。热风炉与鼓风机站之间、热风炉各部位之间，

应有必要的安全联锁。突然停电时，阀门应向安全方向自动切换。放风阀应设在冷风管上。其操纵可在高炉值班室或泥炮操作室旁进行。为监测放风情况，操作处应设有风压表。

(8)热风炉使用的天然气或焦炉煤气，应在减风时关闭。

(9)入热风炉内作业时，要用盲板隔断煤气。

(10)高炉开工后，炉顶达到规定压力并对炉顶煤气成分分析，合格后方可接净化系统。

(11)停炉前，高炉与煤气系统必须可靠地分离开。采用打水法停炉时，应取下炉顶放散阀或其上的锥形帽。打水停炉料面时，不得开大钟或上、下密封阀，大钟和上、下密封阀不准有积水，炉顶温度应在 400～500 ℃ 范围内，应至少每小时分析一次煤气中的 CO_2、O_2 和 H_2 的体积浓度，H_2 的体积浓度应小于 6%。

(12)打水停炉降料面期间，应打开炉顶入口和放散阀，炉顶煤气应保持点燃状态。

(13)高炉采用封炉法休风时，应打开炉顶人孔和放散阀，炉顶煤气应保持点燃状态。

(14)高炉长期休风不进行炉顶点火时，炉顶包括大小料钟之间及整个煤气系统，应全部通入蒸汽且不得间断，且始终保持其正压状态。

(15)若高炉采用倒流休风而又没有设置倒流休风管，则必须将由炉内倒流过来的煤气引入已经烧热的热风炉内完全燃烧；同时应打开热风炉燃烧器的空气进口，为燃烧供应空气。

(16)鼓风机停风 1～1.5 min 又来风时可以继续送风，如停风时间超过 1.5 min，则应安全休风，以免煤气倒流到冷风系统发生事故。

(17)高炉高压、常压操作转换以及热风炉点炉、撤炉，均应预先与净化系统取得联系。高压转常压时应缓慢操作。防止瞬间流量过大，压力突增击穿总管水封，引起煤气外泄事故。

(18)净化系统配置有 TRT 装置的高炉煤气系统，必须设置自动控制炉顶压力的装置，以保证透平机正常运行时顶压波动≤±5 kPa，紧急切断时≤±8 kPa，TRT 发电机组甩对先进的大型高炉，甩负荷时的顶压波动值要求≤±10 kPa。保持炉顶压力稳定，既是保证高炉炉况正常的需要，同时也是保证安全运作的要求。

(19)高炉排风时，要保持一定的剩余压力，防止高炉煤气通过混风阀，进入冷风管与空气混合形成爆炸性混合气体。

(20)停送煤气时，要先用蒸汽清除剩余煤气(或空气)，以避免形成爆炸性混合气体。

(21)在高炉空料线很深的情况下休风点火，要保证火不会熄灭，并尽量排出燃烧后的废气。

(22)当炉膛火焰因煤气量少而熄灭时，应关闭煤气阀门或往炉堂内通蒸汽，直到没有煤气为止。

(23)当炉膛火焰因煤气量少而熄灭时,应关闭煤气阀门,使炉内煤气通过烟囱抽出去,切不可通入煤气。

(24)煤气管道压力低于 490 Pa(约 50 mm H_2O)时要关闭通往用户的煤气管网,防止产生负压时管网吸入空气发生爆炸。

(25)在煤气管道、设备上动火时,要保证设备和管道处于正压状态。

(26)煤气危险区(如热风炉、煤气发生设施附近)必须定期测定 CO 浓度。人员经常停留或作业的煤气区域,宜设置固定式 CO 监测报警装置,对作业环境进行监测。煤气区域的作业人员,应配备便携式 CO 警报仪。

第二章

转 炉 煤 气

氧气转炉炼钢法就是使用转炉,以铁水作为原料,以纯氧作为氧化剂,靠杂质的氧化热提高钢水温度,一般在 30~40 min 内完成的快速炼钢法(其中吹氧过程的时间通常为 12~18 min)。在这个过程中,产生大量的转炉煤气。目前主要的转炉炼钢法有氧气顶吹转炉炼钢法、氧气底吹转炉炼钢法、顶底复合吹转炉炼钢法。

氧气顶吹转炉炼钢法的吹炼过程如下:

上炉钢出完后,根据情况,加入调渣剂调整熔渣成分,并进行溅渣护炉,倒完残余炉渣,然后堵住钢口。转入废钢和兑铁水后,摇正炉体。下降氧枪的同时,由炉口上方的辅助材料溜槽加入第一批渣料(白云石、石灰、萤石、铁皮)和作冷却剂用的铁矿石,其量约为总渣量的 2/3。当氧枪降至规定枪位时,吹炼正式开始。

当氧流与熔池面接触时,硅、锰、碳开始氧化,称为点火。点火约几分钟,初渣形成并覆盖于熔池面。随着硅、锰、磷、碳的氧化,熔池温度升高,火焰亮度增加,炉渣起泡,并有小铁粒从炉口喷溅出来,此时应适当降低氧枪高度。在吹炼前期,熔池温度较低,熔池内硅、锰首先被氧化,碳的氧化速度较低,产生的炉气量较少,炉气中的 CO 含量相对比较低。

吹炼中期脱碳反应剧烈,渣中氧化铁降低,只是炉渣熔点增高和黏度加大,并可能出现稠渣(返干)现象。此时应适当提高枪位,并可分批加入铁矿石和第二批渣料(其余 1/3),以提高渣中氧化铁含量及调整炉渣性能。如果炉内化渣不好,则加入第三批渣料(萤石),其加入量视炉内化渣情况决定。熔池温度大于 1 470 ℃ 以后出现剧烈的碳氧反应,炉气中 CO 含量逐渐增加,炉气量随之增加而达到最大值。

吹炼末期,金属含碳量大大降低,脱碳反应减弱,火焰变得短而透明。最后根据火焰情况,供氧数量和吹炼时间等因素,按所炼钢种的成分和温度要求,确定吹炼终点,并提枪停止供氧(拉碳)、倒炉、测温、取样。根据分析结果,决定出钢或补吹时间。熔池中含碳量逐渐减少,脱碳速度变慢。

钢水成分(主要是碳、硫、磷的含量)和温度合格后,打开出钢口,倒炉挡渣出钢。当钢水流出总量的 1/4 时,向钢包内加入铁合金进行脱氧和合金化。

在氧气顶吹转炉炼钢过程中,含氧量超过 99.2% 以上的氧气流鼓吹入炉内,在使

Si、P、Mn、Fe 等元素氧化的同时,C 元素也被氧化,即进行脱碳过程,一般含碳量由4.3%降到0.2%。整个吹炼期只有 10%～20% 的碳燃烧变成 CO_2,其余的碳则氧化成 CO。如果在转炉炉口保持微正(差)压(0～20 Pa),则每一次吹炼期可获得含 CO70%左右的炉气,这就是转炉煤气。吹炼期内,炉气中 CO、CO_2、O_2 含量变化曲线见图 2-1。

第二节 转炉煤气回收工艺

转炉吹炼过程中,可以观察到在炉口排出大量棕红色的浓烟,这就是烟气。这股高温含尘气流冲出炉口进入烟罩和净化系统。烟气是指炉气进入除尘系统时与进入该系统的空气作用后的产物。采用未燃法的烟气主要成分是 CO,采用燃烧法的烟气主要成分是 CO_2。

采用未燃法或燃烧法除尘的依据是空气系数 $a<1$ 和 $a>1$。

空气系数 a 是实际空气吸入(或供给)量与完全燃烧的理论空气需要量的比值。当 $a<1$ 时,炉气不完全燃烧;随着 a 的增大,烟气量和温度增加,烟气中的 CO 含量减少,CO_2 含量增加。当 $a=1$ 时,炉气完全燃烧;烟气主要成分为 CO_2,其温度为 2 500～2 600 ℃。当 $a>1$ 时,炉气完全燃烧后还有剩余空气;随着 a 的增大,烟气量增大,烟气温度降低。

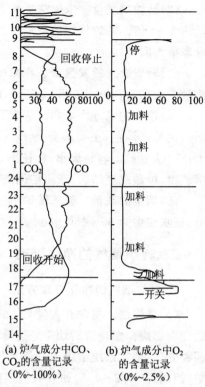

(a) 炉气成分中CO、CO_2的含量记录(0%～100%)　(b) 炉气成分中O_2的含量记录(0%～2.5%)

图 2-1　吹炼期内转炉气内 CO、CO_2 及 O_2 含量的变化曲线(热端测定)

转炉烟气中含有大量极细微的烟尘,是由于氧化、升华、蒸发、冷凝的热过程中形成的悬浮于气体中的固体颗粒。

一、转炉烟气与烟尘的性质

(1)转炉烟气的化学成分与温度。转炉烟气的化学成分随烟气处理方法不同而不同。采用未燃法或燃烧法的两种烟气成分差别甚大,见表 2-1。未燃法烟气温度一般为 1 400～1 600 ℃,燃烧法烟气温度一般为 1 800～2 400 ℃,因此在转炉烟气净化系统中必须设置冷却设备。

表 2-1　采用未燃法和燃烧法的两种烟气成分对比

成分/% 除尘方法	CO	CO_2	N_2	O_2	H_2	CH_4
未燃法	60～80	14～19	5～10	0.4～0.6	—	—
燃烧法	0～0.3	7～14	74～80	11～20	0～0.4	0～0.2

（2）转炉烟气量。未燃法平均烟气量为 60～80 m^3/t 钢。燃烧法的烟气量为炉气量的 3～4 倍。转炉烟气的数量在炉钢吹炼过程中变化很大，这给烟气净化回收操作带来很大困难。

（3）转炉燃气的发热量。在未燃法中烟气含 60%～80%（体积分数）CO 时，其发热量波动在 7 750～10 050 kJ/m^3；燃烧法的烟气只含物理热。

（4）烟尘的成分。未燃法烟尘呈黑色，主要成分是 FeO，其含量在 60% 以上；燃烧法烟尘呈红棕色，主要成分是 Fe_2O_3，其含量在 90% 以上。FeO 颗粒容易聚集，粒径大；Fe_2O_3 颗粒不容易聚集，粒径小，所以未燃法除尘效果好。转炉烟尘是含铁很高的精矿粉，可做成烧结矿、球团矿供高炉作原料。

（5）烟尘的数量。氧气转炉中，烟尘总量可占金属炉料的 1%～2%。烟气的含尘量，顶吹转炉为 80～150 g/m^3。

二、转炉烟气的净化处理

1. 转炉烟气的净化处理方法

（1）燃烧法。将含有大量 CO 的炉气在出炉口进入除尘系统时与大量空气混合使之完全燃烧。燃烧后的烟尘经过冷却和除尘后排放到大气中去。燃烧法冷却烟尘有两种方法：依靠系统借吸入过量空气（如控制 $a=3\sim4$）来降低烟气温度；利用余热锅炉（控制 $a=1.2\sim1.5$）回收大量热量生产蒸汽，同时使烟气得到冷却。

燃烧法由于未能回收煤气，吸入大量空气后，使烟气量比炉气量增大几倍，从而使净化系统庞大，建设投资和运转费用增加；烟尘的粒度细小，烟气净化效率低。但该法操作简便，系统运行安全，适用于小型转炉（烟气量少）。

（2）未燃法。炉气出炉后，通过降下活动烟罩缩小烟罩和炉口之间的缝隙，并采取其他措施（氮幕法、炉口微压差控制法、双烟罩法）控制系统吸入少量空气（$a=0.08\sim0.1$）；使炉气中的 CO 只有少量（8%～10%）燃烧成 CO_2，而绝大部分不燃烧，烟气主要成分为 CO，然后经冷却和除尘后将煤气回收利用。这种方法虽然使投资增加，却是一项有效的节能措施。

2. 烟气净化回收操作工艺

（1）全湿法。烟气进入一级净化设备即与水相激，称为全湿法除尘系统。有"两文一塔"式（即采用一级溢流文氏管、二级可调喉口文氏管、喷淋塔）和两级文氏管式（OG法）。虽然形式不同，但整个除尘系统中，都采用喷水的方式来达到降低烟气温度和除尘的目的。除尘效率与文氏管的用水量有关。这种系统耗水量大，且需要有处理大量泥浆的设备。

湿法净化系统典型流程是：烟气出转炉后，经汽化冷却器降温至 800～1 000 ℃，然后顺序经过一级文氏管、第一弯头脱水器、二级文氏管、第二弯头脱水器，在文氏管喉口处喷以洗涤水，将煤气温度降至 35 ℃左右。

　　OG 装置的烟尘排放质量密度可达 $50\sim100$ mg/m³，生产每吨钢可回收煤气 $100\sim123$ m³（含 CO 为 $60\%\sim70\%$）。

　　目前大多数的氧气顶吹转炉采用"未燃法"（即 OG 法）工艺。每一吹氧过程截取 CO 及 O_2 含量符合要求的一段时间的炉气送入贮气柜内，其余不合要求的炉气经放散管装置放空。CO 含量达到 25%，且含 $O_2\leqslant2\%$ 的炉气才允许入柜。为做到安全回收，必须有连续自动测定两种成分的仪表，并有将测出的数值信号输入计算机进行"回收"或"放空"的自动控制。

　　图 2-2 和图 2-3 所示为国内一般典型回收工艺流程和国外较为先进的回收工艺流程。

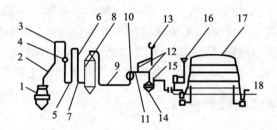

图 2-2　湿法除尘湿式气柜的转炉煤气生产（回收）净化流程

1—转炉；2—烟道、钢炉；3—热端取样点；4—一级文氏管；5—脱水器；6—二级文氏管；7—脱水器；
8—喷淋塔；9—节流装置；10—煤气风机；11—冷端取样点；12—联锁阀；13—风机后放散管；
14—水封逆止器（大水封）；15—柜前取样点；16—柜前放散管；17—贮气柜；18—送往柜后加压机

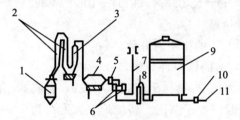

图 2-3　干法静电除尘干式气柜的转炉煤气生产（回收）净化流程

1—转炉；2—蒸汽锅炉；3—蒸发冷却器；4—干法静电除尘器；5—抽吸风机；
6—换向阀；7—放散管；8—冷却器；9—贮气柜；10—柜后加压机；11—送往用户

　　国内一般典型回收工艺流程是：转炉煤气通过炉口活动烟罩和风机前负压管段，先进入蒸汽锅炉，回收一部分物理热，再经溢流文氏管冷却除尘，经脱水装置脱水后进入喉管截面可调的文氏管再度冷却除尘，并进行调节气流截面（用米粒阀（Rice Damper，R-D 阀）进行调节控制）以保持炉口处的微小正压（相对于炉口外部压力而言），再经脱水装置而进入喷淋塔，最后经煤气流量计量截流装置和煤气风机抽吸并输出。煤气风机后设三通管并设两个相互联锁的严密阀，一为将炉气引到放散管的放空阀，另一为将炉气通过水封逆止器及正压管道引入转炉煤气贮柜的回收阀，再从贮气柜（起缓冲作用和气体均质作用）向各用户分配。有的流程还附有用高、焦炉煤气混合成与转炉煤气热值指数（WI）值一致的燃料气装置，作为转炉煤气气源的补充。

(2)干湿结合法。烟气进入次级净化设备才与水相遇,称为干湿结合法除尘系统。这是部分小转炉曾用过的一种除尘方式,即平旋器－文氏管烟气净化低压流程。

(3)全干法。净化过程中烟气完全不与水接触,称为全干法除尘系统。该法所得烟尘全是干灰。干式静电除尘净化回收法由德国开发,称为 LT 法。其主要工艺是烟气经炉口活动烟罩进入冷却烟道(包括余热锅炉),再进入蒸发冷却器,然后进入圆形静电除尘器。烟气经冷却烟道温度降至 1 000 ℃,然后用蒸发冷却器,再降至 200 ℃,经干式电除尘器除尘,含尘量低于 50 mg/m³ 的净煤气。适合作能源的煤气进入煤气柜,低热值的烟气导入烟囱,燃烧后排放。全干法的优点是避免了污水污泥的处理,压力损失小,占地面积小,运转费用低,干式系统比湿式系统投资约高 12%～15%,回收的煤气含尘度低,只有 10 mg/m³,无须建设污水处理设施,动力消耗低,但在管理上要求很严格,必须采取适当措施,防止煤气和空气混合形成爆炸性气体。此外,还有布袋除尘法和颗粒层除尘法。图 2-3 所示为较先进的干式静电除尘流程。

三、转炉烟气烟尘的综合利用

根据国内生产实践,每炼 1 t 钢可以回收含 CO 量约为 60% 的转炉煤气约 100 m³,全部利用后相当于节能 25 kg/t。

转炉煤气作为燃料,含氢量少,燃烧不产生水汽,而且不含硫,在钢包和铁合金的烘烤、轧钢加热炉、发电等领域使用广泛。其发热量可按下式计算:

$$Q = 12\ 636 \times \phi(CO) + 10\ 753\phi(H_2)$$

式中:Q——转炉煤气发热量,kJ/m³;

$\phi(CO)$——转炉煤气中 CO 的体积百分数,%;

$\phi(H_2)$——转炉煤气中 H_2 的体积百分数,%。

转炉煤气还可以作为化工原料,用于制作甲酸钠、合成氨、合成尿素、甲醇等产品。

回收转炉煤气的同时回收了蒸汽。转炉炉气温度约为 1 400～1 600 ℃。出炉口和空气混合燃烧后温度约为 1 800～2 400 ℃。这部分物理热通过汽化冷却烟道或余热锅炉以蒸汽形式回收,若烟道热负荷为 $(20～40) \times 10^5$ kJ/(m²·h),则平均产汽量为 600～700 m³/t(钢)。

回收的烟尘主要成分是 FeO、Fe_2O_3。未燃法 FeO 含量 67.16%,Fe_2O_3 含量 16.2%;燃烧法 FeO 含量 2.3%,Fe_2O_3 含量 16.2%。可作为烧结矿和球团矿的原料,还可以与石灰石制成合成渣,用于转炉造渣。

四、煤气净化与回收主要设备

1. 气化冷却烟道

用无缝钢管围成圆筒形,每根无缝钢管上、下端分别与出水集管与进水集管相连做成烟道。

高温的烟气在烟道内通过,与烟道壁进行热交换,烟气温度降至 1 000 ℃左右,烟道壁内水加热到 100 ℃ 以上,产生汽、水混合物,进入汽、水分离器,得到汽供生产、生活使用;水在加补充后循环使用。

2. 文氏管

(1)溢流文氏管。溢流文氏管是顶径文氏管,由溢流槽、收缩管、喉口段管、扩张管组成。喉口处流速为 50~60 m/s。喉口处喷射出大量的水雾,高速的气流与小水滴碰撞,达到熄火、降温、净化的目的。其中,烟气在喉口处的流速、喷水量和水的雾化程度是除尘效果的关键。溢流文氏管除尘效率一般可达 80%。

(2)可调文氏管。可调文氏管由收缩管、喉口段管、扩张管组成。喉口管的喉口大小可以调节,也装有喷水装置,向喉口处喷射大量污水。可调文氏管的作用是细除尘,它的除尘效率可达 80%~90%,但阻力损失大。

可调文氏管有重砣式和 R-D 式。R-D 式可调文氏管中间是 1 m 矩形阀板,可用调节阀板的角度来调节抽气量。其优点是阀板角度和烟气流量之间线形关系好,阻力损失小,净化效果好,所以目前应用普遍。

3. 脱水器

(1)弯头脱水器。烟气在弯头脱水器内突然转向,在离心力的作用下,利用水滴与气流的密度差,水滴撞在各层弯头壁上,沿着弯头壁向前流,被收集起来,脱离气体。

(2)重力脱水器。在风机强力负压抽风作用力下,烟气在该设备内流向反转 180°,由于其水的重力大,惯性大,直冲下部器壁,汇集后流出,烟气被转向抽走。

(3)复式挡板脱水器。其内装有多个同心圆挡板。当烟气进入后,沿挡板旋转流动,由于离心力作用,烟气中水分附着在隔板上流下,脱水后气体从上面抽走。

(4)风机。风机的风压应能克服净化回收系统的全部阻力,因此与净化系统的类型有关。现有的净化系统按其阻力大小分为高压系统(25 kPa 以上)和低压系统(15 kPa 以下)两种类型。高压风机结泥严重,叶片损耗大,维护费用高;低压风机使用效果好,但风机效率低。风机的工作条件比较恶劣。在未燃法净化系统中,进入风机的气体含尘量为 100~150 mg/m³,温度为 35~65 ℃,并含有 60% 的 CO,如采用全湿法流程,气体的相对湿度是 100%,并含有一定数量的机械水滴,所以对风机要求较高。

五、转炉煤气成分

在转炉炼钢过程中,铁水中的碳在高温下和吹入的氧气生成一氧化碳和少量二氧化碳的混合气体。转炉煤气由炉口喷出时,温度高达 1 450~1 500 ℃,并夹带大量氧化铁粉尘,需经降温、除尘,方能使用。回收的顶吹氧转炉煤气含一氧化碳 60%~80%,二氧化碳 15%~20%,以及氮、氢和微量氧。转炉煤气是无色、无味、有剧毒的易燃易爆气体,其热值为 7 117.56~8 373.6 kJ/m³,着火温度为 530 ℃,爆炸极限为 18.2%~83.2%。转炉煤气的理论燃烧温度比高炉煤气高。

转炉煤气是钢铁企业内部中等热值的气体燃料,可以单独作为工业窑炉的燃料使用,也可和焦炉煤气、高炉煤气、发生炉煤气配合成各种不同热值的混合煤气使用。转炉煤气含有大量一氧化碳,毒性很大,在储存、运输、使用过程中必须严防泄漏。

第三节 转炉煤气除尘及煤气系统的使用

一、降罩操作

1. 首先确认降罩系统完好,再进行降罩操作

降罩操作可以使用炉口不吸或少吸空气,保证含有较多 CO 的烟气不与空气中氧发生大量的化学反应,确保空气中 CO 含量高且稳定。这种未燃法净化系统可获得 CO 含量超过 60% 的高质量煤气;若不降罩操作,即为燃烧法,得到的是废气。降罩操作要求在开氧吹炼后 1~1.5 min 进行。

2. 吹炼过程平稳,不得大喷

若炉内发生大喷,金属液滴、渣滴将获得巨大的动能,可能有一些会冲过一级文氏管的水幕,保持红热状态,从而造成一级文氏管爆炸。

操作中为避免大喷,必须注意及时、正确地加料和升降氧枪的配合。

3. 使用煤气回收装置

使用煤气回收装置,必须严格执行煤气回收操作规程和煤气回收安全规程。

执行回收操作的前提是:氧压正常;回炉钢水小于 1/2;塞好出炉钢。

4. 手工回收煤气

(1)降罩。吹氧后在规定的时间范围内按下"烟罩"开关至"降罩"位置。当烟罩降到位后,"烟罩"开关需恢复至"零"位。烟罩下降后,让未燃烟气冲洗烟道。

(2)回收。在规定时间范围内按下"回收煤气"按钮,要求"回收信号灯"亮。待"同意回收信号灯"亮即表示煤气加压站同意回收,按下"回收"按钮,三通阀动作(回收阀已打开,放散阀已关闭),开始回收。

(3)放散。待煤气回收至允许回收时间的上限时,按下"放散"按钮,三通阀动作,开始放散烟气。

(4)提罩。用废气清洗烟道一段时间后提罩,即转动"提罩"开关至"提罩"位置。当罩提到位后,"烟罩"开关需恢复至"零"位。操作期间注意观察信号灯的变化。

具体操作步骤的时间经反复实践后制订,可参见各厂煤气回收规程。

如某厂 30 t 转炉的规定为:降罩 1~1.5 min;回收时间 3~10 min;放散后至提罩时间大于 30 s;如回收期间发生大喷,必须立即放散。

(5)自动回收。降罩即在规定时间内转"烟罩"开关至"降罩"位置,当烟罩就位后将"烟罩"开关复"零"位。降罩后自动分析装置开始不断分析其烟气成分。

当自动煤气回收装置收到了三个信号:开氧信号、降罩信号、烟气成分符合回收要

求信号时,会进行自动回收。当其中任一条件不符合要求时自动放散。

主要分析成分是CO和O_2的含量。其数据由理论、试验和用户要求三个方面反复修正而定。

二、注意事项

(1)氧枪插入口及汇总料斗之间的氮气封闭应有效,压力必须达标,以防煤气溢出伤人。

(2)氧压、氧纯度必须符合要求,以保证回收煤气的质量和回收煤气的安全。

(3)回炉钢水量应不大于本炉金属料的$1/2$,以保证一定的CO发生量。

(4)注意时间是否达到了规程所规定的回收煤气时间。回收煤气时间为吹炼中期。

(5)注意观察各指示灯是否随操作而正确变化,即观察三通阀是否执行了操作命令。

(6)必须保证氧枪喷头不漏水,烟罩和氧枪法兰处不漏水。漏水会增加煤气中的含氢量,且易引起爆炸,故设备有漏水现象时是绝对禁止回收煤气的。

三、煤气的放散

1. 放散煤气条件

(1)吹炼时间已接近规程规定的放散时间。

(2)已经发生了需要提前提罩或提前提起氧枪的事故。

2. 放散煤气操作

(1)判断是否正在回收煤气。即检查"放空阀关信号"灯和"回收阀开信号"灯是否亮。若符合要求,则执行下一步。

(2)判断是否符合煤气放散条件之一。若符合,执行下一步。

(3)按下煤气"放散"按钮。可见操作台上"放空阀关信号灯暗","回收阀开信号灯"暗,而"回收阀关信号灯"亮,"放空阀开信号灯"亮。说明三通阀已动作,停止回收,烟气进入放散状态,此时净化后的烟气放散至大气中。

(4)自动放散,若是在煤气回收过程中提起烟罩或提起氧枪,则煤气立即自动放散。因为这两个动作与煤气放散有联锁。自动放散进行后各信号灯也同时变化。

3. 转炉煤气放散的原因

(1)有爆炸危险。因为转炉未开吹前除尘管道中充满着空气,如果直接回收,这部分气体将进入气柜,提高气柜的平均氧含量,造成不安全因素。

(2)无回收利用价值。此部分煤气CO含量低,热值低,无回收利用价值,甚至做燃料也不能用,必须放散。

(3)需要冲洗管道。如把冶炼前、后期的劣质煤气烧掉,成为废气放散,就可把管道内含氧空气冲洗掉,而且废气中不含CO,放散入大气是安全的,停氧后吸入空气也不会发生爆炸。

(4)煤气贮气柜容纳不下。气柜贮气能力有限,如果气柜达到最大贮气量时只能放散。

第四节 转炉煤气回收的安全操作

开工投产、日常运作及检修操作的安全要求:

(1)系统首次实现煤气回收前,应与未实现回收部分、未投运行系统和其他煤气系统可靠隔断或断开,防止煤气窜漏造成事故。

(2)系统首次实现煤气回收前,应对自动回收各项条件联系微机或计算机进行回收模拟试验,同时试验烟罩升降、各严密阀开关功能等,确认设备完好、功能正常才能转入正式回收。

(3)严防回收煤气时空气进柜,柜前煤气含 O_2 超标应立即停止回收。经查明原因处理正常才可恢复回收。

(4)转炉煤气系统负压管段、风机放散管以及气柜前后管道,都应设氮气引入管,以保证再需要时能及时置换煤气、空气或冲压。

(5)煤气风机后的放散管应有引火、点火装置,使不符合回收条件的烟气、煤气都能点燃放散,防止空气中 CO 含量过高、污染环境。

(6)转炉煤气系统不允许在泄漏烟气(带压)状态下进行抽、堵盲板和拆换修理部件,以防中毒。

(7)凡有可能泄漏出转炉煤气的地方,都应设明显标志牌,不允许无关人员进入。

(8)到转炉煤气各种排水井、水沟、水池内作业,首先要测定作业点空气中 CO 含量或做鸽子试验,确认合格才能开始作业,作业时应有防护人员在场,如 CO 超标,应戴氧气呼吸器。

(9)应采取防腐措施,并定期测定转炉煤气负压管段及风机后放散管壁厚度,管壁厚度达危险值应及时修复或更换,以防止负压管抽瘪、放散管倒塌而引起中毒、爆炸事故。

(10)采取分炉实现回收、分段改建风机后送出总管时,应注意管道支撑的稳定性,以防止管道因震动、摇晃而坍塌造成重大事故。

(11)进行例行的转炉回收煤气前的联锁阀开关试验时,风机应降到低速,机后压力应低于机后逆止水封有效高度,防止空气进柜引起事故。

(12)一旦空气进柜,各转炉均应立即停止回收,查明原因并进行正确处理,才可恢复回收。气柜值班人员应根据柜前、柜后、柜顶煤气含氧情况,作出用户是否停用、柜内气体是否放空的决断,以防止回火爆炸,甚至气柜爆炸事故。

第三章

焦 炉 煤 气

第一节　焦炉概述

　　焦炉是指用煤炼制焦炭的窑炉,是炼焦的主要热工设备。现代焦炉是指以生产冶金焦为主要目的,可以回收化学产品的水平室式焦炉,由炉体和附属设备构成。整座焦炉砌筑在混凝土基础上。一座现代焦炉可有几十孔炭化室,年产焦炭数十万吨以上。现代焦炉已定型,基本结构大体相同,但由于装煤方式、供热方式和使用的燃料不尽相同,又可以分成许多类型。我国自行设计的炉型很多,主要有:大容积焦炉、58 型焦炉(58-Ⅰ型和 58-Ⅱ型)、66 型焦炉、70 型焦炉、红旗三号焦炉和两分下喷式焦炉等。

　　现代焦炉炉体主要由炉顶区、炭化室、燃烧室、斜道区、蓄热室、小烟道、烟道、烟囱等部分组成(见图 3-1)。

1. 炉顶区

　　炭化室盖顶砖以上部位称为炉顶区。设有装煤孔(装入煤料用)、上升管(导出炼焦时所产生的气态产物)、看火孔、烘炉孔、拉条沟。炉顶区要求有一定的厚度,以承载装煤车的荷重,并可防止焦炉散热。

2. 炭化室

　　炭化室是煤料隔绝空气进行干馏的炉室。煤料在炭化室内经高温干馏变成焦炭和粗煤气。炭化室机焦两侧设有带耐火材料内衬的炉门,固定在炉钩上,出焦时由焦炉机械开启。

3. 燃烧室

　　燃烧室位于炭化室的两侧,其分成许多立火道,加热煤气与空气在立火道中混合燃烧,以供给炼焦时所需的热量。

4. 斜道区

　　它是连接燃烧室和蓄热室的通道。斜道口布置有调节砖,可以通过调节斜道口截面积的大小来加热煤气量或空气量。煤气侧入式的焦炉,砖煤气道设在斜道区内。

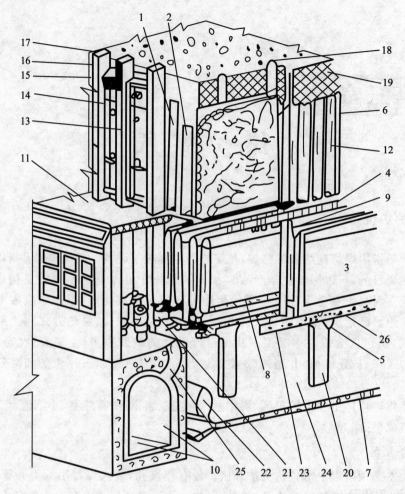

图 3-1　现代焦炉模型图

1—炭化室；2—燃烧室；3—蓄热室；4—斜道；5—小烟道；6—立火道；7—燃炉底板；
8—篦子砖；9—砖煤气道；10—烟道；11—操作台；12—焦炭；13—炉门；14—炉门枢；
15—炉柱；16—炉柱板；17—上升管孔；18—装煤孔；19—看火孔；20—混凝土柱；
21—废气开闭器、两叉部；22—高炉煤气道；23—焦炉煤气管道；24—地下室；
25—烟道弯管；26—焦炉顶板

5. 蓄热室

位于炭化室和燃烧室的下部，其上部通过斜道与燃烧室相通，下部经过废气盘分别同分烟道、贫煤气管道及大气相通。蓄热室内放有格子砖，格子砖可吸收废气的热量来预热燃烧所需的空气和高炉煤气。

6. 小烟道

位于蓄热室的下部，主要作用是通过篦子砖在上升气流时分配气流和高炉煤气，下降气流时集合并排除废气。篦子砖还起到支撑格子砖的作用。

7. 烟道

烟道分为机、焦侧分烟道和总烟道。其作用是汇集焦炉加热系统排出的废气,并将废气引至烟囱。

8. 烟囱

它通过烟道与焦炉加热系统相连。在热浮力的作用下,烟囱产生足够的吸力,使焦炉加热系统内产生气体流动,并将废气从烟囱口排走。

第二节　焦炉生产工艺设备

一、护炉设备

炼焦炉砌体外部配置护炉设备,纵向有两端的抵抗墙及炉顶纵拉条,横向有两侧炉柱、大小弹簧、保护板、炉门框及横拉条。冷态修筑的由耐火材料砌筑的炼焦炉需经较长时间烘炉(3 个月),将温度逐步升高到 1 200 ℃左右。在烘炉的过程中,砌体沿各方向产生不可逆膨胀,这在筑炉时已考虑;由设在相应部位的膨胀缝来吸收;同时也产生纵向和横向外推力,纵向外推力由抵抗墙和纵拉条的组合结构给砌体以保护性压力来抵消,炉体横向(即燃烧室长度方向)不设膨胀缝。烘炉期间,随炉温升高,炉体横向逐渐伸长,同时也产生横向膨胀力,该力由机焦两侧护炉设备所施加的保护性压力来保持砖体完整、严密。炉柱通过上下部大弹簧给保护板施以 15 t 左右的压力,而保护板则通过小弹簧把这个保护性压力均匀传递给炉肩,并通过相邻的砌体依次作用到全部砌体。上部大弹簧通过横贯炉顶横拉条将机焦两侧钢柱拉起来。炉头部位设有炉门框,处于炉柱和保护板之间,炉门框上设有四个炉钩用于固定炉门。

二、煤气设备

焦炉煤气设备包括粗煤气导出设备、加热煤气供入设备、交换设备。

1. 粗煤气导出设备

粗煤气导出设备有两个作用:一是将粗煤气顺利导出,不致因炉门刀边附近煤气压力过高引起冒烟冒火,又要使全炉各炭化室在结焦过程中始终保持正压;二是将粗煤气湿度冷却,不致因温度过高引起设备变形,阻力升高和鼓风、冷凝的负荷大,但又要保持焦油和氨水良好的流动性。

粗煤气在炭化室顶部空间汇合时平均温度为 650～800 ℃,在上升管、桥管和集气管内,粗煤气被喷洒的热氨水(温度为 65～80 ℃)降温并冷凝出大部分焦油(见图 3-2)。

2. 加热煤气供入设备

单热式焦炉配备一套加热煤气管系,复热式焦炉配备高炉煤气和焦炉煤气两套管系。

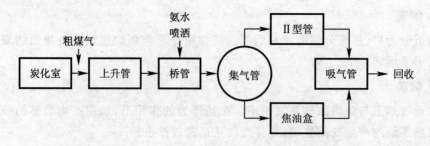

图 3-2　粗煤气导出

来自焦炉煤气总管的煤气,经预热器升温后进入地下室的焦炉煤气主管,由此流经各煤气支管(设有调节旋塞和交换旋塞)进入各排煤气横管,再从横管流经小横管(设有小孔板或小喷嘴)、下喷管进入直立砖煤气道,最后从立火道底部的焦炉煤气烧嘴喷出,与斜道来的空气混合、燃烧。

高炉煤气是侧入式的,来自总管的高炉煤气,经煤气混合器掺入少量焦炉煤气后流入地下室(无地下室的其他形式焦炉则为蓄热室走廊下地沟)的高炉煤气主管,由此经各支管(设有调节旋塞,根据废气盘结构不同有的还设有交换旋塞)流入废气盘。

侧入式焦炉的焦炉煤气,由总管流经预热器后进入蓄热室走廊里的机焦两侧焦炉煤气主管,再由此经各支管、旋塞流入各水平砖煤气道,最后分布到各立火道。

高炉煤气下喷式焦炉,高炉煤气由小支管(穿过小烟道或位于小烟道隔墙内)直接流入分格蓄热室,预热后再去立火道。

加热煤气管道上附有流量孔板、压力(或流量)自动调节翻板、测压孔、取样孔、蒸汽清扫管和把冷凝液排入水封槽的冷凝液排出管,管系末端还有放散管,依靠这些附件保证正常生产和进行煤气管系的开、停作业。

3. 废气导出及换向开闭器(废气盘)

换向开闭器(废气盘)是既能供入煤气和空气,又能排出废气,还能调节气体流量的装置。大体上有两种,一种是同交换旋塞相配合的提杆式双砣盘型;另一种是杠杆分别传动的煤气交换砣型。

提杆式双砣盘型废气盘,由筒体和两叉部组成。两叉部内有两条通道,一条连接高炉煤气接口管和煤气蓄热室小烟道;另一条连接进风口和空气蓄热室的小烟道。筒体内设二层砣盘,上砣盘的套杆套在下砣盘的芯杆外面,芯杆经小链与交换链条连接。

杠杆式废气盘较提杆式双砣盘型有改进:采用高炉煤气砣代替高炉煤气旋塞,通过杆杠、轴卡和扇形轮等传动废气砣和煤气砣;省去了高炉煤气交换拉条;每一个蓄热室单独配一个废气盘,便于调节。

4. 交换机

按传动方式,交换机有机械式和液压式两类。机械式又分为星形轮传动和凸轮传动两种。凸轮传动的桃形交换机有两条大链,适用于煤气砣交换(高炉煤气)的系统。

星形轮传动的卧式交换机有四根大链,适用于焦炉煤气和高炉煤气等用旋塞交换的系统。液压式交换是借助于油压推动操作缸的活塞,带动链条进行交换的机械。

5. 焦炉机械

焦炉机械包括装煤车、推焦车、拦焦车、熄焦车等,俗称"四大车"。

装煤车设有贮煤斗、煤斗开启机构、闸套开启机构以及走行机构。

推焦车设有推焦机构、移门机构、平煤机构、走行机构和空压机等。

拦焦车设有移门及装门机构、导焦机构及走行机构。

熄焦车设有接焦车身及车门开关机构、走行机构及空压机构等。

为了推焦操作安全,避免"红焦落地"等事故,在上设有"三车联锁"装置,此外,还设有单斗提升机将推焦机平煤时带出的余煤重新装运到煤车贮煤斗。

第三节　焦炉煤气生产工艺

焦炉煤气是炼焦生产的副产品。煤料在炼焦炉中炼制成焦炭的过程中生成的气体,称为焦炉煤气。1 t 煤在炼焦过程中可产生 $300\sim350$ m^3 焦炉煤气。为了便于生产管理和机械运行效率提高,焦炉煤气生产能力一般由焦炭的生产能力来确定。

焦炉煤气生产过程也就是焦炭的生产过程。其工艺为配合煤的准备(备煤)、炼焦(生产焦炉煤气)、粗焦炉煤气化学产品的回收和精制。

备煤主要是将矿山来的炼焦煤经翻车或水运码头卸煤后由皮带运输机运送到贮煤场,在贮煤场堆放一定时间后,经推取料机或门型吊或抓斗吊将分类放好的炼焦煤取到皮带运输机送上贮煤槽,由贮煤槽下的配煤盘按一定比例将炼焦煤再经皮带运输机输送上煤塔(称为配合煤)。煤塔设有斗槽,煤塔下设有多排溜嘴,装煤车由溜嘴取煤装入炭化室炼焦。一个煤塔一般可供两座焦炉炼焦用配合煤贮存。

装煤车将各个煤斗取满煤后,对准炭化室装煤口,放下闸套打开闸板(机焦侧炉门均已对好,并接到推焦车通知装煤的笛声后)进行装煤,与此同时,推焦车开启小炉门平煤,平煤完毕,操作工将装煤口炉盖、上升管盖盖上并清除余煤,装入炭化室的炼焦煤就在隔绝空气的条件下加热,不断地产生焦炉煤气(粗煤气),粗煤气由上升管经桥管、集气管到吸气管去回收。

整个干馏结焦过程中,粗煤气的发生量随结焦时间的增加有规律地变化,一般在生成半焦前后煤气发生量大,以后逐渐减少,到结焦末期便没有粗煤气产生了。从每个炭化室逸出的煤气组成也是随炭化时间而变化的,但由于炉组炭化室较多,且炼焦操作是连续的,所以整个炉组发生的焦炉煤气的组成基本上是均一而稳定的。焦炭成熟以后就可以出焦,将机焦侧炉门摘开,导焦车、推焦车、熄焦车对好位后,推焦车启动推焦机构进行推焦。红焦推到熄焦车内被送去熄焦。重新对好机焦侧炉门以后,推焦车就通知装煤车装煤。

对整个焦炉而言,单位时间内产生焦炉煤气的量基本上是一定的。推焦作业应做到准点、稳推。当出现焦饼难推现象时,应及时分析原因,采取相应措施。若不准点推焦,会使焦炭不熟或过火,从而降低焦炭质量,还会造成推焦困难和损坏炉体。

推焦时,推焦杆头伸入碳化室与焦饼接触,焦炭首先被压缩,压缩行程约等于碳化室有效长度的 5%～8%。压缩终了时,推焦阻力达到最大值,此时的指示电流为推焦的最大电流。焦饼开始移动后,阻力逐渐降低。推焦时要注意推焦电流的变化,当推焦电流过大时,则说明焦饼移动的阻力大。为此,对每座焦炉,应根据炉体情况,规定最大的允许推焦电流,当超过该值时,即属焦饼难推。

造成推焦困难的原因很多,如加热炉温不适当或不均匀,当温度低时会引起焦饼收缩不够而造成推焦阻力增大,温度过高使焦炭过火而碎裂,发生卡焦而使推焦困难;又如炭化室炉顶、炉墙石墨沉积过厚,炉墙变形,由于平煤操作不良而堵塞装煤孔,炉门框变形以及原料煤收缩值过小等,均会增加推焦阻力。

推焦应按一定次序进行,每座焦炉各个炭化室装煤、出焦的次序,称为推焦顺序(串序)。选择推焦顺序时,应考虑以下因素:

(1)应防止由于推焦而使炉墙发生变形。为此,应使相邻炭化室结焦时间相差一半,即使推焦炭化室左右相邻的炭化室处于结焦中期,处于膨胀阶段,支撑着燃烧室。这样推焦时炉墙不致受压而变形。

(2)应最充分发挥焦炉机械的使用效率,尽量缩短机械的行程。

(3)尽量沿炉组全长均匀推焦和装煤,以防止砌体局部过热或过冷,使炉温均匀,并保证集气管负荷均匀。

推焦顺序通常以 $m—n$ 表示。其中 m 代表一座或一组焦炉所有炭化室划分的组数,即相邻两次推焦间隔的炉孔数。n 表示第一趟推出的炉室与第二趟推出的炉室的间隔数。

一般采用 9—2 串序和 5—2 串序、2—1 串序。最合理的是采用 2—1 串序,即 $m=2$,$n=1$,此时的推焦顺序如下:

第一行程 1,3,5,7,9,…;

第二行程 2,4,6,8,10,…。

按 2—1 串序推焦,相邻炭化室的结焦时间刚好相差一半,而且焦炉机械走两个行程就能完成全炉操作。因此,2—1 串序不论从热工技术方面,还是从合理利用焦炉机械方面都是最有效的。但是,它要求比较高的操作水平,只有当焦炉机械化达到一定水平后,才能采用。否则相邻出炉号相隔太近,工人操作环境条件差,对炉门、上升管清扫以及减轻冒烟冒火均有困难。

基于我国当前的水平,国内煤气厂,焦化厂普遍采用 9—2 串序。现以两座 42 孔焦炉用一套机械操作的推焦串序为例,推焦顺序排列如下:

第一行程 1,11,21,31,…,91;

第二行程 3,13,23,33,…,93;

第三行程 5, 15, 25 35,…,85;

第四行程 7，17，27，37，…，87；

第五行程 9，19，29，39，…，89；

第六行程 2，12，22，32，…，92；

第七行程 4，14，24，34，…，84；

第八行程 6，16，26，36，…，86；

第九行程 8，18，28，38，…，88。

为了实现均衡生产，使各炭化室的焦饼按一定结焦时间均匀成熟，使整个炉组实现定时，准点出焦，定时进行机械设备的预防性维修，需要编制推焦图表。在周转时间内，将全炉各炭化室焦炭推出一次，在时间上合理的分配方法有两种。一种是将时间平均分配；例如 65 孔焦炉，周转时间为 13 h，则每推一次焦的时间为 12 min。这样的时间分配，在全座焦炉上煤气发生量比较稳定和均匀，其缺点是焦炉机械没有停歇时间，无法进行维修，机械的安全运转没有保证。因而目前应用较多的是另一种方法，即循环推焦法。将整个结焦时间分为两部分，一部分是推焦操作时间，另一部分是机械维修时间。机械维修时间一般为 2 h 左右，此时，焦炉上停止推焦，各部分机械处于停歇状态。

第四节　焦炉煤气生产安全操作

一、加热煤气的性质及其危险特性

焦炉加热用的煤气有富煤气（焦炉煤气）和贫煤气（高炉煤气、发生炉煤气）两种。

由于焦炉煤气中不可燃成分很少（低于 10％），可燃成分浓度大，故发热量高，理论燃烧温度高；又由于焦炉煤气中的氢气含量占 50％以上，故燃烧速度快，火焰短，煤气和废气的重度较低；另外甲烷占 1/4 左右，且含有其他烃类，故燃烧火焰光亮，热辐射能力强，处于高温下的砖煤气道及火嘴等处易挂结石墨，需在交换过程中用空气吹碳。用焦炉煤气加热时，加热系统阻力小，炼焦耗热量低，增减煤气量时对燃烧温度反应比较灵敏。当焦炉煤气在回收过程中净化不好时，煤气中的萘、焦油会堵塞管道和管件，且其中的氨、氰化物和硫化物对管道及设备的腐蚀严重。如果焦炉压力制度不当，炭化室负压操作时，煤气中的氮气、二氧化碳和氧气的含量增加，会使煤气的热值降低且易波动。因此，炼焦与回收的操作对焦炉煤气质量有直接的影响。

高炉煤气不可燃成分占 60％以上，故发热量低，供给相同热量所需煤气量多，燃烧后产生的废气量也多，煤气不预热时理论燃烧温度较低，因而贫煤气需经过蓄热室预热至 1 000 ℃以上，方能满足燃烧室温度要求。由于煤气中可燃成分主要是一氧化碳，其含量不足 1/3，不可燃成分大部分是氮气，故燃烧速度慢，火焰长，煤气和废气重度较高，所以，用高炉煤气加热时，炼焦耗热量高。此外，发生炉煤气与高炉煤气性质相近，燃烧特性相仿，均属于贫煤气。

焦炉煤气的爆炸范围很宽,常压下空气中焦炉煤气体积浓度在 4.5%～35.8% 时,遇到火源就会发生爆炸;而高炉煤气的爆炸浓度范围是 30.84%～89.59%。由此可见,焦炉煤气的爆炸下限较高炉煤气低,实际操作中爆炸的可能性也比高炉煤气大。

煤气的毒性主要由于含有 CO,此外煤气中 NO、NO_2、H_2S 也是对人体有害的成分。显然,由于高炉煤气中 CO 浓度大大高于焦炉煤气中的浓度,故高炉煤气的毒性比焦炉煤气的毒性大得多。

二、焦炉调温安全操作

焦炉调温工包括调火工、三班煤气工(测温工)和交换机工。

1. 测温

焦炉测温主要用光学高温计。使用光学高温计测立火道温度时应做到姿势正确,并选择下降火道测温。测温前,先瞭望打开火眼盖的立火道正压是否严重或因串漏、燃烧不完全而产生向上火苗,调整至适当高度测温。连续测量时还应将测量过的立火道火眼盖盖上,再测下一个。行走时应瞭望是否有车辆走,不准踩炉盖,以免踩翻炉盖引起烧伤或扭伤。测量蓄热室顶部空间温度时,进入地下室前必须佩带好防止中毒的器具(如一氧化碳警报器),要两人以上作业,不能正对测温孔开盖,测温时间不宜太长,不准私带火种进入地下室区域。

玻璃温度计和热电偶毫伏计,一般在焦炉温度相对低的区域使用,也应遵守焦化厂危险区域工作的一般规定。

2. 调节流量

对于个别燃烧室的温度处理:需加减流量时应开关流量加减旋塞,进入地下室作业时要求两人以上同行,使用防爆旋塞调节扳把,轻拿轻放,扳动时宜慢速且应用力均匀。

对于全炉或大部分燃烧室的温度处理:需调节机焦侧加热煤气支管开闭器或调节翻板,加量以前先加吸力(在调节压力中介绍),加量时可采用手动加量或自动加量,两种方法均需三人以上作业,一人观察仪表,两人到地下室开闭器或调节阀处观察或扳动执行器或阀门手柄,随时与仪表观察者取得联系,通报支管压力和煤气流量数据,调节时间应选在交接以后中期(15 min 前后),调节过程中突然压力波动较大应立即暂停调节,待压力稳定后再进行;减量则应先减流量再减吸力。

3. 其他调节

(1)吸力的调节是焦炉调温重要手段。根据测量单个蓄热室顶部的吸力,考察系统加热情况,测量吸力用斜型压力计,需三人以上同时在地下室作业,读表及记录人员应选择地下室中间位置比较通风的地方,并避开标准测压号;拖胶皮管插管子的人员,插管子时应侧面对着测压孔,避免直接吸入蓄热室中逸出的气体,同时抽出的红热插管在空气中停留时间不宜太长;整个测温过程应对地下室空气进行监控,不准私带火源进入现场,且应避开交换时间,交换时应停止一切测量。根据测量结果调节各个小翻板开度。

(2)更换煤气孔板。应选择上升时更换孔板,首先必须关死流量加减旋塞,取孔板卡环及孔板前先将废气盘盖板打开固定,带上防护手套取出卡环,再取孔板。换新孔板则顺序相反,先放平孔板,再卡上卡环,确认卡好后再放下废气盘盖板。更换孔板时必须两人以上同行作业,并在一个交换内完成。废气盘盖板盖严后才能开旋塞,若带孔板盒,换孔板时也应在上升气流时更换。更换调节旋塞的安全操作与更换孔板操作基本相同。

4. 焦炉煤气安全生产重点区域

(1)地下室及其通道易发生中毒、着火、爆炸,要求作业或行走通过必须两人以上,并佩带一氧化碳警报器或采取其他安全措施(如以动物做试验),不准私自带火源进入,作业应用专业工具。

(2)仪表室周围有流量、压力导管以及交换机设备,容易泄漏煤气,严禁在仪表室及其周围区域使用明火或其他火源。

(3)交换机室设有煤气调节阀且直接和地下室相通,一般通风条件差,也易泄漏煤气,因而检查和维护设备时不准私带火源,且要求打开通风窗口检查维护。

电焊线等易产生静电及火花的设备应避开这些危险区域。

5. 其他维护(工作)安全操作

(1)水封的维护。煤气管道内的积水和冷凝液必须排出,否则易引起管道大量积水或冷凝物堵塞管道,造成煤气输配困难,系统压力异常。水封槽必须定期检查是否有堵塞现象,并定期加水冲洗水封槽。在寒冷地区还应有保温措施或间歇充蒸汽。水封槽必须始终保持足够高的液面,排水管有冷凝液排出,系统严密不漏气、不漏水。

(2)废气盘及旋塞的维护。废气盘及附属设备的维护工作均属调温工作内容。砣杆易锈,需定期擦拭,锈到一定程度需更换;交换过程易产生卡砣杆现象,处理这类事故,应用专用工具,切断加热煤气,两人以上作业;旋塞松动后应检查是否有漏煤气现象(刷肥皂水),换支架应将交换扳把与拉条脱开,切断煤气。

三、粗煤气导出安全操作

为保证粗煤气顺利导出,配有上升管工和集气管工,其任务是调节集气管压力以及清扫系统沉积物。集气管应保持正压,范围为 80~100 Pa,要求根据回收吸力条件正确设定调节参数。调节时应观察焦炉冒烟、冒火情况,自动调节失效时应采用手动调节或打固定,并注意集气管温度和大焦油盒水位,不能让焦炉长时间负压或压力太大而冒烟冒火。对上升管石墨和桥管沉积物应定期清理,清理上升管时应使用风管压火,切断翻板,站上风,握牢铁钎;清扫桥管时应切断翻板,禁止使用高压氨水或蒸汽,同一炭化室机焦两侧上升管(双集气管)严禁同时清扫。集气管内焦油等极易沉积,应经常用专用工具刮推,以便随氨水流走。清扫集气管时,应站上风打开清扫孔,并立即将带有密封活动球的长钎伸入集气管推划,禁止正面操作。由于桥管、集气管沉积物(焦油、石墨等混合物)最后汇集到大焦油盒,必须及时将其捞出,否则氨水满流影响环境,甚至堵塞管道。应经常检查大焦油盒中过滤渣子的篦子是否卡牢,以防脱落造成氨水回流系统阻塞,而发生氨水满流。此外,上升管工、集气管工不能在压力调节小房休息,禁止带火源进入压力房。还必须熟悉煤车操作等。

四、焦炉机械安全操作

焦炉机械在运行中作业,装煤车、推焦车、拦焦车、熄焦车均采用明电(摩电刷或滑线)。因此,摩电道、滑线等电气设备必须有明显的标志,分段电源开关必须设置在明显位置。机械运行前必须鸣笛,瞭望并发出行车信号,运行到炉端必须减速,不得撞上安全挡。

装煤车司机必须在确认装煤信号后,再对炉号、落闸套、开闸板装煤,在煤塔溜嘴撬煤时应避开煤车滑线,以免触电,电刷掉道须拉下滑线供电开关,带绝缘手套处理。

推焦车司机一定要接到确切推焦信号并确认可以推焦后再推焦。平煤开启小炉门时,应避开出炉工和行人在正下方时开启门,所有工具必须置于可靠位置放稳。

拦焦车行走时由于车身距钢柱较近,司机不能伸头、伸手到车外,不准在导焦槽未收或炉门未摘的情况下发推焦信号,不准在炉门未对好的情况下发装煤车信号。

熄焦车司机必须在确认推焦信号正确、导焦槽对好、熄焦车身车门关好、站位正确的情况下,才能发推焦信号。

单斗提升司机应经常检查单斗钢绳是否有明显断股,上下极限是否失灵,单斗提升或落下过程中机下不得站人,停止时小斗应落下,严禁停在上方。

总而言之,焦炉机械是在比较恶劣的环境下运行的,采用干熄焦工艺的厂家不宜用熄焦车;其他厂家冬季焦侧操作受水蒸气影响能见度很低,或者遇到大雾天气或周围有浓烟的情况,必须慢速行驶,行驶前司机必须确认可以行车,才能鸣笛发信号行车;两层交叉作业必须把工具放置好,以免落下伤人;牢记并遵守一般机械电气作业等安全操作规程,才能确保安全生产。

五、出炉安全操作

(1)装煤应装满、装平、定时、定量,禁止缺角、堵眼或煤线不平的现象出现。要防止把煤装进火道内,堵死斜道。装煤操作完毕,余煤应该扫净,以免烧坏拉条。

(2)推焦应做到准点、稳推。不按点推焦,焦炭将会不熟或过火,还可能导致推焦困难,损坏炉体。推焦时,严禁提前摘门,以免砌体过分冷却。不得使用有缺陷的推焦杆推焦,以免损坏炉墙。推已成熟的焦炭时,推焦杆宜缓慢接触焦饼,然后匀速不断推出,以防焦饼散塌增加推焦阻力。相邻两侧炭化室结焦时间相差太大或炉墙严重变形的炉室,禁止推焦。

(3)摘门与对门时,动作宜轻缓,严禁撞击炉框。炉门、炉框应及时清扫干净,防止冒烟冒火烧坏护炉设备。对冒火炉门、炉框,严禁用水浇灭,以免产生变形。

(4)机焦侧出炉任务主要是配合司机确认炉号,抽炉门安全针和横铁,并处理炉头焦,因而出炉操作是在司机领导下,配合司机安全作业;还应负责机焦侧走台、轨道行人的安全。清扫炉门、炉框应避免正面作业,钎子应握牢、握稳,炉框清扫和尾焦处理应站在上风,侧面朝炭化室。一般避免空炉清扫,车辆行走时不应上下跳,站位应处于明显位置,让司机能清楚地在司机室看到。平煤时不能站在小炉门下方,出焦时不能跨越推焦杆,同时车辆同行应间隔一定距离,以防炉门等倒下伤人。

六、扫炉盖安全操作

炉顶作业人员禁止踏踩炉盖、看火孔盖,不能在煤车轨道及附近逗留。拉上升管盖前应先落下翻板;拉炉盖时先撬松,待进入少许空气再拉开,操作时注意火苗窜动,站上风作业。必须在确认推焦完毕、机焦侧炉门对好的情况下,指挥煤车装煤。撬煤时应注意火苗方向,平煤以前应将煤斗撬通下煤。盖炉盖时选择不冒烟冒火的炉口先盖上,必须在平煤杆收回和小炉门关好以后盖上最后一个炉盖。清理余煤,不准堆在炉盖或火眼盖上。

另外,焦炉作业人员必须负责各自区域的灭烟、灭火。炉门冒火应用风管吹灭,用余煤堵烟,不可正面吹灭,也不应正面对炉门堵烟,以免压力波动,起火伤人或灼伤。炉盖以及桥管等处着火,应用煤泥浆或黄泥、石棉绳等灭烟灭火,且灭烟灭火应站上风,保持适当距离,防止压力突然波动。

第五节　焦炉煤气回收

一、焦炉煤气回收工艺

由焦炉发生的粗煤气,首先需要在化产回收工序中进行冷却及运送,回收化学产品并净化。这一方面是为了回收有用的化学产品,另一方面是为了顺利地输送、贮存和使用煤气。

煤气中主要是氢、甲烷、乙烷、乙烯等成分,其他成分含量虽小,但危害性大。这些有害成分及其作用如下:

萘:能从煤气中以固体结晶析出,会沉积在煤气管路及煤气设备中造成堵塞。

焦油:会给回收氨、萘工艺操作带来不良影响,并会因变质硬化或和粉尘混合而产生堵塞物。

水:能溶解煤气中的水溶性酸、碱物质而引起腐蚀。

硫化氢及硫化物:是引起煤气系统设备腐蚀的主要原因,生成的硫化铁会引起堵塞,燃烧生成的二氧化硫将污染大气,其腐蚀产物还是引发火灾、爆炸事故的潜在因素。

氰化氢:有剧毒,其水溶液腐蚀钢铁,会生成引起堵塞的铁盐,此外,还能和硫化合生成硫氰酸盐,溶于水将产生高的化学需氧量——COD(是表示水质污染度的重要指标)。

氨:其水溶液腐蚀设备和管道,生成氨盐会引起堵塞,燃烧产生的氧化氮将污染大气。

氮氧化物:一氧化氮及其与氧作用生成的过氧化氮能与煤气中的丁二烯、苯乙烯、环戊二烯等物质聚合成复杂的化合物,以胶质粒子悬浮于煤气中,沉积下来形成的煤气胶,会给煤气仪表及喷嘴造成障碍,不利于煤气输送、燃用。

不饱和硫氢化合物:双链的不饱和硫氢化合物在有机硫化物的触煤作用下,能聚合成"液相胶"造成危害。

对于上述能产生许多危害的物质,根据煤气的用途不同而有不同程度的清除要求,因而从煤气中回收化学产品及净化处理的方法和流程也不同。

在钢铁联合企业中,如焦炉煤气只作本厂冶金燃料时,除回收氨、苯等化学产品外,一般而言,煤气中的杂质只需要清除到输送和使用都不出现严重问题的程度。

粗煤气经过初冷、煤气输送、电捕焦油器、脱萘、脱硫脱氰、回收氨、终冷和回收粗苯等工序,即可得到净煤气。常见的焦炉煤气回收工艺流程如图3-3所示。

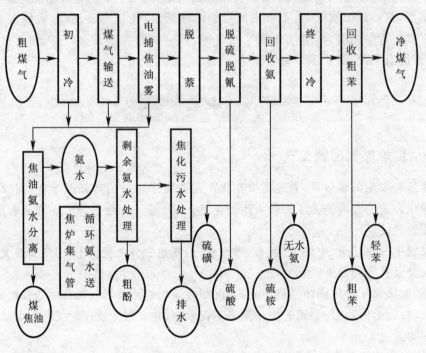

图 3-3　常见焦炉煤气回收工艺流程

二、煤气初冷

粗焦炉煤气出炉后经桥管、集气管、初冷器初步冷却，以及到回收设备和煤气贮槽，途中要经过很多管道及各种设备，为了克服这些设备和管道的阻力以及保持足够的煤气剩余压力，必须设置煤气鼓风机。鼓风机、初冷器以及集气管、桥管中的氨水冷却系统构成了焦化厂的煤气"冷凝鼓风工段"。

从炭化室经上升管出来的焦炉煤气温度，与炭化室装满煤的程度以及在炭化室初期及末期煤气发生的情况有关，一般为 660~800 ℃。此时，煤气中会有焦油气、苯族烃、水汽、氨、硫化氢及其他化合物。为了回收和处理这些化合物，首先应将煤气进行冷却，这是因为：

（1）从煤气中回收化学产品时，要在较低的温度（25~35 ℃）下才能保证较高的回收率。

（2）含有大量水汽的高温煤气体积大，这使输送煤气时所需要的煤气管道直径、鼓风机的能力和功率都增大。

（3）煤气在冷却时，不但有水汽被冷凝，而且大部分焦油、萘也被分离出来，部分硫化氢、氰化氢等腐蚀性介质也溶于冷凝液中，从而可以减少对回收设备、管道的堵塞和腐蚀，并有利于改进硫铵质量和减少对循环洗油质量的影响。

煤气冷却在操作中分两步进行：第一步是在桥管和集气管中用大量的 65~80 ℃ 的循环氨水喷洒，使煤气冷却到 80~85 ℃；第二步是煤气在初冷器中冷却到 25~35 ℃（生产硫铵系统）或低于 25 ℃（在生产浓氨水系统）。

1. 煤气在集气管中冷却

从炭化室逸出的还没有被水汽所饱和的煤气在桥管和集气管内的冷却，是用 0.15~0.20 MPa、温度为 70~75 ℃ 的循环氨水，通过喷头强烈喷洒形成细雾状氨水与煤气充分接触，煤气放出大量显热，氨水大量蒸发，进行快速传热和传质过程。

为了保证煤气的冷却，应有足够的循环氨水量以保证氨水有良好的喷洒效果，并定期检查和清扫集气管以保证正常操作。

2. 煤气在初冷器内冷却

炼焦煤气由集气管沿吸煤气主管初步流向冷却器。吸煤气主管具有两种作用：一是将煤气由焦炉引向化产回收车间，二是起着空气冷却器的作用。但散失的热量不大，煤气温度仅略有下降。

煤气初冷器前的温度还相当高，并含有大量焦油气和水汽，必须经初步冷却器进一步冷却到 25~35 ℃，并且使绝大部分焦油气和水汽冷凝下来。煤气之中一定数量的氨水、二氧化碳、硫化氢、氰化氢和其他组分则溶于冷凝水中，形成了冷凝氨水、焦油和冷凝氨水的混合液，自流入中间槽，经泵输送到机械化焦油澄清槽。

国内外广泛采用的煤气初冷有三种方式，即间接冷却、直接冷却和间-直冷相结合。间接冷却方式是煤气进入间接初冷器内，煤气走管间，冷却水走管内。此法在我国大型焦化厂得到广泛应用。直接冷却是在直接冷却塔内,煤气和冷却水直接传热完成。此法多被小型焦化厂采用。间-直冷相结合方式是煤气在高温冷却阶段采用间接冷却,在低温冷却阶段采用直接冷却。目前国内新建的大型焦化厂,趋向于采用间—直冷相结合的煤气初冷流程。

三、氨的回收

在煤干馏过程中和粗煤气初冷过程中,部分氨转入煤气中。氨在煤气和冷凝氨水中的分配,取决于煤气初冷的方式。一般情况下,在采用混合氨水流程时,初冷器后煤气中的氨含量为 $4\sim8$ g/m³。

在煤气中氨的存在会腐蚀管道,雾化粗苯工段洗油,增加洗油量。合理回收氨,不仅可解决上述问题,还可生产化肥,支援农业建设。

回收氨的主要方法有:水洗法、硫铵法、无水氨法、氨焚烧法、碳酸氢钠法等。目前我国大部分大型焦化厂用饱和法生产硫铵;国内外新建焦化厂回收车间趋于用弗萨姆法生产无水氨外,还有许多焦化厂用酸洗法生产硫酸铵。

饱和法生产硫铵的流程如下:煤气经预热器加热到 $60\sim70$ ℃或更高,热煤气从饱和器中央煤气管道进入,经泡沸伞从母液层鼓泡而出,煤气中的氨被母液中的硫酸吸收,母液温度保持在 $50\sim60$ ℃,这样煤气可带走部分水分,防止母液被稀释,使母液酸度保持在 $4\%\sim8\%$。煤气出饱和器进入除酸器,分离所带的酸雾后,即进入下一工段处理。

四、焦炉煤气脱硫

焦炉煤气中硫化物的含量取决于配合煤中的含硫量。煤气在高温炼焦时,配合煤中的硫有 $30\%\sim40\%$ 转入煤气中,且约有 90% 以上都以硫化氢的形式存在。硫化物的存在不仅能腐蚀化产回收设备和煤气贮存输送设备,还会造成环境污染,用此种煤气炼钢,会使钢出现热脆性。焦炉煤气用于冶炼时,其硫化氢允许含量为 $1\sim2$ g/m³;供给化学合成工业时,硫化氢允许含量为 $1\sim2$ g/m³;用作城市煤气时,硫化氢含量应低于 20 mg/m³。

焦炉煤气脱硫不仅可以提高煤气质量,同时还可以生产硫黄或硫酸,有效地改善环境污染,从而做到变害为利,综合利用。焦炉煤气的脱硫方法主要有煤气干法、改良蒽醌二磺酸钠法、氨型卡哈克斯(TAKAHAX)法、氨水中和法。

1. 煤气干法

采用氢氧化铁作为脱硫剂,具有工艺简单、成熟可靠、可以较完全地除去煤气中的硫化氢和大部分氰化氢等优点。但煤气干法脱硫装置设备较笨重,占地面积大,更换脱硫剂时劳动强度大。当煤气中硫化氢含量高时,须先经湿法脱硫,再根据净化程度的需要进一步采用干法脱硫。

2. 改良蒽醌二磺酸钠法是湿法

该方法是湿法,是脱硫中一种较成熟的方法,具有以下优点:脱硫效率高(可达

99.5％以上），对硫化氢含量不同的煤气适应性较大，溶液无毒性，对操作浓度和压力的适应范围较广，对设备腐蚀较轻及所得副产品硫黄的质量较好。此法目前在我国已得到较广泛的应用。某大学研制的酞菁钴磺酸盐强化脱硫剂（PDS），它与 A. D. A 脱硫液同时使用，配入量 0.5～1.0 g/t，可以强化脱硫效果，目前在煤气脱硫中亦被采用。

3. 氨型卡哈克斯（TAKAHAX）法

该方法是一种高效湿式氧化脱硫法，由湿法脱硫（氨型卡哈克斯法）及脱硫废液处理（希罗哈克斯湿法式氧化法）两部分组成，经处理后的脱硫液送往硫铵母液系统以制取硫铵。该法在脱硫及废液处理的整个过程中，利用焦炉煤气中的硫化氢、氰化氢和氨互为吸收剂而共同除去，具有既可自给吸氧所需的大部分硫酸，又能使硫铵增产，还不必外排燃烧废气和有害废液，没有二次污染，能有效地利用反应热等众多优点。

4. 氨水中和法

可以使用焦化厂自产的碱源，能用所回收的硫化氢生产一定数量的元素硫或硫酸，可同硫铵生产或弗萨姆无水氨生产工艺结合起来，具有很大的优越性和经济意义。

五、煤气终冷和脱萘

在生产硫铵的回收工艺中，饱和器后的煤气温度大约为 55 ℃，而粗苯回收的适宜温度为 25 ℃左右，因此，在回收粗苯之前，必须将煤气进行冷却，称为煤气终冷。煤气终冷是在终冷塔内用水直接冲洗煤气，冲洗煤气的水经处理后循环使用。

焦炉煤气中萘含量为 8～10 mg/m³，其绝大部分在煤气初冷器内从煤气中析出，但由于萘的挥发性强，初冷器后煤气中萘的含量仍很高，当初冷器后煤气温度为 25～35 ℃时，含萘量为 1.1～2.5 mg/m³。萘在煤气管道和某些设备中沉积下来，不仅增加煤气阻力，而且常常破坏正常操作，必须予以清除。

目前，除萘方法主要有水洗萘和油洗萘，但同水洗萘相比，油洗萘不存在外排酚、氰废水，有利于改善操作，因而得到更广泛的应用。在煤气终冷时，随着煤气冷却和水蒸气凝结，也有相当部分萘从煤气中析出。在工业上，煤气终冷和除萘工艺主要有：煤气终冷和机械化除萘、煤气终冷和焦油洗萘以及油洗萘和煤气终冷三种。

六、粗苯回收

焦炉煤气中多种碳氢化合物还有苯烃，称为粗苯。粗苯的主要组分是苯、甲苯、二甲苯及三甲苯等。粗苯为易燃物质，闪点为 12 ℃，空气中的粗苯蒸汽浓度达到 1.4％～7.5％（体积分数）时，能形成爆炸性混合物。从焦炉煤气中回收苯族烃采用的方法有：吸附法、凝结法、洗油吸收法。

吸附法是使煤气通过具有微孔的组织，接触表面积很大的活性炭或硅胶等固体吸附剂，苯烃在其表面直达饱和状态，被吸附的苯烃可用水蒸气进行提取，净化程度高，但成本昂贵，工业上使用受限制。

凝结法是在低温下使苯烃从煤气中冷凝出来,其获得的粗苯质量比吸附法好,但煤气的压缩及冷冻过程复杂,动力消耗大,设备材料要求高。

洗油吸收法是工业上常用的脱苯方法。从脱氨后出来的煤气,经煤气最终冷却器冷却至 25～27 ℃(含苯烃 25～40 mg/m³)进入洗苯塔。在洗苯塔内,煤气与洗油逆向流动,从最后洗苯塔出来的煤气中含苯量已低于 2 mg/m³。含有苯烃的富油脱苯再生后循环使用。

七、焦炉煤气成分

净化的焦炉煤气是无色、有臭味、有毒的易燃易爆气体。发热量为 16 747.2～18 421.92 kJ/m³,着火温度为 550～650 ℃,理论燃烧温度为 2 150 ℃左右。焦炉煤气与空气混合达到一定比例(爆炸极限 4.72%～37.59%),遇明火或 550 ℃高温就会发生强烈的爆炸。焦炉煤气中的 CO 含量比高炉煤气少,但也会造成人身中毒。

第六节 焦炉煤气回收主要设备及其安全操作

一、焦炉煤气放散装置

自动放散净煤气的安全装置设在焦炉煤气柜与焦炉煤气净化系统之间。当净煤气发生量大于用户需要量,或用户消耗量突然大幅度减少时,净化系统的设备和管道以及焦炉煤气集气管的压力将立即升高,此时放散装置即自动放散净煤气,使煤气压力恢复正常,起到安全保护作用。焦炉煤气放散装置由带煤气放散管的水封槽和缓冲槽组成,如图 3-4 所示。

当煤气运行压力略高于放散水封压力(两槽水位差)时,水封槽水位下降,水由连接管流入缓冲槽,煤气自动冲破水封放散;当煤气压力恢复到规定值时,缓冲槽的水位靠位压迅速流回水封槽,自动恢复水封功能。煤气运行压力根据实际情况确定,煤气放散压力根据焦炉煤气鼓风机吸力调节的敏感程度确定。煤气放散量与厂内外煤气用户的用气情况、焦炉规模和炉组组数有关。与煤气接触的水封槽和放散管内

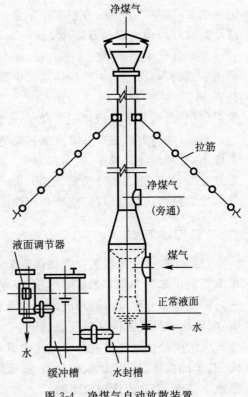

图 3-4 净煤气自动放散装置

壁在冬季可能结萘,水中有煤焦油沉积,应定期排污和用蒸汽吹扫。煤气放散污染大气,随着电子技术的发展,带自动点火的焦炉煤气放散装置,正逐渐取代水封式煤气放散装置。

二、鼓风机

鼓风机的位置选择一般应考虑:处于负压下操作的设备及煤气管道应尽可能减小;使鼓风机吸入的煤气体积尽可能减小。根据上述原则,鼓风机一般都设置在煤气初冷器后面,但对设备和管道的严密性及煤气吸气机的调节要求较高。

焦炉煤气鼓风机主要有离心式和罗茨式。

1. 离心式鼓风机

离心式鼓风机由导叶轮、外壳和安装在轴上的两个工作叶轮组成。依靠工作叶轮的高速旋转,将动能转化为煤气的静压能,如图 3-5 所示。

鼓风机在一定转速下的生产能力与生产的总压头之间有一定关系,这种关系可用鼓风机 Q-H 特性曲线来表示,如图 3-6 所示。

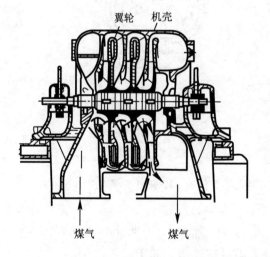

图 3-5 离心式鼓风机

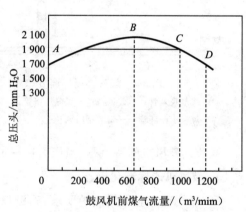

图 3-6 转速不变时鼓风机的 Q-H 特性曲线

注:1 mmH$_2$O(毫米水柱)=9.806 65 Pa

从图 3-6 可知,曲线有一最高点 B,相应于 B 点压头(最高压头)的输送量称为临界输送量。鼓风机不允许在 B 点左侧范围内操作,因在该范围内鼓风机工作不均衡,会产生"飞动"(喘振)现象。

在特性曲线的稳定工作范围内,为了保持鼓风机在生产发生变化的情况下稳定工作,一般采用"小循环"或"大循环"的方法来调节。

当鼓风机的能力较大,而输送的煤气量较小时,为保证鼓风机稳定工作,可用"小循环"调节方法来调节鼓风机的运行,即改变煤气小循环调节阀门开度的大小,使由鼓风机压出的煤气部分地重新回到吸入管。这种方法很方便,但鼓风机的部分能量白白消耗在煤气循环上。此外,因为有部分被升温的煤气返回鼓风机并经再次压缩,使煤气升温高,所以此法只宜用于调节少量煤气循环,如图3-7所示。

当焦炉煤气开工投产因故大幅度延长结焦时间时,煤气发生量过小,则可采用"大循环"调节方法。即将鼓风机压出的部分煤气送到初冷器前的煤气管道中,经过冷却后,再回到鼓风机中去。"大循环"调节法可解决煤气升温过高问题,但同样要增加鼓风机的能量消耗,还要增加初冷器的负荷及冷却水的用量。

2. 罗茨式鼓风机

罗茨式鼓风机主要有机壳和转子组成,气体的输送有两个转子旋转来完成。两个转子的断面几何形状为渐开线的∞形,采用齿轮相连,以相同的转速作相反的旋转,如图3-8所示。

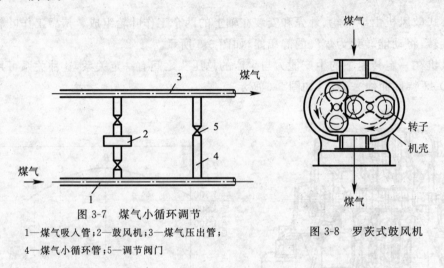

图 3-7 煤气小循环调节

1—煤气吸入管;2—鼓风机;3—煤气压出管;
4—煤气小循环管;5—调节阀门

图 3-8 罗茨式鼓风机

罗茨式鼓风机的特点是:当压力在一定范围内变化时,其流量为常数。

3. 鼓风机的标准化操作

(1)煤气吸力应满足焦炉要求,确保稳定。初冷器前吸力为3 500~3 900 Pa,鼓风机前吸力为4 200~4 700 Pa,鼓风机后吸力不得超过25 000 Pa。

(2)鼓风机电流不得超过274 A,转速不得超过4 000 r/min,机体振动不得超过3~5道,透平机各轴瓦温度不超过65 ℃,机体和电动机升温不超过70 ℃和40 ℃。

(3)为保证鼓风机正常运转,对鼓风机的冷凝液排出管应按时用水蒸气清扫,保证冷凝液和焦油不断地排出。否则,如焦油黏附在鼓风机的工作叶轮上,会使鼓风机超负荷运转,从而使煤气输送不正常。

(4)应按时、准确做好生产记录,以便出现事故时能正确分析原因。同时,鼓风机润滑油应保持良好。

4. 鼓风机的开停车操作

以电动鼓风机为例,介绍鼓风机开停车操作。

(1)电动鼓风机开车操作：

①通知电工、调度、硫铵、粗苯工段。

②准备好听音棒、振动表、温度计、压力表及记录纸。

③请电工检查电气设备线路及电动机的绝缘情况，并要检查鼓风机、电动机、通风机、油泵电动机及油压电器是否好使；检查煤气入口电动阀门是否正常；检查水槽液面是否足够，油冷却器是否严密，工业水和生活水压是否足够，鼓风机排焦油管是否关好；检查油箱油面是否足够；开机前，煤气管道出入口封水应全部排空，排水时水不得冒出；倒机前应认真检查鼓风机前后煤气走向。

④一切准备好后，启动鼓风机，并将电油泵开关放在手动位置，空车试验。

⑤打开排焦油管上蒸汽开闭器，向鼓风机内通蒸汽加热机体；扳运鼓风机转子，每次转动 90°，使其全部受热；当机体温度上升到 60 ℃左右，即停止加热。

⑥稍开煤气出口开闭器，使煤气导入机内，见已带出煤气，即稍开煤气开闭器，使煤气前后串通一下，机体小循环管用煤气串通，然后将出入口开闭器全关。

⑦启动通风机，油泵后，启动鼓风机，此时应注意鼓风机启动电流为 1 500 A，30 s 内应回到 30 A；如果电流在 30 s 内降不回来，说明电动机有问题，应停车，请电工检查；检查没有问题后，再进行开车；鼓风机启动后，主油泵进行工作，即将电油泵停止，并将开关放到自动位置。

⑧慢开煤气入口开闭器 5～6 扣，迅速打开煤气出口开闭器，同时开入口开闭器，此时应观察煤气吸力变化，注意调节。

⑨开煤气管道开闭器时，应有专人把守煤气循环管开闭器，必要时，可用煤气循环量辅助调节煤气吸力。

⑩启动时应注意电动机机体、轴瓦、油泵及其振动、杂音和发热情况。

鼓风机启动正常后，打开机体下部排焦油旋塞。当润滑油温升到 40 ℃时，往冷却器送冷却水。

(2)电动鼓风机停车操作：

①关死煤气出口开闭器，入口留 10 扣，切断电动机电源。如油压降低到 0.02 MPa 时电油泵不自动起作用，即用手摇油泵压油予以润滑。

②当鼓风机完全停止后，关死煤气入口开闭器。

③鼓风机停止 0.5 h 后，停止通风机和电油泵，冷却器停止送冷却水。

④鼓风机停止后，每 2 h 扳运一次转子，4 h 后，每班扳运一次即可。

三、电捕焦油器

1. 电捕焦油器的工作原理及安全要求

粗焦炉煤气所含焦油，在初冷器中绝大部分凝结成较大液滴从煤气中分离出来，但在冷凝过程中，却以内充煤气的焦油气泡状态或极细小的焦油滴（直径为 1～17 mm）存在于煤气中。

去除焦油雾的方法和设备类型很多。在离心式鼓风机中,由离心力的作用,煤气中的焦油雾可除去一部分,而罗茨式鼓风机则去除得很少。在我国,小型焦化厂一般采用旋风式、钟罩式及转筒式捕焦油器,但效果均不够理想。化产回收工艺要求煤气中所含焦油量最好低于 0.02 g/m³,从焦油雾滴的大小及所要求的净化程度来看,采用电捕焦油器最为经济可靠,所以得到了广泛的应用。

电捕焦油器的工作原理是:使含有灰尘和雾滴的煤气通过强电场,则气体分子发生电离,生成带有正电荷或负电荷的离子,正离子向阴极移动,负离子向阳极移动;当电位差很高时,具有很大速度和动能的离子和电子与中性分子碰撞而产生新的离子,使两极间大量气体分子发生电离作用,离子与雾滴的质点相遇而附于其上,使质点也带有电荷,即可被电场吸引而从气体中除去。

大型焦化厂均采用管式电捕焦油器,其构造如图3-9所示。

中小型焦化厂普遍应用环板式电捕焦油器,环板间距为178 mm,煤气在环板间流速为$0.5\sim1.0$ m/s,工作电压为$30\,000\sim35\,000$ V,耗电量仅为$0.2\sim0.4$ kW·h/$1\,000$ m³(煤气)。

电捕焦油器的安装位置,可以在鼓风机前,也可以在鼓风机后,但一般都设在鼓风机后,这样可以处于正压下操作,比较安全;而且鼓风机后煤气中焦油含量较机前少,焦油雾滴在运动过程中逐渐聚集变大,有利于净化。

电捕焦油器顶部的绝缘装置及高压电引入装置,是结构很复杂的部件。柱状绝缘子(电瓷瓶)会受到渗漏状绝缘箱内的煤气中所含焦油、萘及水汽的沉积污染,从而降低绝缘

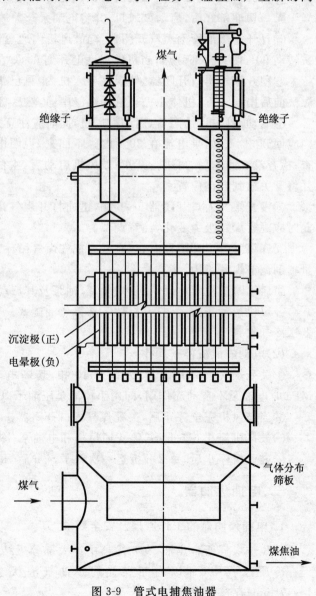

煤气

绝缘子

绝缘子

沉淀极(正)

电晕极(负)

气体分布筛板

煤气

煤焦油

图 3-9 管式电捕焦油器

性能,以致在高电压下发生表面放电而被击穿,还会受机械振动和由于绝缘箱温度的急剧变化而破裂,这常常是造成电捕焦油器停工的原因。

为了保证电捕焦油器的正常工作,除对设备本身及其操作有所要求外,主要还是维护好绝缘装置,即操作时保持绝缘箱的温度在 90~110 ℃,防止煤气中的焦油、萘、水汽等在绝缘子上冷凝沉积。此外,绝缘箱内应保证用作密封的氮气的通入量,定期擦拭清扫绝缘子。

由于电捕焦油器在高压下会产生电火花,因而电捕焦油器应设置连续含氧分析仪和自动联锁装置,确保工作状态时煤气含氧量低于 1%。

2. 电捕焦油器开停工要求

(1)电捕焦油器开工:

①运行前应将瓷瓶箱内温度逐步加热到 100~110 ℃;

②打开放散管,通入蒸汽清扫,到放散管冒出大量蒸汽并持续 10 min 左右;

③稍开煤气入口开闭器,关闭蒸汽,待放散管冒出大量煤气,取样做爆发试验;

④爆发试验合格后,关闭放散管,全开煤气出入口开闭器;

⑤缓慢关闭煤气交通管,注意煤气通过的阻力,如阻力过大,应停止开工,检查原因,处理正常,继续开工;

⑥底部加热套管应给汽加热,排冷凝液管打开,并检查是否畅通;

⑦通入煤气后,每小时作 1 次含氧量分析,确认含氧量低于 1%并无其他异常现象方可送电。

(2)电捕焦油器停工:

①停止送电(关闭硅整流器或由电工断电);

②打开煤气交通管;

③关闭煤气出入口开闭器;

④用汽清扫畅通底部排冷凝液管;

⑤停止运行时,加热箱的温度不应降得太快(应在 2 h 内降至常温,否则会因膨胀系数不一致,造成瓷瓶破裂)。

四、饱和器

1. 饱和器的结构及工作原理

我国大部分大型焦化厂均用饱和法生产硫酸铵,以回收煤气中的氨。饱和器是硫铵工段的主体设备,其结构见图 3-10。

经煤气预热的加热煤气进入饱和器的中央导管,中央导管的下部周边装有导向叶片(通常称之为泡沸伞),煤气通过导向叶片与饱和器内的酸性母液均匀接触,煤气中氨及一些碱性物质被吸收,主要生成硫铵晶体。

2. 饱和器开工停工操作要求

(1)饱和器开工:

①先通知鼓风、粗苯、调度室；

②仔细检查饱和器内壁分散盘、提硝管、循环管及喷头是否良好；

③检查循环槽、回流槽、预热器、除酸器、加酸管是否好用；

④检查各管道是否有泄漏现象，以及各开闭器是否灵活好用；

⑤检查结晶泵、循环泵、小母液泵是否良好，并扳动对轮，试转是否正常；

⑥饱和器内加水到满流槽的 50% 处，并加入酸；

⑦开启循环泵，正常后开结晶泵，检查酸度达 10%～12%，温度至 50～80 ℃；

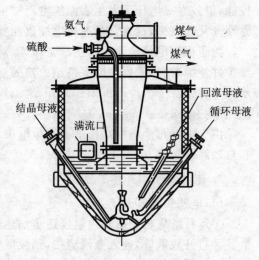

图 3-10　饱和器

⑧饱和器煤气出入口如有盲板，则打开放散管，通入蒸汽，赶尽煤气或空气，在正压情况下，抽掉盲板；

⑨若煤气出入口无盲板，则打开放散管，用蒸汽赶尽煤气或空气，然后关蒸汽，稍开煤气出口开闭器，往器内倒入煤气，直到放散管冒大量煤气约 4～5 min 后，从放散管取样，做煤气爆发试验；

⑩爆发试验合格后，关放散管，打开煤气出入口开闭器，同时缓慢关交通管开闭器；注意饱和器前后压差，如煤气通过的阻力大于规定值，应停止开工，进行检查，检查处理正常后，继续开工到正常为止。

(2)饱和器停工：

①停工前，先通知鼓风、粗苯、调度，必要时打开煤气交通管；

②如果通入了氨蒸气，则关闭氨蒸气关闭器；

③缓慢关煤气出入口开闭器(入口稍快一些)，同时注意饱和器前后压差，并保持正压，直到把煤气出入口全部关严为止；打开放散管，通入蒸汽，用蒸汽赶尽煤气并保持正压；

④循环泵、结晶泵继续运转，器内酸提完后，停止结晶泵，将管道清洗干净，循环泵继续运转，根据情况而停；

⑤将饱和器内的水全部倒入母液贮槽；

⑥若停止时间较长，或进入器内检查或检修，则应在煤气出入口、氨气入口、预热器排液口、加酸入口等处堵上盲板，并对器内空气进行相应检定至合格。

五、煤气终冷系统开停工操作

1. 煤气终冷系统开工

(1)开工前仔细检查各设备管道是否严密，洗萘焦油管道是否畅通，各终冷水泵是

否好用;水封装满水,终冷器下段装满水,分离槽装满水,凉水架地坑有足够水,焦油循环槽焦油静止好,油温符合要求;

(2)打开终冷器顶部放散管,通入蒸汽赶尽塔内空气,待放散管大量冒蒸汽约10 min后,稍开塔煤气入口阀门;停止给蒸汽,用煤气赶尽蒸汽,到放散管冒出大量煤气时,取样做爆发试验;

(3)爆发试验合格后,关上塔顶放散管,全开塔出入口煤气阀门,后给冷却水;检查终冷水回到分离缸是否畅通;根据终冷水温,开凉水架通风机,调节循环水量到正常。

(4)缓慢关上煤气交通管阀门,注意塔阻力,并及时与鼓风机联系;如阻力过大应停止开工操作,待处理正常后,继续开工操作;

(5)煤气通过正常后,往塔下段送洗萘焦油,并开间接蒸汽调节循环油量到正常;

(6)在终冷器未通煤气,且器内充满蒸汽的状况下,严禁给冷却水。

2. 煤气终冷系统停工

(1)打开煤气交通管道阀门,缓慢关上终冷器煤气出入口阀门,并与鼓风机联系;注意煤气通过阻力,如阻力过大,应停止操作;

(2)煤气出入口关死后,停止给冷却水,停止焦油洗萘,洗萘焦油管用蒸汽扫通;

(3)短期停工,终冷器可稍开煤气出口阀门,用煤气保持塔内正压;长期停工或需入塔内检修,应打开放散管,通蒸汽赶尽塔内煤气,然后在煤气出入口堵上盲板,塔下段水排空,焦油排空,间接蒸汽关上,器内用蒸汽清扫干净,进入器内前要检定内部空气至合格。

六、洗苯塔开停工安全操作

1. 洗苯塔开工

(1)检查有关设备管道是否严密,循环油、计器仪表是否好用,温度计、压力表是否好用;塔底装油到标中间位置;塔与塔之间的连通管,U形满流管注满油口;

(2)打开塔顶放散管,用蒸汽赶尽塔内空气,待放散管大量冒蒸汽约10 min后,稍开塔出入口煤气阀门,用煤气赶蒸汽,停止给蒸汽,至放散管大量冒煤气时,取样做爆发试验;

(3)爆发试验合格后,关上塔顶放散管,全开塔出入口煤气阀门;

(4)缓慢关上煤气交通管阀门,注意塔阻力,并及时与鼓风机联系;如阻力过大,应停止操作;

(5)煤气通过正常后,开循环油泵,送油入塔。

2. 洗苯塔停工

(1)打开煤气交通管阀门,停止循环油泵;

(2)缓慢关上塔出入口煤气阀门,注意煤气通过阻力,并及时与鼓风机联系;如阻力过大,应停止操作;

（3）正常情况下，停工后可稍开塔煤气出口阀门，用煤气保持塔正压；如长期停工或须入塔内检修，应打开塔顶放散管，用蒸汽清扫后，在塔出入口处堵上盲板，并以空气置换蒸汽；对空气取样检定至合格，才能进入塔内检修；

（4）塔内、管道内存油放空。

第七节　焦炉系统异常情况及事故处理

一、装煤

（1）装煤途中突然停电时，应首先检查电气系统；司机组织人员按下述步骤处理：

①切断电源，将各用电控制器打回原位；

②将该炉室的桥管翻板关闭，拉开上升管盖继续把煤装满，并配合装煤工把煤拉平；

③人工关闭闸，提起套，松开行走抱闸，召集炉顶人员将煤车开离火区；

④事故处理完毕，作好送电准备，得到允许才能送电。

（2）装煤中途平煤发生问题，燃起大火时，应立即关严闸板，装煤车开离火区，待故障排除后再次装煤；没有起火时，应继续装煤，并保持炉顶有空隙。

（3）当装煤车开往炉端速度极快，有落下危险时，应用抱闸刹住；用抱闸无效时，可打倒车。

（4）焦炉突然停止加热时，应把已推出的空炉装上煤。

（5）当空压机停风时，可用装煤车上的风泵接在煤嘴上继续出焦，但要避开摩电道。

二、推焦

1. 焦饼难推

焦饼难推，即推焦电流超过规定值还不能顺利推焦的现象，又称推焦困难。焦饼难推会扰乱焦炉的正常加热，易损坏焦炉砌体，缩短焦炉使用寿命；易损坏焦炉机械；影响焦炭的产量和质量。

（1）引起焦饼难推的原因：

①加热温度调节不当。当炭化温度比设定值低时，焦饼不熟，焦炭收缩得不够，从而与炉墙之间没有足够的收缩缝；当炭化温度比设定值高时，焦饼过火，容易推散。这两种情况都会使推焦时焦炭挤塞炉墙，导致推焦困难。

②炭化室内沉积炭积存过厚。结焦时间短，炉墙温度高，则粗煤气中甲烷及重碳氢化合物接触到高温的炉砖容易分解生成沉积炭（高于 1 000 ℃时分解速度加快）；若筑炉时，砖缝灰浆不饱满或炉墙破损，在粗煤气串漏处也易生成块状沉积炭。当沉积炭厚度超过焦饼收缩缝时，因焦炭被挤压，使推焦阻力增大而引起焦饼难推。

③装炉煤配比不当,造成煤料结焦性不好或收缩性差。

④炭化室炉墙变形。如焦侧炭化室宽度尺寸变窄;因墙面破损呈波浪状凹凸不平;喷补不当,部分喷补料凸出或凹进墙面;炭化室底砖损坏或不平整。

⑤焦炉机械出故障。如推焦杆不正;导焦栅变形;炉框夹焦或机、焦侧联锁失灵等。

⑥操作不当。如装煤不满或过多;平煤不良而堵塞装煤孔;炉顶残煤和平煤残煤返回装煤车煤斗位置不当,导致这部分结焦性变差的煤料先落入炉底;上升管翻板盘内黏结物未及时清理,使氨水倒灌入炉;摘错炉门;排错推焦计划;排焦杆头刮除沉积炭的刀片未定期更换或安装位置不当等。

(2)处理焦饼难推的方法:

①以预防为主,做好监督、分析、处理推焦电流记录工作。根据全炉炭化室的平均电流值或个别炭化室的电流值的逐步升高或突发性升高的现象,从配煤质量、高温计误差、炉墙沉积炭增厚、更换刮沉积炭刀和喷补等因素考虑分析,并加以处理。

②当出现推焦困难时,先测量相邻燃烧室的温度,如温度低则关闭炉门,待焦炭成熟后再推;炉头部分出现生焦时,在焦侧的用人工扒掉生焦,在机侧的则在推焦杆头上安装铲子将生焦扒掉,直到焦炭露出明显收缩缝隙,将焦饼扒平至紧贴推焦杆头时再行推焦;炉墙有沉积炭块卡住焦炭时,须将沉积炭块除掉后再推焦;机侧焦炭过火被挤碎时,则用人工扒焦或用铲子处理后再推焦;如炉墙变形严重,则应立即组织热修。

③严禁一次焦未推成,不作任何处理接连进行二次推焦。三次以上推焦,须由有关负责人在场,允许才能进行。

2. 推焦计划乱笺

(1)个别炭化室不能按推焦串序出炉,称为乱笺。其原因为:

①个别炉号温度不正常,到时间后焦饼没熟;

②焦饼推一次未动,需甩炉进行处理;

③更换炉框或个别炉号焖炉修理;

④改变推焦串序。

(2)处理与预防措施

①在编排计划遇有乱笺号时,应在不长于5个周转时间内恢复正常。

②每次出炉前将乱笺的炉号向前提1~2炉,使其逐渐生笺。这种方法不丢炉,但调整较慢。

③如错到10炉以上时,可采取向后甩的方法顺笺,但还要考虑延长的结焦时间不应超过规定结焦时间的1/4。这种方法顺笺较快,但丢炉多。

3. 推焦或平煤时突然停电

遇到这种情况时,应首先切断电源,将主令控制器放回零位,以防止突然来电发生人身事故,然后组织人力立即抢救各机械设备。如果推焦杆正推入炭化室内,或平煤杆伸进炭化室时突然停电,则应马上用手摇装置快速将炉内的推焦杆和平煤杆退出炉外;用手摇装置对车和上门;发现推焦杆或平煤杆弯曲应及时处理。

4. 平煤过程中拉断钢丝绳

这时应立即切断电源,将主令控制器放回零位,然后用钳式起重机的拉链拉出平煤杆。

5. 推焦杆掉入炭化室

如果推焦杆上的齿条与传动齿轮上的齿脱离距离较近,可用铁板、大螺钉等物垫在齿轮上,使推焦杆上的齿条与传动齿轮上的齿互相咬住,再启动推焦装置,拉出推焦杆;如果脱离距离较远,可用钢丝绳一端系在推焦杆上,另一端系在传动齿轮上,再启动传动装置,拉出推焦杆;如果推焦杆在行驶中途停电,应组织人力,用手摇装置把推焦杆摇回原位。

三、拦焦

发生导焦中途停电时,应检查电气系统,并由电工处理;拉掉总闸;主令控制器打到零位,切断极限开关;拔掉卡头,用手摇装置退出导焦槽,并将机车开到炉端台,同时熄焦车迅速熄后将车开到炉端台,对上导焦槽;用长耙子把导焦槽内的红焦推到熄焦车内,同时清除炉门处的红焦;用手摇装置将车移出炉号对上炉门;检查导焦槽有无变形。

四、熄焦

(1)放焦门未关严或自动打开,致使红焦落地时,应立即切断推焦电源,并将熄焦车开离火区,就近用水管人工进行熄焦。然后清除轨道上的红焦,使熄焦车尽快通行。

(2)接焦途中熄焦车停电:

①应立即发出事故信号,停止推焦;

②若熄焦车靠近焦台,可将红焦卸入焦台,用水熄焦。若熄焦车远离焦台,应接水管熄焦或通知消防车来熄焦;

(3)熄焦车、拦焦车未对好而推焦,应发事故信号制止推焦。

五、上升管

1. 鼓风机突然停电

打开放散管使集气管压力比正常值高 20~40 Pa;压力仍过大时,应将新装煤炉室的上升管盖打开几个,关闭翻板。

2. 鼓风机开动

集气管压力在 200 Pa 时,启动鼓风机,打开翻板,关闭所有放散管;鼓风机恢复正常、煤气压力正常后,检查仪表和调节机运转是否正常。

3. 停氨水

这时,应关闭氨水总阀门;立即向集气管主管送补给水,并注意压力的变化;送补给水时缓慢打开阀门,防止集气管突然受冷收缩而造成氨水泄漏;无补给水或补给水阀门损坏时,首先关闭新装煤的上升管盖,将熟炉的翻板关死,打开上升管。

4. 送氨水

首先,关闭补给水阀门,打开氨水总阀门,若无补给水,氨缓慢送入;关闭上升管盖,打开翻板,察看温度、压力变;再检查氨水的喷洒情况。

5. 调节机停转与启动

调节机停转时,应先关闭调节机执行机构空气开关,拆下扳把,按压力大小用人工调节翻板;如有计划停转,应先固定翻板,再根据压力大小调节;调节机启动时,安上翻板调节把手,开启调节机构空气开关。

六、加热组

(1)在测温过程中遇炉顶操作工正在装煤或大炉盖着火冒烟时,允许跳测,待测完其他火道温度后,再进行补测。也可以错开标准火道内外侧火道的温度,并注明情况。

(2)遇大暴雨或其他原因不能测温时,可隔一个小时再补测,并写入大账后注明。超过两小时还不能测温时,要上去检查温度情况,只作参考不上账。

(3)发现高温计对光不灵、跳针、卡针等不正常情况时,应立即停止使用并更换高温计,核正误差值。

(4)测温时出现冒烟和混浊情况,应检查横排其他火道的情况,若横排均为此情形,应检查相对的废气和风门状态是否正常。查明原因,进行处理。

(5)将所测火道温度换算成换向后 20 s 的温度,若超过规定极限值,则应马上检查全排温度情况,查找原因,及时处理,并做高温事故记录,向车间主管本项工作的主任报告。

(6)遇难推焦现象,煤气组长应组织有关人员进行以下工作:

①立即测量该炭化室两侧燃烧室的全排温度,并观察焦饼成熟情况;如因温度造成难推焦,应汇报当班工长,进行处理;

②对延长推焦的炉室,两侧燃烧室的温度应作特殊管理和严格检查。

(7)因推焦计划乱篓使某炉结焦时间大大超过规定的结焦时间,这时应关小加减旋塞,适当减小煤气流量,待该炉出焦后再开加减旋塞。

(8)焦炉停送煤气时,应与交换机工密切配合进行停送煤气的工作。

七、停送煤气

(1)遇到下列情况,焦炉应立即停止加热:

①加热煤气主管压力低于 500 Pa;

②煤气管道损坏或爆炸影响正常加热；

③烟道系统发生故障无法保持焦炉吸力；

④交换设备（例如交换机和交换链条等）发生故障，短期内不能修复，而影响正常交换。

（2）停止加热的步骤：

①用手动或手摇交换至煤气砣完全落下，切断煤气供应；长时间停止加热还应关死加减旋塞，拆下煤气砣拉链盖上风门盖板，留适量进风口；

②关闭烟道翻板，吸力维持120～140 Pa，打固定；

③停止出焦，每30 min或45 min照常交换废气和空气；

④停止加热时间较长（24 h以上）时，集气管压力应保持比正常高30 Pa；

⑤较长时间停止加热，应关闭加热煤气管上的开闭器，当已使用混合煤气加热，应将混合煤气开闭器关严，使用焦炉煤气加热，应关闭通往各处的煤气开闭器，关严加热蒸汽；

⑥与计器人员联系，关闭各仪表上的开闭器（主管压力导管除外）。

（3）恢复加热的步骤故障处理完毕，在主管压力正常的条件下可恢复加热，操作主要步骤如下：

①恢复加热时炉组周围40 m范围不应有火源；移开危险物品；如已用蒸汽保压或管道压力曾回零时，应先打开煤气主管开闭器，再停止通蒸汽，用煤气赶空气放散10 min后，取样做煤气爆发试验，两次连续试验合格后，关闭放散管开闭器；

②将煤气管道内积水放净，连通水封，打开仪表导管阀门；

③恢复风门盖板，联上煤气砣交换链，恢复烟道吸力翻板，打开流量加减旋塞；

④送气过程煤气主管压力应稳定，应为1 000～1 500 Pa；在送气后的1～2个交换以内，应观察燃烧情况及交换机运转情况。

（4）爆发试验：

①戴好防毒面具等，放散10 min后，在管道末端将事先准备好的爆发试验筒盖和放气旋塞打开，把筒口套在取样管上；

②打开煤气取样旋塞，煤气进入取样桶后，用放气孔放散1 min，待桶内全部充满被试气体即盖上桶盖，关闭取样旋塞；

③将取样桶拿到室外远离煤气设备的空旷地点，先点火后开桶盖，焦炉煤气桶口向下倾斜，高炉煤气桶口向上倾斜，点火时煤气没有爆鸣声、火燃烧到桶底为合格。

（5）少量煤气渗漏火把试验：

①向有关部门提出试验申请，取得证件后才能进行试验，并事先同交换机联系好，低压时不能进行试验；

②点燃用破布扎好浸油的火把，在所有的煤气管道设备上如管道、旋塞、法兰、接头、丝堵，开闭器、横管、水封等处试漏，有火应立即处理。

八、病号炉的处理

焦炉开工投产后,由于装煤、摘门、推焦等反复不断的操作而引起的温度应力、机械应力与化学腐蚀作用,使炉体各部位逐渐发生变化,炉头产生裂缝、剥蚀、错台、变形、掉砖甚至倒塌;炭化室墙面变形,推焦阻力增加,出现二次焦。因炉墙变形等缺陷而经常推二次焦的炉号,称为病号炉。病号炉的处理措施有:

1. 少装煤

这种方法一般在炭化室墙变形不太严重的炉号上采用。在变形部位适当少装煤,周转时间同其他正常炉一样。病号炉少装煤后,推焦仍可按正常顺序进行,不乱箆,但焦炭产量减少。

2. 适当提高病号炉两边立火道温度

将炉墙变形的炭化室两边立火道温度提高,以保证病号炉焦炭提前成热,有一定焖炉时间,焦炭收缩好,便于顺利出焦。但改变温度给调火工和三班煤气工带来许多不便,一般不宜采用。

3. 延长病号炉结焦时间

若炭化室墙变形严重,少装煤解决不了推二次焦问题,则应在少装煤的同时延长病号炉的结焦时间。在制定推焦计划时,病号炉不列入正常顺序,而是按病号炉的周转时间单独排出循环图表;防止病号炉漏排、漏推。

九、加热煤气异常情况及事故处理

煤气泄漏是引起煤气中毒、着火、爆炸的主要根源,而泄漏主要由于操作失误、管道接头松脱、腐蚀等引起。处理煤气泄漏必须佩戴防毒器具。焊缝小面积拉裂时,可在正压情况下进行焊补;裂缝较大,焊补有困难,可采取"贴铁板打卡子",然后进行焊补。开闭器阀芯或管道法兰泄漏,可采取塞填料的方法,先松开螺钉,将石棉绳等填充物塞入泄漏处后再紧固螺栓。如果管径超过 200 mm,必须制定方案,报批后方能进行处理。对于有条件切断煤气的泄漏事故,应尽量在灭完火后切断煤气,充蒸汽清扫气后再进行处理,送气后必须照章进行。水封泄漏应切断水封与煤气的一切联系,清扫气后再处理。

煤气中毒应设法进行抢救。煤气爆炸应设法使事故损失最小。煤气着火可分为:煤气管道附近着火;小泄漏着火;煤气设备大泄漏着火。煤气管道附近着火,直接影响到管道设备温度升高,如果管道压力大于 500 Pa,用户可照常使用,但必须立即切断与煤气相邻的易燃物,切断火路。如果管道没有被烧着,温度没有升高,而火苗一时难以扑灭,则应一方面组织灭火,一方面用冷水冷却管道以防升温;如果温度已升高,则不可用水冷却。管道小泄漏着火一般可用黄泥堵火,或用灭火器灭火后堵漏,也可用湿麻袋堵火;对于小管径管端附近有阀门,可切断阀门处理。出现高压管道泄漏着火时,应通知着火管道上所有用户,停用煤气,将主控煤气阀关 2/3,降低煤气压力,立即通蒸汽,接临时 U 形表和看火苗判断压力,使压力降到 500 Pa,用蒸汽灭火。严禁马上关闭阀门或水封,防止煤气管道回火爆炸。地下室因泄漏发生小型爆炸,引起着火,切忌立即切断煤气来源,防止回火爆炸。

十、更换加热煤气

更换加热煤气前,必须将所换煤气所属设备进行全面检查,并试运转,做到灵活、严密、无积水、水封槽保持满流,抽掉管道上的盲板,用蒸汽吹扫管道;检查仪表导管是否通畅,保证仪表系统正常工作。

1. 焦炉煤气换为高炉煤气的安全操作

①高炉煤气主管压力必须达 4 000 Pa 以上,停止使用预热器;

②交换后切断自动交换电源;

③将下降气流的煤气废气盘的进风口板盖盖严、拧紧,将小链条或小轴卸下;

④将进风口改为使用高炉煤气的风口;

⑤调整吸力达到使用高炉煤气的吸力(增大);

⑥交换后,只将煤气砣小轴小链上好,打开机焦侧下降气流加减旋塞(一般先开 1/2),同时关闭下降气流焦炉煤气加减旋塞;

⑦上述工作做完后,交换机交换,等第二个交换将异号重复上述操作,全部在连续两个交换内送完,也可采用停送煤气的方法来交换加热煤气。

2. 高炉煤气换为焦炉煤气的安全操作

①关闭混合煤气开闭器,主管压力 4 000 Pa 以上开始更换;

②关闭下降气流量加减旋塞,卸下煤气砣,连接小轴及废气盘上进风口盖板,打开进风;

③从管道末段开始,打开下降气流焦炉煤气流量加减旋塞,关闭下降气流焦炉煤气流量加减旋塞,逐个进行并在连续两个交换内完成;

④调整加热制度为焦炉煤气加热制度;

⑤更换 4 h 后开动预热器,联系高炉煤气主管堵盲板。更换加热煤气时相邻两座焦炉应停止推焦操作。

十一、焦炉交换时的异常情况

焦炉交换时经常听到"放炮"声,这是由于焦炉煤气和空气在砖煤气道中混合着火和回火而产生的。一般"放炮"是在交换后 10～20 s 发生,多数发生在上升气流改下降气流的砖煤气道中。常见的原因有:

(1)交换旋塞开、关不正,旋塞转动角度不够或者已转 90°但仍未全关,以至造成泄漏和除碳口进空气;

(2)交换旋塞芯与外壳研磨不好,受到腐蚀或润滑不好,以至全关时仍漏气;

(3)安装交换旋塞顶丝过松,产生漏气;

(4)地下室横管和立管漏气;

(5)砖煤气道漏气;

(6)违反压力制度,炭化室石墨保护层被烧掉,粗煤气窜漏;

(7)换孔板时,没有在加减旋塞关闭 15～20 s 后拧松法兰螺钉,造成吸入空气,产生"放炮"。

十二、粗煤气导出系统异常情况及处理

若因回收倒鼓风机或鼓风机停电以及其他故障造成焦炉吸气力较长时间不足,集气管管压力超过 240 Pa,应打开放散管,停止自动调节,改用手动调节,保持集气管压力比正常大 20～40 Pa;若压力仍然较大,可按笔笺号打开上升管盖落下翻板;若放散着火,应立即关闭;集气管着火时,应保持正压,然后用湿麻袋或泡沫剂进行灭火。

停氨水时应先关氨水总阀,然后缓慢打开清水管阀门(用蒸汽清扫的焦炉如集气管温度过低可适当加充蒸汽),清水压力应比正常氨水压力稍小;送氨水时,应先将清水阀关闭,然后开氨水总阀,并检查桥管、集气管氨水喷洒情况,发现问题(如堵塞)及时处理。

十三、炉盖、炉门异常情况及事故处理

1. 炉盖、炉门大面积冒烟冒火

(1)鼓风机吸力不足,即使集气管压力调节翻板开到最大,而集气管压力仍超出控制指标。这时操作工应马上向调度室汇报,通知鼓风机房调整吸力。如不能马上调下来,上升管操作工应按调度指令,打开集气管放散管,降低集气管内压力,待鼓风机吸力调好后,再关闭放散管,炉门工、炉盖工应重新密封炉门、炉盖。

(2)仪表失灵造成集气管压力超标。这时上升管操作工应及时将仪表自调装置气动阀门切断,打开集气管翻板,使集气管压力降到规定指标,并通知仪表工检修调整装置。

(3)仪表波动较大,造成集气管压力拉锯式波动。这时,应将仪表调整开关打到手动操作挡,根据仪表上翻板开度指示,调节集气管压力,并通知仪表工。

2. 局部炉门、炉盖冒烟冒火

如果炉门刀边损坏,造成炉门冒烟冒火,对刚装煤炉号,应采取泥封等临时措施;结焦时间已近末期,则应在出焦后及时更换炉门。炉盖损坏造成冒烟时,禁止用煤堆在炉口堵严和用水灭火,应及时更换新炉盖。炉盖着火时,应用压缩空气及时将火吹灭,再调节炉门刀边密封炉口;刀边密封不住,再用湿煤将冒烟点堵好。若由于平煤不合格,上升管直管、桥管、阀体堵塞,炉框加工面清扫不干净,炉门刀边内焦油清扫不干净,炉门砖上石墨过厚,炉门修理质量不合格等操作不当造成炉门、炉盖冒烟,应及时纠正操作方法。

第八节　冷凝鼓风系统异常情况及事故处理

一、鼓风机

1. 鼓风机电机波动

处理和预防鼓风机电流波动,应查明原因,再作处理。

(1)鼓风机"吸液"现象致使鼓风机少量带液而引起电流波动时,应把煤气入口大阀前后排液管关死。

(2)鼓风机清扫蒸汽开得较大,有一部分冷凝液吸入鼓风机内引起电流波动时,应把蒸汽阀门关小或关死。

(3)初冷器排液管不畅,有小部分液体随煤气吸入鼓风机造成电流较大波动时,应首先关小鼓风机入口煤气阀门,防止电动机受损,再立即清扫下液管,把积存的液体排掉。

(4)初冷器前煤气总管下液管有积液,造成电流波动时,应立即排除下液管堵塞。

2. 鼓风机电流突然增大

(1)机前翻板自控失灵造成翻板全开,机前吸力过大,电流突然增大时,应立即关小煤气入口阀门,使电流恢复正常。

(2)机械故障使电流突然增大时,应及时检查鼓风机轴承温度是否正常,电动机、鼓风机是否有较大的杂音,震动是否正常,是否有机械的碰撞声。若问题明显可随时停车,倒机处理。

(3)初冷器下液管严重堵塞,造成鼓风机严重带液,使电流突然增大。这时应立即清扫下液管,关小煤气进口阀门。

3. 鼓风机前吸力突然变大

(1)集气管压力调节翻板关闭,造成机前吸力过大时,应及时操作手动调节翻板,同时注意焦油盒是否被抽空。

(2)初冷器前煤气总管的排液管堵塞,使煤气总管处形成液封,造成机前吸力突然上升,应立即清通排液管,必要时须停机待液封消除后再开鼓风机。

4. 轴承升温过高

正常送气时,鼓风机轴承温度超过60℃即为故障。处理和预防应注意以下几点:

(1)油温高,油冷却器堵塞或断水,造成轴承温度过高时,应检查油冷却器是否正常或断水,发现问题立即处理。

(2)油冷却器严重结垢,油温降不下来,造成油冷却器进出口温度相差不大时,应定期清洗油冷却器结垢。

(3)油槽内油位较低影响油润滑时,应及时补充足够的润滑油。

(4)润滑油变质使润滑受到影响,轴承温度升高时,应立即更换润滑油。

5. 鼓风机油压波动

鼓风机正常运转时轴油压需保持 0.10～0.15 MPa,否则为油压波动故障。

(1)油箱油位太低,不能满足注油泵自身抽送油循环使用的要求,造成油压波动。这时应观察油位后再加油。

(2)油箱滤网堵塞,使油箱进出口油位差较大。这时应先多加些油,再检修油箱,清净滤网。

6. 鼓风机紧急停车

鼓风机正常运转时严禁无故停车,但遇到以下情况必须停车:

(1)鼓风机机体突然发生剧烈震动或清楚地听到金属的碰撞声。

(2)轴瓦温度直线上升,每分钟 1～2 ℃,达到 65 ℃,有烧熔的危险。

(3)油管破裂或堵塞,不能迅速处理。

(4)吸力突然增大,不能迅速处理。

(5)电动机线路短路或着火。

(6)电动机电流过大。

二、初冷器

1. 初冷器阻力增大

初冷器列管外壁沉积大量萘和焦油,致使初冷器阻力增大,影响粗煤气顺利地被鼓风机吸入净化系统,使集气管压力增高。这时应用热煤气清扫,方法是将初冷器中的冷水放空后,将煤气入口阀全打开,出口阀保持一定的开度,每小时向初冷器中通入 700～1 000 m³,并保持 55～75 ℃的煤气温度,使管壁上的沉积物融化去除;若在通热煤气的同时喷洒热氨水,则效果更好。

2. 初冷器后煤气主集合温度超过规定

初冷器后的煤气温度一般控制在 20～35 ℃,超过此温度范围不仅不能稳定初冷器的操作,而且还会引起机后工序的操作困难。其处理和预防措施是:

(1)保证入初冷器的冷却水有较低的温度。循环水为 32 ℃,低温水为 18～20 ℃。凉水架应定期清扫,保持正常通风,使循环水充分冷却。夏季冷却水温度较高时,应排除部分循环水,补充低温水。

(2)为保证入初冷水的煤气具有较低的温度,需确保煤气在集气管中冷却到80～85 ℃。

3. 冬季初冷器操作应注意的事项

(1)冬季冷却水的温度偏低,造成煤气过冷,致使初冷器列管外壁沉积大量的萘和焦油,引起初冷器的阻力增大,影响粗煤气的正常吸入。这时要及时清扫初冷器,稳定集合温度。

（2）冬季天气寒冷，冷凝液的黏度大，流动性不好，易造成下液管堵塞，严重时会使鼓风机带液、电流增高。因此，冬季要每班清扫下液管两次，防止堵塞现象发生。

（3）冬季应根据气温情况，停止开凉水架的风扇，或循环水不经过凉水架直接进循环水池，以避免冷却水造成煤气温度过低。

（4）冬季管道停用时，应将冷却水出水管道、冷凝液喷洒管道等处水放空，以防冻坏。有的管道不能放空时，可通入活水。

三、电捕焦油器

1. 电捕焦油器电流波动

（1）绝缘箱中的绝缘子上有油垢，绝缘性能差引起电机波动。处理方法为更换电捕焦油器，及时检修擦净。

（2）绝缘箱温度较低，绝缘子上有水珠，绝缘性能差引起电流波动，这时应提高绝缘箱温度，使其符合规定（90～110 ℃）。

（3）绝缘子因冷热不均匀造成断裂，绝缘性能差引起电流波动。处理方法为停工检修，更换绝缘子。

（4）电捕焦油器底部排液管堵塞造成液封，由于煤气的夹带作用使一部分液体达到电晕极和沉积极，使电流波动，这时应及时清扫排液管。

（5）煤气压力波动较大，造成电晕极的挂丝重锤来回摆动，电晕极与沉积极的距离忽大忽小引起电流波动，这时应及时调整煤气压力。

2. 电捕焦油器阻力增大

（1）排液管堵塞造成液封，使电捕焦油器阻力增大，这时应及时清扫排液管。

（2）煤气分配花板上焦油和其他杂物较多，造成电捕焦油器阻力增大，这时应停电通蒸汽清扫，或检修时将煤气分配花板上的沉积物清除。

四、机械化氨水澄清槽

1. 氨水带焦油事故

发生机械化氨水澄清槽分离出的氨水带焦油和大量浮油，分离出焦油渣和大量氨水的事故时，处理方法：检查机械化氨水澄清槽焦油氨水界面高度，及时压油；检查桥管喷嘴和集气管内焦油情况，及时用高压氨水清扫集气管底部，以免沉积焦油。预防措施：定时检查高压氨水界面是否正常，并作记录；确保仪表指示值可靠；按时用检查放液管或手感来检查焦油氨水界面高度并与仪表指示值对照，以防焦油液面过高或过低。

2. 循环氨水中间槽抽空事故

为提高循环氨水在集气管内的雾化程度，保证粗煤气冷却到80～85 ℃，要求循环氨水泵出口压力一般不小于0.4 MPa，但操作不当则会发生氨水中间槽抽空事故。产生原因：剩余氨水阀门开得较大，使中间槽抽空；循环水中间槽液位计失灵，造成假液位；机械化氨水澄清槽压焦油速度过快，使循环氨水中间槽不能及时补水。处理的办法：立即打开氨水事故槽的阀门，并及时补充新水；检查剩余氨水阀门开度是否过大，若过大应关小或关闭氨水阀门，使中间槽多进新水；降低机械化氨水澄清槽压油速度或停止压油，必要时可向槽内补新水。预防措施：经常检查剩余氨水量和循环氨水中间槽液位是否正常；经常检查循环氨水中间槽液位计是否灵敏可靠；机械化氨水澄清槽的压油操作应连续稳定，速度不可太快。

3. 循环水池抽空事故

在正常生产时应给循环水池适量补水，若补水不及时、补水量过小或抽水量突然增大回水不及时，会造成水池抽空。为预防事故发生，应经常检查循环水池水位和凉水架下水池水位及补水量的情况；调节初冷器后煤气温度时应避免循环水量剧烈变化；新开车时应逐渐增大循环水量，同时加大补水量。当发现水池抽空时，可适当加大补水量；启动备用泵。

五、停电、停水、停气

1. 停电

(1)停止电动鼓风机。电动鼓风机停止时，切断电源，关死煤气出口开闭器，用手摇油泵压油，保持润滑，待鼓风机完全停止后，把入口开闭器关严，停止循环按水泵切断电源，关死煤气入口开闭器，通知焦炉有关人员。

(2)澄清槽停止压油。各泵均停止运转并切断电源，关死入口开闭器，焦油管道用蒸汽扫通，关闭冷凝液中间槽所有入口开闭器，冷凝液从初冷器水封处冒出，关闭澄清槽氨水出口开闭器，防止水淹泵房。

2. 停工业水

如果停水时间短，鼓风机可继续运转，但要关死煤气出入口开闭器（透平鼓风机降低转速到 500 r/min 左右，开启动电油泵）；如果停水时间过长，鼓风机温度超过 70 ℃时，应停止鼓风机运转，关死煤气出入口开闭器，通入粗苯、硫铵打开煤气交通管，关闭洗涤塔煤气管道开闭器，并用蒸汽保持鼓风机后煤气管压力为 500～600 Pa，通知焦炉保持煤气管道压力，管式冷却器水封及鼓风机前后水封应注意保持足够液面，并以蒸汽加热保温防止阻塞。

循环氨水泵照常运转，轴瓦冷却水切换生活水，如果发现中间槽液面下降，关小泵出口开闭器进行调节，通知焦炉有关人员。

3. 停中压气

如果使用透平鼓风机，应立即更换电动鼓风机运转；停止透平鼓风机时，应关死煤气出口开闭器，开电油泵，保持润滑，待鼓风机完全停止运转后，把入口开闭器关死。

所有与管道设备相连的蒸汽管道开闭器完全关死，其余设备照常运转。

4. 停电、停中压气

(1)各鼓风机停止运转,关死煤气出口开闭器,用手摇泵保持润滑,电动鼓风机切断电源。待鼓风机完全停止运转后,把入口开闭器关严。

(2)通知调度,保持煤气管道正压为500～600 Pa。

(3)鼓风机停止后有冷却器及汽抽子停止给水。

(4)管式冷却器冷却水入口开闭器关死。

(5)冷凝泵房各泵停止,关死出口开闭器。

(6)机械化澄清槽停止压油。

5. 煤气吸力、压力过低突然波动的调节

当煤气吸力、压力不正常时,应立即检查鼓风机前后煤气之吸力、压力、煤气设备阻力等,迅速采取适当处理措施。

(1)如集气管压力降低,而检查结果煤气吸力增加,压力减小,各设备阻力却正常,说明煤气发生少量减少。可以降低鼓风机转速,关小电鼓风机煤气入口开闭器或开煤气循环管开闭器进行调节。

(2)当集气管压力增高时,检查结果为煤气的吸力减小,压力增高,个别设备阻力升高,说明煤气设备堵塞。可以一方面通知阻力升高的单位消除堵塞现象;另一方面提高透平鼓风机转速,开大电鼓风机煤气入口或关小煤气循环开闭器调节。

(3)如果检查结果煤气吸力减小,压力增加,各设备阻力正常,但煤气含氧量增大(超过1%),说明煤气吸入管道或初冷器不严密,抽进空气。则应一方面降低透平鼓风机转速,关小电动鼓风煤气入口或开大煤气循环开闭器,以降低吸力;另一方面检查并处理管道设备不严密现象。

第九节　终冷洗苯系统异常情况及事故处理

一、终冷塔

1. 终冷塔阻力增大

终冷塔阻力超过1 000 Pa即为阻力偏大。其处理与预防措施:

(1)当终冷塔板被苯堵塞造成终冷塔阻力增大,影响终冷塔的正常运行时,必须停塔,用蒸汽清扫。预防这类故障,可以适当加大终冷塔用水量,并定期清扫终冷塔;同时应改进前脱苯的操作,使终冷塔煤气入口含苯量达到0.5 g/m³以下。

(2)终冷塔至循环水槽的U形管堵塞,造成循环水不能顺利流入循环水槽,塔底液面上升,超过煤气入口时使塔阻力增加。这时应卸开U形管下部盲堵,用蒸汽吹通。预防方法为经常检查回水情况,出现问题及时解决。

2. 终冷塔煤气出口温度偏高

终冷塔煤气出口温度25～30 ℃为正常,超过30 ℃即为煤气出口温度偏高。处理

和预防方法为：

(1)循环冷却水温度偏高。中、低温冷却水要满足生产的要求，使终冷循环水得到很好的冷却。夏季，由于低温循环水温度偏高，造成煤气出口温度上升。预防方法为应确保低温水为 18～20 ℃、中温水为 30～32 ℃。

(2)终冷泵上水管严重结垢，堵塞管道造成循环水量不足，煤气得不到很好的冷却，温度升高。这时只要清除水垢即可。

(3)入终冷塔煤气温度过高时，应汇报调度检查前面工序是否正常。

3. 终冷塔煤气出口管堵塞

初脱萘操作不好或停工，使终冷塔出口煤气夹带大量萘；在冬季温度较低时，煤气在出口管内被冷却，萘凝析在管壁上。这时，应用热洗油喷洒煤气出口管，使萘熔化后进入 1♯洗萘塔底富油槽。为避免这类情况的出现，平时应稳定初脱萘的操作或定期清扫终冷塔煤气出口管。

4. 终冷水泵出口压力过高

终冷塔进口煤气含萘量高，终冷循环水中有大量被冷凝下来的萘，堵塞了泵出口或循环水冷却器；终冷塔补充的软水量小或不能供应，被迫使用生产用水，加上硫铵操作不好，使煤气含氨量高，在碱性的介质中，未软化的生产水更易结垢造成终冷水泵内出口管道和冷却器内大量结垢。检查确认堵塞的位置及堵塞的原因后，应向有关部门汇报，采取相应的解决措施。为避免此类故障的发生，应稳定初脱萘的操作，降低终冷塔煤气进出口的含萘量；加大终冷循环水量；终冷塔的补充水必须使用软水，同时稳定硫铵的操作。

二、初脱萘塔

(1)洗油中大量带水将会引起粗苯蒸馏操作混乱和设备管线的腐蚀，出现这种情况，应调节加热器，使入油洗段的油温比预冷段出口的煤气温度高 3～5 ℃。

(2)初脱萘塔阻力过大，这种问题与工艺设备有关。因为在前脱硫的工艺中，初脱萘塔一般设在脱硫前、电捕焦油器后，循环水为氨水，如氨水中带有少量焦油或电捕焦油器停工时，初脱萘塔内便容易挂焦油造成阻力过大，其处理方法是停车清扫。

三、洗苯塔

1. 洗苯塔内洗油含水量过高

洗油含水量高于 1%，就会造成粗苯蒸馏系统操作混乱。处理方法如下：

(1)及时调整贫油温度高于煤气温度 2～3 ℃；

(2)清扫终冷塔后煤气管道水封的排液管，使其畅通，防止冷凝水进入 1♯洗苯塔底富油中；

(3)及时提高管式炉后富油温度和脱苯塔顶温度，使油中水分尽快脱出。

2. 洗苯塔阻力过大

在生产操作中,一般一台洗苯塔的阻力约为 500 Pa,如果过高,将严重影响苯的吸收效果。可参考降低终冷塔阻力的办法,也可用热贫油冲洗的办法来降低洗苯塔的阻力。

3. 入洗苯塔贫油温度偏高

(1)适当增大中、低温冷却水量;

(2)降低中、低温水入口温度,使之符合规定;

(3)检查贫油冷却器进出口温差,如过小,表明有结垢或堵塞,应停工处理。

4. 塔底油槽抽空或冒烟

(1)各油泵送至油量不一致,导致各油槽液位不稳,甚至抽空或冒槽,这时应立即调节油管油泵流量,及时倒油。预防方法是平时应稳定各油泵操作,使各油泵的流量一致;经常检查各液位是否正常。

(2)若因液位计不准,应及时检查现场浮桶液位计,然后立即倒油。预防方法是经常对照浮桶液位计的读数与仪表指示值。

(3)若因液位自动调节阀失灵,应立即打开自动调节阀,关闭其前后阀门,由旁通阀调节液位至正常。预防方法:仪表工要经常检查自控系统是否正常;液位稍有异常应立即采取上述措施手动调节,并通知仪表工检修自动阀。

四、停电、停水、停气

1. 停电

停电时,应及时向值班长和调度室汇报,通知鼓风机注意压力变化;切断各泵的电源,关闭出口阀门;关闭各冷却器的冷却进出阀门;密切注意塔底油槽液位的升高,如超过上限,可放入地下槽;停电时间较长时,可打开各塔的煤气交通阀门,关闭煤气入口阀门,煤气出口阀门留 2~3 扣,保持塔内正压;并作好来电恢复生产的各种准备工作。

2. 停水

(1)停中、低温冷却水时,应及时向值班长和调度室汇报,粗苯蒸馏应立即停工。若停水时间不长,终冷洗苯系统可作如下处理:终冷一、二段冷却器和贫油一、二段冷却器均可走旁通;作好来水恢复生产的各项准备工作。

(2)停生产水时,应及时向值班长和调度室汇报。如停水时间不超过 1~2 h,可不停工,但应密切注意各泵轴封温升是否超标。如温升超标或停水时间超过 2 h,应停工。

3. 停气

停气时,应及时向值班长和调度室汇报;关闭洗萘油加热器的蒸汽进口阀门;检查煤气管道各水封、油封的排液管是否畅通。

第十节　粗苯回收系统异常情况及事故处理

一、管式炉

1. 火嘴堵塞

管式炉常因火嘴堵塞影响加热,严重时可用蒸汽清扫并用人工捅。预防方法是定期检查火嘴燃烧情况,每班定时捅两次火嘴,以保持畅通。

2. 管式炉煤气管道堵塞

其原因是没有及时排液,而炉前煤气压力油较低。严重时,须停工通蒸汽清扫管道。预防方法是平时要保持回炉煤气压力,经常排放管道内的冷凝液。

二、脱萘塔

1. 脱苯塔温度偏高或偏低

脱萘塔正常生产时塔顶温度保持在 90～93 ℃,塔顶温度偏高或偏低时,应调节再生器直接蒸汽量和粗苯回流的流量。预防方法是稳定入脱苯塔的富油量和温度、过热蒸汽温度,稳定再生器的直接蒸汽量和粗苯回流量。

2. 脱苯塔塔压偏高

脱苯塔正常生产时底部压力应≤0.03 MPa,塔压偏高会影响脱苯塔的正常操作。这时应减少脱苯塔的进油量和直接蒸汽量,打开油换热器的贫油旁通管,使塔压恢复正常。预防方法是稳定入脱苯塔的富油量和直接蒸汽量,经常检查塔顶油水分离器的出水情况。

三、再生器

1. 再生器油温偏低

出现再生器油温偏低的情况时,应提高管式炉后富油温度至 170～180 ℃,过热蒸汽温度至 400 ℃,并检查间接加热器的加热情况。预防方法是保证富油温度和过热蒸汽温度、流量符合要求,保证间接加热器的退气管畅通。

2. 再生器排稀液渣

再生器排稀液渣时,应停止排渣,继续蒸吹至达到排放标准。预防方法是稳定再生器的进油量、油温、液位及底部温度,直接蒸汽温度要达到 400 ℃,并根据再生器内残渣的黏度调整排渣的时间和数量。

四、停电、停水、停气

1. 停电

(1)切断各泵电源,关上出入口开闭器;

(2)打开粗苯循环油泵入口交通管阀门,平衡各槽油面;

(3)关上再生器直接蒸汽,关上预热器间接蒸汽,关上分缩器、轻苯冷凝冷却器的冷却水,放空轻重分缩油管道;

(4)用气泵将粗泵管道存油倒入油槽;

(5)扫通焦油汽苯管道,排完终冷器内焦油后关上;

(6)关上脱萘管式炉加热煤气,打开烟囱翻板;

(7)脱萘其他设备按停工处理。

2. 停水

(1)管式炉应逐步降温;

(2)增大脱萘塔回流量;

(3)停止进再生器的直接蒸汽和富油;

(4)做好来水恢复生产的各项准备工作;

(5)冷却水短时间内不能恢复时,应按停工处理。

3. 停气

(1)关上贫油冷却器、分缩器、轻苯冷凝冷却器,各油泵继续循环;因无法倒油,可适当提高煤气温度,保证循环洗油不堵;

(2)焦油洗萘继续循环;

(3)停止脱萘原料、回流泵、关上冷凝冷却器,关小管式炉煤气,热油泵不停;

(4)气泵送焦油改用电泵送,送到管道内有水时停止。

4. 停电、停水、停气,鼓风机停止运转时

(1)切断各泵电源,关上出入口开闭器;

(2)打开粗苯循环油泵入口交通预热阀门,使各槽油面平衡,防止跑油;

(3)将最后一个洗涤塔出口煤气阀门关上,并注意煤气压力,如有条件可用蒸汽保持煤气系统正压为 500 Pa;

(4)如有条件,将设备管道内的油放空;

(5)关上所有加热器、煤气及蒸汽阀门;

(6)终冷器内焦油排完后关上;

(7)打开脱苯管式炉的门窗。

第十一节　终脱萘系统异常情况及事故处理

一、洗萘塔阻力过大

处理方法:首先开启塔顶捕雾层的清扫喷嘴阀门,用柴油清洗捕雾层;用蒸汽扫塔;然后停工清理更换瓷环填料。预防方法:平时严格控制循环柴油量和温度符合规定,坚持定期清扫。

二、停电、停气

1. 停电

(1)及时通知厂调度和值班主任,在班长指挥下停电操作;

(2)停止向塔内喷洒柴油;

(3)通知鼓风机司机注意煤气压力,打开终脱萘塔煤气旁通阀门,关死煤气入口阀门,关小煤气出口阀至剩 2～3 扣,保持塔内压正压。

2. 停气

停气事故的处理,其停工步骤与停电处理相同。

第十二节 脱硫系统异常情况及事故处理

一、干法脱硫

干法脱硫箱旁路水封阀关闭不严或水封箱脱水,未使用的干法脱硫箱(此时箱内没有脱硫剂)进、出口水封阀关闭不严或水封箱脱水,造成干箱出口 H_2S 含量突然升高,干箱压力突然下降,影响出厂煤气 H_2S 杂质含量指标的合格率。处理方法是,通过观察每个正在运行的干箱的压力降,或对每个运行干箱出口做 H_2S 含量化验测定,判断短路部位,关紧阀门或水封箱的水封,以切断煤气回路。

二、湿法脱硫

1. 脱硫塔堵塞

因脱硫塔溶液中悬硫过多、硫泡沫回收不及时,造成脱硫塔阻力上升,超过操作指标,影响煤气输气及脱硫效率,处理方法是调换吸收塔,及时清理。

2. 再生塔硫泡沫外溢

由于液位调节器调节不准、空气量突然增大,造成再生塔硫泡沫飞溢,引起设备腐蚀,浪费溶液。处理方法是调节空气量、调节液位调节器。

3. 反应槽液位突然增高

由于断电溶液泵停转,液位调节器钢丝绳断裂,溶液泵出口阀损坏,造成反应槽液位突然增高,影响煤气脱硫效率。处理方法是及时开泵、调换出口阀、调换钢丝绳,恢复液位高度。

三、停电、停空气、停蒸汽

1. 停电

把泵开关打到停车位置,关闭溶液泵的出口阀,关闭再生塔溶液进出口阀,防止溶液溢出设备。与提供空气部门联系后停空气。

2. 停空气

关闭进再生塔的空气阀,煤气走旁路,关闭煤气进口阀。

3. 停蒸汽

关闭进脱硫系统的蒸汽阀,把加热设备的蒸汽冷凝水放净,关闭所有使用蒸汽加热设备的进口阀,为来气做准备。

第十三节　硫铵系统异常情况及事故处理

(1)整个硫铵工段应设有一个煤气总旁路阀,遇有紧急情况时可以开启,以免影响全厂生产。

(2)严禁带火种进入操作区域,禁止用铁器敲打,以防产生火花。动火须与安全部门联系,严格执行安全动火审批手续。防火用具要放好,保证安全,不得移作他用。

(3)操作人员操作时应该站在上风,以防中毒,谨防母液、硫酸、液碱灼伤。

(4)由于预热器底部冷凝氨水和焦油未及时排除,造成预热器阻力升高时,应及时排除预热器底部积水及焦油,保证每班必须放一次。若预热器内局部管道被萘、焦油阻塞,造成预热器阻力升高,应用蒸汽清扫管道。

(5)饱和器停电时间较长时,应与相关岗位联系,打开煤气旁通阀,各岗位按停工处理。停汽时,应把通向饱和器的氨气管阀关闭,以防煤气倒压至氨气管内;并通知停送氨水;关闭与煤气相通的蒸汽阀,以防止煤气倒压至蒸汽管内。

第四章

煤 气 柜

第一节　钢铁企业煤气柜的设置

一、钢铁企业设置煤气柜的作用

为了充分合理利用煤气,在煤气回收和输配系统,必须设有煤气柜。煤气柜主要有以下三个作用:

1. 有效地回收放散煤气

钢铁企业建立煤气柜,主要是利用煤气柜可以及时吞吐煤气的特点,回收企业内部因不均衡性所造成的瞬时煤气放散量。也即煤气柜可以有效地吞吐锅炉房所难以适应的频繁、短时的煤气波动量,当煤气有剩余时存入柜内,煤气不足、管网压力下降时,再补入管网,起到以余补欠的作用,减少煤气放散量。

2. 充分合理使用企业内部的副产煤气

由于建立了煤气柜,在工厂煤气平衡中,可以不预留煤气缓冲量,从而可充分利用企业工厂副产煤气,以减少外购燃料量,提高工厂煤气的使用率。

3. 稳定管网压力,改善轧钢加热炉等用户的热工制度

利用煤气柜调节管网压力,改善效果好,可大大改善煤气供应的质量,使加热炉热工制度稳定,提高加热炉的煤气利用率,从而可降低煤气消耗量,同时还可以改善轧钢产品的质量。

应当说明的是:由于煤气柜受到容积的限制,它不可能做得很大,因而不能适应波动幅度过大、延续时间长的气量波动。所以,煤气柜需要有锅炉房或其他缓冲用户相配合,方能取得理想的调节与回收剩余煤气的效果。

二、煤气柜的分类与结构

工厂煤气柜一般是低压煤气柜,按其密封方式不同,可分为两大类,即干式煤气柜和湿式煤气柜。国外低压煤气柜普遍采用干式柜,国内较多采用湿式柜,近年来逐渐采用干式柜,尤其是钢铁企业使用干式柜的日益增多。

1. 湿式柜

湿式煤气柜(见图 4-1)是目前国内常用的一种储气装置。这种煤气柜易于加工制造和安装,操作管理简便,运行可靠。湿式柜塔节之间靠水密封,密封性较好,但其基础载荷大,地基条件要求较高,寒冷地区需考虑水槽的防冻问题。塔内压力随塔节升降而变化,对于稳定煤气压力效果差。

目前湿式柜结构形式为直立导轨式和螺旋导轨式。螺旋导轨式在可动塔节侧壁外面安装有与水平夹角为 45°的螺旋形导轨,充气时,浮塔侧壁的导轨在下一节塔壁顶部安装的导轮控制下,塔身缓慢螺旋上升,速度一般为 0.9~1 m/min。

2. 干式柜

干式煤气柜(见图 4-2)是一个钢板焊铆接成的大罐筒,筒内装有直径与罐筒内径相同的活塞和导架装置。进气时,活塞上升,用气时,活塞下降,借助活塞本身重量把煤气压出。这种煤气柜安装精度要求高,制造和施工较难,但占地面积小,金属耗量少,与湿式柜相比还可减少对环境的污染。其最突出的优点是贮藏煤气压力可达 550~800 mmH₂O(即 5.39~7.8 kPa),运行中煤气压力稳定,适合钢铁企业煤气管网稳压的要求。

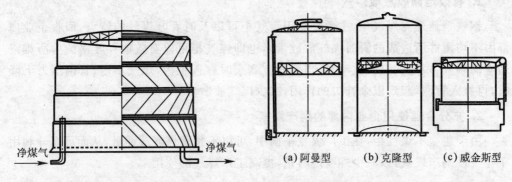

图 4-1 湿式煤气柜   图 4-2 干式煤气柜

干式柜按其结构形式可分为阿曼型、克隆型和威金斯型,其特征和结构见表 4-1。

表 4-1 干式柜类型特征和结构

类型名称	阿 曼 型	克 隆 型	威金斯型
结构形式	油环式	填料环式	布帘式
外形	正多边形	正圆形	正圆形
密封方式	稀油密封	干油密封	橡胶夹布帘密封
活塞形式	平板桁架	拱顶	T形挡板
最大贮气压力/mmH₂O(kPa)	640(6.72)	850(8.33)	600(5.88)

第二节　煤气柜容量的确定

由于钢铁企业内部生产不均衡的特点,使得煤气的发生与使用没有一个固定的变化规律。因此,在确定煤气柜的容量时,只能根据企业的具体生产情况,从满足煤气调度需要出发,分析各种瞬间波动因素,应用概率统计的方法来确定。

一、高炉煤气柜

高炉煤气柜的容量,应能满足以下各种情况的需要:

1. 高炉突然休风的安全容量

企业内部高炉突然休风,煤气发生量急剧减少,在此期间内需继续供给高炉煤气,所需煤气平时储于柜内,休风时由煤气柜继续供给,这部分煤气容量称为高炉突然休风的安全容量。

2. 煤气波动调节容量

钢铁企业正常生产情况下,煤气的发生和使用不断变化,常常造成煤气供需的不平衡。煤气柜用来调节这种不平衡所需的储气容量称为煤气波动调节容量。

3. 突然发生过剩煤气安全容量

在煤气发生量突然增多,如高炉出现管道现象(炉内料层烧穿),煤气柜不可能完全吸收的情况下,需要打开煤气放散塔进行放散,由于打开放散塔有滞后时间,在这个时间内,增多的煤气贮入柜内,煤气柜应经常保留这部分容积,以吸收突然发生的过剩煤气,这部分贮量称为突然发生过剩煤气安全容量。

4. 煤气柜安全容量

为使煤气柜在生产中安全运行,不允许升到最高点或降到最低点,以免因碰撞而损坏,为此应留有上、下界限安全容量。干式煤气柜约为柜总容量的 10%,湿式煤气柜因拱顶容积的影响,占柜总容量的 $15\%\sim20\%$。

以上四部分容量之和为所求的高炉煤气柜容量。

二、焦炉煤气柜

焦炉煤气柜的容量,包括以下几部分:

1. 焦炉煤气排送机突然故障的安全容量

当焦炉煤气排送机突然发生故障,煤气发生量突然减少,发电厂更换燃料或其他用户停用煤气处理过程中,需由煤气柜继续供给的焦炉煤气,煤气柜贮存这部分的容量,称为焦炉煤气排送机突然故障的安全容量。

2. 煤气波动调节容量

与高炉煤气煤气柜的煤气波动调节容量相同。

3. 突然发生过剩煤气的安全容量

当厂内最大一台焦炉煤气加压机突然发生故障,或发电厂锅炉在烧最大焦炉煤气量时遇到故障,焦炉煤气突然出现过剩,在打开放散塔有滞后时间,在这个时间内,增多的煤气贮入柜内,煤气柜应经常保留这部分容积,以吸收突然发生的过剩煤气,这部分贮量称为突然发生过剩煤气安全容量。

4. 煤气柜安全容量

焦炉煤气柜上、下界限安全容量,与高炉煤气柜一样。

三、转炉煤气柜

1. 变动调节容量

转炉煤气的回收是间歇进行的,而煤气用户的使用是连续的,转炉煤气柜为解决这种间歇式回收与连续外供的矛盾所需的贮气容量称为变动调节容量。

2. 突然发生过剩煤气安全容量

考虑正在回收时,若外供加压机突然故障,煤气送不出去,大量煤气突然过剩,放散塔有滞后时间,在这个时间内,增多的煤气贮入柜内,煤气柜应经常保留这部分容积,以吸收突然发生的过剩煤气,这部分贮量称为突然发生过剩煤气安全容量。

3. 煤气柜安全容量

干式柜上、下界限安全容量为柜总容量的5%,湿式柜为柜总容量的15%~20%。

第三节 煤气柜置换及其安全要求

煤气或空气的置换是煤气柜安全的重要环节。煤气柜投产启用前或检修前,均应进行气体置换,以免煤气与空气在柜内形成爆炸性混合物。置换方法一般采用间接置换。置换介质可用蒸汽或氮气,不会产生爆炸和污染,是安全可靠的方法。

1. 置换空气

煤气柜启用前使用惰性气体置换空气时,应将排气口打开,浮塔(湿式)或活塞(干式)处于最低处安全位置,通过进口或出口放进惰性气体(如惰性气体为纯 CO_2,则排出气体中至少含50%的 CO_2),应注意吹扫的对象还包括煤气柜的进口管道和出口管道;在关掉惰性气体前,应将顶部浮塔或活塞浮起,对可能出现的气体体积的收缩应考虑适当修正量;关掉惰性气体,换接煤气管道,使用排气口向气柜进煤气,以便尽可能地置换惰性气体;换气需持续到气柜残存的惰性气体不致影响煤气特性为止;在整个置换过程中,应始终保持柜内正压,一般约为 150 mmH_2O(1500 Pa),最低为 50 mmH_2O(500 Pa),随后关闭排气孔,此时柜内已装满煤气,可投入正常使用。

2. 置换煤气

在煤气柜进行检修或停止使用需要吹扫煤气时,同样气柜应排空到最低点,关闭进口与出口阀门,使气柜安全隔离;应保持气柜适当的正压力;所选用的惰性气体介质,不应含有大于1%的氧或大于1%的CO,使用氮气作吹扫介质时,所使用氮气量必须为气柜容积的2.5倍;惰性气体源应连接到能使煤气低速流动的气柜最低点或最远点位置上,在正常的情况下应连接在气柜进口或出口管道上;顶部排气口打开,以使吹扫时气柜保持一定的正压;吹扫要持续到排出气体为非易燃气体,使人员和设备不会受到着火、爆炸和中毒的危害,可用气体测爆仪和易燃或有害气体检测仪对柜内的气体进行检测;用惰性气体吹扫完毕,应将惰性气体源从气柜断开;然后向气柜鼓入空气,用空气吹扫应持续到气柜逸出气体中CO的含量小于0.01%,氧气的浓度不小于18%,还应测试规定的苯和烃类等含量符合卫生标准,以达到无毒、无害状态(无着火、爆炸危险,人员可不戴呼吸器进入气柜工作);气柜经吹扫符合规定要求,并经指定人员检查确认和规定人员批准后,且经现场检查没有可燃性气体或沉淀物时,填写动火证和罐内作业申请证后,方可进行焊接、气焊等动火作业和其他检修、清扫作业。

煤气柜周围应设有围墙等设施以防止任何未经批准的人接近煤气柜;柜梯或台阶应装有带锁的门;四周6 m之内不应有障碍物、易燃物和腐蚀性物质;煤气柜所有工作场所,均应有安全通道和安全作业区,包括梯子、抓手罐盖等,在高出地面2 m的气柜上任何部位工作均应有合适的工作台或脚手架或托架,备有安全带;出口和入口的连接件与气柜完全隔开;气柜的固定地点或入口应备有相应的警戒标志、呼吸装置、苏生器、灭火器和其他急救设备;放气点周围15 m内要消除火源;在气柜外壳或进入气柜工作必须经特殊批准,进入气柜应至少二人,要有专人监护,并有气柜内发生意外事件时用的报警或无线电通信装置,不得穿戴易产生火花的衣服鞋袜;应备有呼吸器等急救设备。

湿式柜,每塔节之间水封的有效高度不小于最大工作压力的1.5倍;应设有容积指示装置,充气达到上限时自动放散和手控放散装置,柜位降到下限自动停止向外输出煤气或自动充压装置;操作室应设有压力表、流量计、高度指示计和容积上下限声光信号。湿式柜的安全检查重点是:气柜水分析,导柱垂直度,气柜垫铁,上下挂圈水位,导轨架结合点,铆接缝的搭接边缘,螺旋导轨的板面和柱子的腐蚀状况,梯子和扶手状况,埋地柜体外壳各部状况,防爆装置和防冻设施状况,等等。

干式柜,应设有连续监测活塞上方大气和异常警报装置,油泵供电失灵报警装置,气柜内部发生意外事件时能从气柜顶部传到地面的报警装置;控制室应设活塞升降速度、煤气出入口阀开度、煤气放散阀和调整阀开度以及放散管流量等的测定和显示装置,以及各种阀和故障信号装置,大型煤气柜应设外部和内部电梯,电梯应有极限开关和防止超载、超速装置和救护提升装置。干式柜安全检查重点是:气柜所有活动部件和气柜壁的腐蚀、泄漏情况,密封和密封介质分析以及导轨构件所有活动部分、活塞和活塞倾斜度(不允许超过活塞直径的1/500),导轮和套筒的磨损,油井和油槽,梯子和内部提升机,顶盖和天窗,进出气口和煤气容量安全阀及排污阀,检测仪和遥控指示仪以及电气设备,等等。

煤气柜安全检查，包括每天例行检查、月检查、季检查和年检查，这是煤气柜安全的基础工作。下面摘引英国煤气工程师协会干式煤气柜安全检查表（见表 4-2）和湿式煤气柜安全检查表（见表 4-3），供参考学习。

表 4-2　干式煤气柜安全检查表

企业名称

所在地址　　　　　　　　　型　　　号　　　　　　　　煤气储量

气柜号码

A. 活塞上大气压测试

B. 插上门闩，检查内部折梯和梯子

C. 检查所有导轮的磨损，材料损坏，轴瓦可靠性，保证其良好润滑和正常运转，检查滑轮、钢丝绳及螺钉状况

D. 检查密封填圈板或密封环控制杆

E. 检查密封圈，布帘密封介质（如有褶折，必须报告）

F. 检查切线导轨

G. 检查电气设备

H. 选择四个等距离点，检查活塞标高，检查气柜壁和保护板之间间隙

I. 检查内外塔节

J. 检查垂直支柱的铆钉是否受到剪切或冷轧

K. 检查煤气柜翼板腐蚀情况

L. 检查窗户及顶部、侧面和上部人行道有无缺陷或泄漏

M. 检查活塞内部及活塞的腐蚀或损坏

N. 检查齿轮和钢丝绳

O. 检查进出气管阀门，检查煤气容量，安全阀和制动阀

P. 密封焦油或密封油的增加或减少量，密封介质质量密度、黏度、萘及水的含量

Q. 检查供电事故报警装置

R. 顶部水槽焦油安全阀的试验

S. 呼吸装置、灭火器、担架及事故报警器的检查和试验

T. 检查事故绞车和钢丝绳，当活塞位置尽可能低时，绞车松开再卷紧

U. 一年做一次综合检查，特别注意 B、C、J 及 N 这几条

V. 备注

签名：　　　　　　　　　　　　　　　　　日期：

表 4-3　湿式煤气柜安全检查表

　　企业名称

　　所在地址

　　气柜号码　　　　　　类　型　　　　　　煤气贮量

塔节号码

检查时塔节位置

1. 第一节

2. 第二节

3. 第三节

4. 第四节

气柜最大容量

气柜充气时压力状况

1. 顶板

2. 侧板

3. 下挂圈和上挂圈

4. 导向装置(导轮架、导轮、轴、导轨和导绳)

5. 水槽

6. 其他构件(柱、构架和支架)

水槽及塔节

1. 水封高度(在最浅一点)

2. 水位安全可靠吗?

如有异常情况应采取的步骤

检查日期

签名　　　　　　　　　　　　　　　　　　日期

3. 煤气柜的安全技术检验

　　煤气柜施工安装后必须进行严格检查与试验。

　　(1)湿式柜的检验包括:基础验收,柜体内外涂漆和水槽底板上的沥青层的验收,水槽压水试验、升降试验以及严密性试验。

　　升降试验:应检查塔体升降平稳性、导轨和导轮的正确性以及罐整体。

　　严密性试验:升降试验合格后,应重新鼓入空气,关闭进出口阀门,使罐体稳定在稍低于升起的最高高度位置,注意不要充入介质过多,以免因气温上升、膨胀而造成底部水封被压穿大喷或损坏气柜。气柜严密性试验方法分为涂肥皂水的直接试验法和测定泄漏量的间接法两种。

　　①直接试验法。在各塔节及钟罩顶的安装焊缝全长上涂肥皂水,然后在反面用真空泵吸气,以无气泡出现为合格。

②测定泄漏量法。向气柜内充入空气或氮气,充气量约为气柜全部贮容量的90%,以静置 7 天后柜内空气的标准容量为结束点容量,与开始试验时的容量相比,泄漏率不超过 2% 为合格。泄漏率计算公式为:

$$A=\left(1-\frac{V_{n_2}}{V_{n_1}}\right)\times100\%\leqslant2\%$$

式中,V_{n_1} 和 V_{n_2} 为试验开始和结束时气柜内空气的标准容积。

由上式可知,所测定柜内空气容积应用理想气体方程式换算成标准容积:

由 $\dfrac{p_t V_t}{T_t}=\dfrac{p_n V_n}{T_n}$,得

$$V_n=V_t\frac{p_t T_n}{p_n T_t}$$

式中:p_t、V_t、T_t——测定值;

p_n、V_n、T_n——标准状态值。

而　　　　　　　　　　$p_n=760\ \text{mmHg}$

$T_n=273\ \text{K}$

$T_t=(273+t)\ \text{K}$

$p_t=B+P-\omega$

式中:B——气柜约 1/2 处上下大气压的平均值,mmHg;

ω——水封的水蒸气分压力,mmHg;

p——湿式柜工作压力,mmHg;

t——充入柜内空气各点平均温度,℃。

于是,可得测定柜内空气容积换算成标准容积的计算式如下:

$$V_n=V_t\frac{273\times(B+P-\omega)}{760\times(273+t)}$$

(2)干式煤气柜的检验:干式柜施工完毕,应按其结构类型检查活塞倾斜度、活塞回转度、活塞导轮与柜壁的接触面、柜内煤气压力波动值、密封油油位高度、油封供油泵运行时间等是否符合设计要求。干式柜安装完毕后应进行严密性试验。严密性试验方法和要求与湿式柜相同。

第四节　煤气柜异常情况及处理

一、煤气柜异常情况原因及处理

1. 煤气柜漏气

原因:柜体钢板被腐蚀造成穿孔而漏气。

处理:平时定期进行柜体防腐处理;发现漏气后应立即进行修补。

2. 湿式煤气柜水封冒气

原因：大风使柜体摇晃，水封遭到破坏而冒气；下部塔节被卡，上部塔节在下落时造成脱封冒气；地震使煤气柜摇晃倾斜，水封水大量泼出而冒气。

处理：经常检查导轮导轨运行情况，发现问题及时处理；遇到大风天气，需将气罐降至一塔高度，最高不得超过一塔半。

3. 湿式煤气柜卡柜

原因：柜体垂直度与椭圆度不符合要求，使导轮导轨不能很好配合工作；导轮工作不良造成卡柜。

处理：导轮导轨配合不良时，可调整导轮位置使之与导轨紧密配合；当柜体垂直度不合要求时，应检查柜体沿周边的沉降情况；若由于煤气柜基础沉降不均匀造成的柜体倾斜，则应使柜体调平，以保证柜体垂直度。

4. 抽空

原因：当煤气柜下降至最低限位时，若不立即停止压缩机工作，就会抽空煤气柜形成负压。

处理：在煤气柜运行过程中应随时注意煤气柜高度，使压缩机工作与煤气柜的进气与排气协调进行，特别要注意煤气柜最高与最低限位的报警，避免煤气柜冒顶与抽空现象发生。

第五章

煤 气 管 道

第一节　管网的分布及敷设要求

一、煤气管道的结构与施工

(1)煤气管道和附件的连接可采用法兰、螺纹,其他部位应尽量采用焊接。

(2)煤气管道的垂直焊缝距支座边端应不小于 300 mm,水平焊缝应位于支座的上方。

(3)煤气管道应采取消除静电和防雷的措施。

二、煤气管道的敷设

1. 架空煤气管道的敷设

(1)煤气管道应架空敷设。若架空有困难,可埋地敷设。一氧化碳(CO)含量较高的,如发生炉煤气、水煤气、半水煤气、高炉煤气和转炉煤气等管道不应埋地敷设。

(2)煤气管道架空敷设应遵守下列规定:

①应敷设在非燃烧体的支柱或栈桥上;

②不应在存放易燃、易爆物品的堆场和仓库区内敷设;

③不应穿过不使用煤气的建筑物、办公室、进风道、配电室、变电所、碎煤室以及通风不良的地点等,如需要穿过不使用煤气的其他生活间,应设有套管;

④架空管道靠近高温热源敷设以及管道下面经常有装载炽热物件的车辆停留时,应采取隔热措施;

⑤在寒冷地区可能造成管道冻塞时,应采取防冻措施;

⑥在已敷设的煤气管道下面,不应修建与煤气管道无关的建筑物和存放易燃、易爆物品;

⑦在索道下通过的煤气管道,其上方应设防护网;

⑧厂区架空煤气管道与架空电力线路交叉时,煤气管道如敷设在电力线路下面,应在煤气管道上设置防护网及阻止通行的横向栏杆,交叉处的煤气管道应可靠接地;架空煤气管道根据实际情况确定倾斜度;

⑨通过企业内铁路调车场的煤气管道不应设管道附属装置。

(3)架空煤气管道与其他管道共架敷设时,应遵守下列规定:

①煤气管道与水管、热力管、燃油管和不燃气体管在同一支柱或栈桥上敷设时,其上下敷设的垂直净距不宜小于 250 mm;

②煤气管道与在同一支架上平行敷设的其他管道的最小水平净距宜符合表 5-1 的规定;

表 5-1 最小水平净距

序号	其他管道公称直径/mm	煤气管道公称直径/mm		
		<300	300～600	>600
1	<300	100	150	150
2	300～600	150	150	200
3	>600	150	200	300

③与输送腐蚀性介质的管道共架敷设时,煤气管道应架设在上方,对于容易漏气、漏油、漏腐蚀性液体的部位如法兰、阀门等,应在煤气管道上采取保护措施;

④与氧气和乙炔气管道共架敷设时,应遵守 GB 16912 的有关规定和乙炔站设计规范的有关规定;

⑤油管和氧气管宜分别敷设在煤气管道的两侧;

⑥与煤气管道共架敷设的其他管道的操作装置,应避开煤气管道法兰、闸阀、翻板等易泄漏煤气的部位;

⑦在现有煤气管道和支架上增设管道时,应经过设计计算,并取得煤气设备主管单位的同意;

⑧煤气管道和支架上不应敷设动力电缆、电线,但供煤气管道使用的电缆除外;其他管道的托架、吊架可焊在煤气管道的加固圈上或护板上,并应采取措施,消除管道不同热膨胀的相互影响,但不应直接焊在管壁上;

⑨其他管道架设在管径≥1 200 mm 的煤气管道上时,管道上面宜预留600 mm的通行道。

(4)架空煤气管道与建筑物、铁路、道路和其他管线间的最小水平净距,应符合表 5-2的规定。

表 5-2 最小水平净距

序号	建筑物或构筑物名称	最小水平净距/m	
		一般情况	特殊情况
1	房屋建筑	5	3
2	铁路(距最近边轨外侧)	3	2
3	道路(距路肩)	1.5	0.5
4	架空电力线路外侧边缘		

续表

序号	建筑物或构筑物名称	最小水平净距/m	
		一般情况	特殊情况
5	<1 kV	1.5	
	1~20 kV	3	
	35~110 kV	4	
	电缆管或沟	1	
6	其他地下平行敷设的管道	1.5	
7	熔化金属、熔渣出口及其他火源	10	可适当缩短,但应采取隔热保护措施
8	煤气管道	0.6	0.3

注:1. 架空电力线路与煤气管道的水平距离,应考虑导线的最大风偏。

2. 安装在煤气管道上的栏杆、走台、操作平台等任何凸出结构,均作为煤气管道的一部分。

3. 架空煤气管道与地下管、沟的水平净距,系指煤气管道支柱基础与地下管道或地沟的外壁之间的距离。

(5)架空煤气管道与铁路、道路、其他管线交叉时的最小垂直净距,应符合表 5-3 的规定。

表 5-3　最小垂直净距

序号	建筑物或构筑物名称	最小垂直净距/m	
		管道下	管道上
1	厂区铁路轨顶面	5.5	
2	厂区道路路面	5	—
3	人行道路面	2.2	
4	架空电力线路		
	电压<1 kV	1.5	3
	电压 1~30 kV	3	3.5
	电压 35~110 kV	不允许架设	4
5	架空索道(至小车底最底部分)		
6	电车道的架空线	1.5	
7	其他管道: 管径<300 mm 管径≥300 mm	同管道直径但不小于 0.1 0.3	同管道直径但不小于 0.1 0.3

注:1. 表中序号 1 不包括行驶电气机车的铁路;

2. 架空电力线路与煤气管道的交叉垂直净距,应考虑导线的最大垂度。

(6)煤气管道敷设高度除符合表 5-3 规定外还应符合下列规定:

①大型企业煤气输送主管管底距地面净距不宜低于 6 m,煤气分配主管不宜低于 4.5 m,山区和小型企业可以适当降低;

②新建、改建的高炉脏煤气、半净煤气、净煤气总管一般架设高度:管底至地面净距不低于 8 m(如该管道的隔断装置操作时不外泄煤气,可低至 6 m),小型高炉脏煤

气、半净煤气,净煤气总管可低至 6 m;

③新建焦炉冷却及净化区室外煤气管道的管底至地面净距不小于 4.5 m,与净化设备连接的局部管段可低于 4.5 m;

④水煤气管道在车间外部,管底距地面净空一般不低于 4.5 m,在车间内部或多层厂房的楼板下敷设时可以适当降低,但要有通风措施,不应形成死角。

(7)煤气分配主管可架设在厂房墙壁外侧或房顶,但应遵守下列规定:

①沿建筑物的外墙或房顶敷设时,该建筑物应为一、二级耐火等级的丁、戊类生产厂房;

②安设于厂房墙壁外侧上的煤气分配主管底面至地面的净距不宜小于 4.5 m,并便于检修。与墙壁间的净距:管道外径大于或等于 500 mm 的净距为 500 mm;外径小于 500 mm 的净距等于管道外径,但不小于 100 mm,并尽量避免挡住窗户。管道的附件应安在两个窗口之间。穿过墙壁引入厂房内的煤气支管,墙壁应有环形孔,不准紧靠墙壁。

③在厂房顶上装设分配主管时,分配主管底面至房顶面的净距一般不小于 800 mm;外径 500 mm 以下的管道,当用填料式或波形补偿器时,管底至房顶的净距可缩短至 500 mm。此外,管道距天窗不宜小于 2 m,并不得妨碍厂房内的空气流通与采光。

(8)厂房内的煤气管道应架空敷设。在地下室不应敷设煤气分配主管。如生产上必须敷设时,应采取可靠的防护措施。

(9)厂房内的煤气管道架空敷设有困难时,可敷设在地沟内,并应遵守下列规定:

①沟内除敷设供同一炉的空气管道外,禁止敷设其他管道及电缆;

②地沟盖板宜采用坚固的炉篦式盖板;

③沟内的煤气管道应尽可能避免装置附件、法兰盘等;

④沟的宽度应便于检查和维修,进入地沟内工作前,应先检查空气中的 CO 浓度;

⑤沟内横穿其他管道时,应把横穿的管道放入密闭套管中,套管伸出沟两壁的长度不宜小于 200 mm;

⑥应防止沟内积水。

(10)煤气分配主管上支管引接处(热发生炉煤气管除外),必须设置可靠的隔断装置。

(11)车间冷煤气管的进口设有隔断装置、流量传感元件、压力表接头、取样嘴和放散管等装置时,其操作位置应设在车间外附近的平台上。

(12)热煤气管道应设有保温层,热煤气站至最远用户之间热煤气管道的长度,应根据煤气在管道内的温度降和压力降确定,但不宜超过 80 m。

(13)热煤气管道的敷设应防止由于热应力引起的焊缝破裂,必要时,管道设计应有自动补偿能力或增设管道补偿器。

(14)不同压力的煤气管道连通时,必须设可靠的调压装置。不同压力的放散管必须单独设置。

2. 地下煤气管道的敷设

（1）工业企业内的地下煤气管道的埋设深度与建筑物、构筑物或相邻管道之间的最小水平和垂直净距，以及地下管道的埋设和通过沟渠等的安全要求，应遵守 GB 50028 的有关规定。压力在 8×10^5 Pa(8.16×10^4 mmH$_2$O)$\sim 12 \times 10^5$ Pa(1.22×10^5 mmH$_2$O)的天然气管道与 GB 50028 中关于 8×10^5 Pa(8.16×10^4 mmH$_2$O)煤气管道的规定相同。

（2）管道应视具体情况，考虑是否设置排水器，如设置排水器，则排出的冷凝水应集中处理。

（3）地下管道排水器、阀门及转弯处，应在地面上设有明显的标志。

（4）与铁路和道路交叉的煤气管道，应敷设在套管中，套管两端伸出部分，距铁路边轨不少于 3 m，距有轨电车边轨和距道路路肩不少于 2 m。

（5）地下管道法兰应设在阀门井内。

工业企业的煤气管道应架空敷设，这样便于维护检修，泄漏煤气时可及时处理，可避免地面杂散电流腐蚀管道。若架空敷设有难度，也可埋地敷设。但是，高炉煤气、转炉煤气的管道严禁埋地敷设，因其 CO 含量比较高。

三、煤气管道的防腐

随着利用率的提高和利用范围的拓展，煤气输送成为煤气使用过程中的关键课题。国内煤气管道一般采用钢管和铸铁管，由于煤气杂质造成内壁腐蚀，再加上设计、施工等方面的不合理因素，煤气管道很容易被腐蚀。煤气具有易燃、易爆、易中毒等特性，煤气管道腐蚀产生的危害更大。腐蚀严重时会导致管道穿孔、开裂而泄漏，甚至还可能造成火灾、爆炸以及人身伤亡等恶性事故。煤气管道的腐蚀及防护成为人们面临的一个重要课题。

了解煤气管道的腐蚀机理，找出腐蚀的原因，采取防护措施，延长管道寿命，保证管道畅通无阻，对煤气的高效利用有着重大的意义。

1. 腐蚀的概念

金属由于外界介质的化学作用或电化学作用而引起的破坏称为腐蚀。腐蚀与防腐通常是指碳钢或铸铁的腐蚀与防腐。材料的耐腐蚀性是相对的，是有条件的，绝对的耐腐蚀材料并不存在，一定的材料仅适用于一定的条件。材料的腐蚀总是从表面开始，再逐步向内部扩展或同时向表面其他部位蔓延。

煤气管道的腐蚀多为局部腐蚀。根据腐蚀原因不同，局部腐蚀可分为电偶腐蚀、点蚀、缝隙腐蚀、晶间腐蚀、选择性腐蚀、制作和敷设中的应力腐蚀、氢脆和疲劳腐蚀等，其中前五种为化学腐蚀。

2. 化学腐蚀

造成煤气管道化学腐蚀的主要因素是煤气中的杂质。煤气的组成非常复杂，除了 CO、CO$_2$、H$_2$、CH$_4$、N$_2$、O$_2$ 外，煤气通常还含有氨、硫化氢、氰化氢、苯、焦油、萘杂质等。根据腐蚀机理,煤气中的这些物质导致煤气管道所发生的化学腐蚀可分为酸性化学腐蚀和电化学腐蚀。

(1)酸性化学腐蚀。煤气管道的酸性化学腐蚀是指煤气管道的内表面与酸性气体或电解质溶液接触发生化学作用而引起的腐蚀。煤气中的酸性物质在遇到冷凝水时溶解于水中发生电离,电离出 H^+,从而使冷凝水呈酸性。其反应式如下:

$$H_2S \longrightarrow H^+ + HS^-$$

$$HS^- \longrightarrow H^+ + S^{2-}$$

$$HCN \longrightarrow H^+ + CN^-$$

$$CO_2 + H_2O \longrightarrow H_2CO_3$$

$$H_2CO_3 \longrightarrow H^+ + HCO_3^-$$

$$HCO_3^- \longrightarrow H^+ + CO_3^{2-}$$

H^+ 的活泼性比铁强,发生下述化学反应,造成管道腐蚀:

$$2H^+ + Fe \longrightarrow Fe^{2+} + H_2$$

(2)电化学腐蚀。对北京鲁谷地区煤气管道中的冷凝水进行分析时,发现煤气冷凝水呈中强酸性,Cl^- 质量浓度达 323 mg/L。另外,冷凝水中含有大量 H_2S,并达到饱和浓度。煤气管道在发生化学腐蚀后,破坏了管道表面的原有保护膜,杂质渗入铁晶体内部,从而形成原电池,进而发生电化学腐蚀。

金属电化学腐蚀是由于金属与其他杂质之间存在电位差,在有电解质溶液的情况下形成原电池而发生的金属腐蚀。煤气管道材质一般是碳钢,碳钢主要是由铁素体和渗碳体两种组织构成的机械混合物。管道接触同一电解质溶液冷凝水,由于金属本身存在着电化学的不均匀性,即在金属表面或内部的不同区域具有不同的电极电位,它们与铁元素组成许多对电极,当杂质电极电位高于铁的电极电位时,即发生腐蚀反应。

煤气管道的电化学腐蚀过程可简单表示为以下两部分:

①在阳极区,铁溶解,变成铁离子进入电解质溶液(冷凝水)中。其化学反应式如下:

$$Fe \longrightarrow Fe^{2+} + 2e^-$$

②在阴极区,阳极区产生的电子,流至阴极区后,被电解质溶液(冷凝水)中能吸收电子的物质(离子或分子)所接受。其化学反应式如下:

$$O_2 + 2H_2O + 4e^- \longrightarrow 4OH^-$$

$$2H^+ + 2e^- \longrightarrow H_2$$

当阳极反应与阴极反应等速进行时,腐蚀电流就不断从阴极区流经电解质溶液(冷凝水)进入阳极区。在阳极区产生 $Fe(OH)_2$,其反应式为:

$$Fe^{2+} + 2OH^- \longrightarrow Fe(OH)_2$$

由于有少量的氧存在,$Fe(OH)_2$ 会继续反应,生成 $Fe(OH)_3$。由于氢氧化铁在水中的溶解度低于氢氧化亚铁,在管道上沉淀析出,开始时是非晶态,并在管壁表面形成多孔的结合较差的腐蚀产物。该腐蚀产物对管壁并无保护作用,相反起着传递铁离子和氧的作用,使腐蚀继续蔓延,腐蚀产物与氢氰酸发生络合生成六氰合铁,进一步加速管壁的腐蚀。

实际上，在管道上所发生的电化学反应要复杂得多。阴极区的反应随煤气中杂质组成的不同，产物有很大区别。对鲁谷地区高压煤气管道内严重腐蚀区进行鉴定分析发现，严重腐蚀区分为两层，靠近基体的为 Fe 的硫化物，主要是多硫化铁，该层硫的质量分数可达 20％，外层为 Fe 的氧化物，主要是 Fe_2O_3、Fe_3O_4 等，外层硫的质量分数为 5％。轻微腐蚀部位的结构是：基体外层有一层氧化物膜，主要是 Fe_2O_3、Fe_3O_4 等，并没有发现硫化物的存在。其具体反应过程可能是煤气冷凝水呈中强酸性，微量的 Cl^- 容易侵入金属氧化膜内部，使金属表面的保护膜遭到破坏。保护膜遭到破坏后，S^{2-} 很容易渗透到铁的晶格中，与铁原子结合形成多硫化铁，多硫化铁的电位高，与铁形成原电池，进一步腐蚀管道。

金属耐腐蚀性很大程度上取决于金属表面的保护膜，一般直接氧化形成的保护膜有很好的保护作用，但腐蚀物所形成的膜则起不到保护作用。基于以上分析可知，H_2S 对低碳钢在焦炉煤气中腐蚀行为存在非常显著的影响。对 H_2S 对低碳钢的腐蚀机理进行了探讨，解释了在 H_2S 质量浓度为 0.15 g/m^3 时，电极过程的控制步骤出现明显的转化，即 H_2S 质量浓度＜0.15 g/m^3 时为阴极过程控制，H_2S 质量浓度＞0.15 g/m^3 时为阳极过程控制，此时低碳钢表面形成了致密的保护膜，阻碍了腐蚀的进一步发生。通过薄膜试样在不同 H_2S 含量的煤气中腐蚀后的透射电镜形貌看出，在高 H_2S 含量的煤气中形成的腐蚀产物完整、致密，而在低 H_2S 含量的煤气中形成的腐蚀产物则非常疏松，存在大量的空洞。电子衍射结果表明，低碳钢在低 H_2S 含量的煤气中形成的腐蚀产物主要是 $\beta\text{-}FeO(OH)$、Fe_3O_4、$\alpha\text{-}Fe_2O_3$；而在高 H_2S 含量的煤气中形成的腐蚀产物则主要是 FeS、FeS_2，煤气管道腐蚀的主要原因是静止及循环的氢气造成的金属的氢裂、硫腐蚀破裂和管道内表面的凹槽和气泡。

3. 应力腐性

管道在焊接制作和安装过程中产生的残余内应力，或者是管道在使用过程中所承受的各种应力，使金属晶格歪扭，从而降低了应力部分的金属电极电位，使它变成腐蚀电池阳极，形成裂纹。对应力腐蚀破裂影响显著的是拉力。应力腐蚀是一种典型的滞后破坏，是材料在应力与环境介质共同作用下，经一定时间的裂纹成核、裂纹亚临界扩展，最终达到临界尺寸，此时由于裂纹尖端的应力强度因子达到材料的断裂韧性极限，而发生失稳断裂。常见金属材料产生应力腐蚀的特定介质见表 5-4。

表 5-4　常见金属材料产生应力腐蚀的特定介质

材　料	介　质
铝合金	潮湿的空气、潮湿气体、海水、含卤素离子的水溶液、有机溶液
奥氏体不锈钢	氯化物溶液、高温高压纯水、碱溶液、氯离子
高强度钢	雨水、海水、H_2S
钛和钛合金	水溶液、有机溶液、热盐、N_2O_4、发烟硝酸
碳钢和低合金钢	碱液、硝酸盐溶液、无水液氨、湿硫化氢、醋酸

影响金属材料应力腐蚀的因素很多,主要有力学因素、环境因素和金属学因素。从金相分析和现场管道安装的管件出厂资料分析,得出产生达到临界应力值的原因是焊接冷卷板形成的残余应力、不均匀加热产生的残余应力以及现场组装产生的残余应力。绝大多数的管件冷卷纵焊后未进行热处理、管件个别部位受到短时间不均匀加热都可能造成远超过工作应力的残余应力,其最高值可达到材料的屈服极限。焊缝周围不均匀受热,其热影响区为裂纹易发部位。任何材料在一定应力作用下均有不同程度的应力腐蚀现象。由于煤气管道在弯曲过程中多属于冷塑性加工,在弯曲部位不可避免地存在一定的残余应力,在一定的腐蚀环境条件下产生应力腐蚀。

4. 腐蚀的防护措施

(1)管道内壁腐蚀:

①防止内壁腐蚀的根本措施是将煤气净化,使煤气中硫化氢、二氧化碳、氧和其他腐蚀性物质的含量达到允许值以下。在工艺设计时选择合适的煤气流速、温度、管道坡度等,以减少煤气输送过程中杂质的沉积和水分的冷凝。

②及时抽放凝水缸集水。即使煤气中水分在规定范围内,随着煤气由气源厂流入管网,温度逐渐降低,煤气中的饱和水蒸气要凝结出来而汇集于管道下部,形成气液两相流动,最终汇集到沿途设置的凝水缸内。如果不及时抽掉凝水缸中的水,那么有一部分水长期滞留在管道内,造成管道腐蚀,同时凝水缸也遭受腐蚀,尤其是气液交界处的腐蚀会非常严重。

③管道内壁涂敷防腐涂料。可以在管道内用合成树脂或环氧树脂等做内涂层,可防止管道内壁的腐蚀,并减少煤气流动的阻力。

④煤气管道经过多年的使用后,底部都积存了一层固体杂质,不但影响冷凝液的排出,而且加速了对管道的腐蚀,尤其在气液交界面处更为严重。因此,煤气管道每运行一定时间后,应采取高压水清洗等方法清除管内杂质。

(2)应力腐蚀及疲劳腐蚀:

①在管道制作中,对焊接后变形或加工后的物件进行消除内应力的处理,防止应力腐蚀,最有效的方法是进行热处理。

②在防止疲劳腐蚀方面,除了对合金采用表面渗氮处理外,电解质溶液除氧或加入钝化剂等许多减小腐蚀速度的方法都可以应用。

(3)结论:

①造成煤气管道内壁局部腐蚀的主要因素是煤气中的酸性气体等杂质,其中硫化氢是造成电化学腐蚀的重要因素。

②煤气中氢的存在会使管道内壁有氢的沉积,发生氢裂,加剧局部腐蚀。

③内壁防腐的措施除了对煤气加强净化处理外,还需对管道进行防腐处理,同时减少管道制作中的应力和使用中的疲劳腐蚀。

④煤气管道内壁防腐涂料可有效抑制煤气管道的局部腐蚀,是今后煤气管道内壁

防腐的研究热点。

5. 煤气管道的防腐方法

(1)架空管道的防腐:钢管制造完毕,内壁和外表面须刷防锈涂料。管道安装完毕合格后,全部外表面应再刷防锈涂料。管道外表面每隔 4～5 年应重新涂刷一次防锈涂料。

(2)埋地管道的防腐:钢管外表面的防腐,应符合表 5-5 的规定,按加强绝缘级处理。在表面防腐的同时,宜采用相应的阴极保护措施。

表 5-5　钢管外表面的防腐规定

绝缘等级	绝　缘　层　次									总厚度/mm
	1	2	3	4	5	6	7	8	9	
加强	底漆一层	沥青约1.5 mm	玻璃布一层	沥青约1.5 mm	玻璃布一层	沥青约1.5 mm	玻璃布一层	沥青约1.5 mm	塑料布或牛皮纸一层	≥5.5

(3)铸铁管道外表面可只浸涂沥青。防腐的目的是将腐蚀控制到完全切实可行的、与设施的现状和周围环境相符合的程度。但是,防腐的有效方法往往是复杂的,因此,生产厂家应根据实际情况采取相应的对策,以达到预期目的。这种对策应由合格的、有经验的或受过防腐方法训练的人提出,并由他们来执行。

第二节　冶金企业煤气管道

一、基本要求

煤气管道是冶金企业用来输送煤气的基本手段。煤气管道因其受力复杂性有别于一般结构体的要求。又由于煤气的危险性和生产的多变性,输送中涉及的问题很多,使冶金企业煤气管道形成了自己独特的结构和工艺方式。一般地说,有以下方面的要求:

1. 满足输气的需要

(1)煤气管道应有足够的输气能力以保证生产需要的煤气流量和压力。在此基础上最大限度地节约金属、减少建设费用。

(2)煤气不仅是多组分的气体混合物,而且是固、液、气并存的多相气溶胶。因此,管道必须考虑影响输气的积液、堵塞、冻结等问题,具备冷凝液连续排放、设备清扫、防寒保温以及污染处理等措施。

（3）为适应供应变化管道，必须考虑输气和停修两种情况的工艺要求，有可靠的切断装置和有效的吹刷设施。

（4）煤气管网输气既能按品种供应，又能应付特殊情况的替换和充压的需要。

（5）为满足工艺操作，需要有附属动力设施和检测自动装置。

2. 提供安全的保证

（1）尽量减少煤气管道的泄漏接点和外泄煤气的工艺操作。并实行划分区域的维护管理。新建和长期停用管道未经严密试验合格不允许投产使用。

（2）有超压自动放散装置和巡检制度保证水封的有效高度，水封溢流水保持高位溢流。无煤气扩散到其他管路。

（3）煤气管道与各种火源保持安全距离，防止煤气管道周围出现新的火种（包括静电、高温体）。在火源附近限制煤气作业，在煤气作业中严禁烟火。

（4）采用中间替换介质防止管道内煤气和空气混合，无可靠切断装置和未经试验合格的停气管道与设备，不能解除监视进行动火或进入内部作业。

（5）煤气设备易爆部位有泄压装置，煤气管道按爆炸压力计算强度。室内管道有定期试漏制度和防毒监测仪器，室外管道有消防和急救通道。

3. 符合结构力学的要求

冶金企业的煤气管道绝大多数是架空的钢板焊接管道，一般情况下径壁比大于100，属于薄壁结构，就其静态受力情况分析，主应力是受弯，局部受剪、受扭。煤气管道及其承载支架和基础必须满足强度、刚度和稳定性的要求。

4. 考虑设备应变能力和生产的发展需要

煤气管道建成后使用寿命长达几十年，在这期间生产的发展变化是相当大的，产品的更新和设备的改造是必不可少的，煤气管道特别是主干线要停产改造将会引起大面积的时间较长的停产，给企业造成巨大的经济损失。因此，在建设煤气管道时，尤其在形成网络的布局中必须考虑生产变化相适应的应变可能，并为生产发展制造条件。

二、煤气管道截面的选择

煤气管道一般选用圆形截面，只有特殊情况下，个别管段才允许采用方形截面，因为：

（1）等面积而不同的几何图形中，圆的周边最短，制作圆形管道省钢材、省投资；

（2）圆形截面的管道输送流体时，压力损失最小，同样条件下输送量最大，技术经济性好；

（3）圆形管道具有相同条件下最大抗扭能力，能保证管道运行安全；

（4）圆形管道沿周边没有应力集中点，各部分受压均匀，充压后不易变形；

（5）加工方便，有利于批量制作和日常维修。

三、煤气管道的计算压力

煤气设备、设施（含管道）的压力计算，是煤气设计、设备制造和生产的重要参数，也是煤气安全生产的参数。煤气设施的计算压力通常是指煤气设施在正常运行情况下，可能达到的最大工作压力，见表 5-6。

表 5-6　煤气管道的计算压力

煤气管道类别	计算压力/MPa
常压高炉至半净煤气总管的管道	高炉炉顶最大工作压力
高炉净煤气总管及以后的管道	自动放散装置最大设定压力
焦炉煤气（或连续式直立碳化炉煤气）抽气管	抽气机最大负压的绝对值
焦炉净煤气管道	自动放散装置最大设定压力
热煤气发生炉煤气管道	发生炉出口自动放散装置的设定压力
水煤气发生炉出口管道	炉顶最大工作压力
加压机入口前管道	自动放散装置最大设定压力
加压机入口后管道	加压机入口前管道计算压力加最大外压
混合站管道	混合前较高的一种煤气的管道压力
转炉煤气抽气机前管道	抽气机最大负压的绝对值
铁合金炉煤气抽气机前煤气管道	抽气机最大负压绝对值加 510（必须＞3 060）

煤气管道计算压力与煤气爆炸压力是不同的两个概念。爆炸压力计算如下式：

$$p_{爆} = \frac{p_{初} T_{爆}}{T_{初}} \cdot \frac{n}{m}$$

式中：$p_{爆}$——爆炸压力，MPa；

$T_{爆}$——爆炸前达到温度，K；

$p_{初}$——爆炸前介质压力，MPa；

$T_{初}$——爆炸前介质温度，K；

m——爆炸前气体摩尔数；

n——爆炸后气体摩尔数。

四、煤气管道管径、壁厚和材质的选择

1. 管径选择

煤气管道的管径，应根据工厂煤气平衡所确定的发热量、压力制度以及用户所需煤气计算量来确定。

（1）煤气计算量。煤气计算量是指煤气管道的最大流量，见表 5-7。

表 5-7　煤气计算量

类　别	煤 气 计 算 量	备　注
厂区总管	用户煤气消耗量(计算量＋计算量×20％)	耗量 1.5 倍
车间总管	工业炉小时最大消耗量及小时平均耗量	
车间支管	每座工业炉小时最大耗量	

(2)煤气管道压力降。煤气管道压力降是指直管段压力降和管道局部压力降之和,即

$$\Delta p = \Delta p_直 + \Delta p_局$$

直管段压力降可应用实际气体流动的伯努利能量方程进行计算,当采用工程单位制时其公式为:

$$\Delta p_1 = \lambda \frac{v_0^2 L}{2gd}(r_0 + d_c)K_v$$

式中:Δp_1——直管段压力降,mmH_2O;

$\quad\lambda$——摩擦阻力因数,净煤气管道 $\lambda = 0.3$;

$\quad v_0$——标准状态下煤气流速,m/s;

$\quad L$——管道长度,m;

$\quad r_0$——标准状态下煤气质量密度,kg/m^3;

$\quad d_c$——工作状态下煤气含湿量, kg/m^3, 可查表或按下式计算:$d_c = 804 \frac{p_z}{p_饱 - p_z}$;其中:$p_z$ 为温度 t 时的水蒸气分压,mmH_2O,$p_饱$ 为工作状态下饱和气体绝对压力,mmH_2O,K_v 为体积校正系数,可查表或按下式计算:$K_v = \frac{273+t}{273} \times \frac{10\ 333}{p_{dg}+p}\left(1 + \frac{d_c}{0.804}\right)$;其中:$p_{dg}$ 为地区大气压力,mmH_2O,p 为煤气压力,mmH_2O,t 为工作状态下煤气温度,℃,g 为重力加速度,m/s^2,d_c 为管道内径,m。

工程实际计算中,通常将上述公式简化,计算出规定气体状态下各种管径及流速的 100 m 长直管段的压力降,以及其他不同状态下换算系数,经查表和简要计算即可求得管道直管段的压力降。其规定条件和公式如下:

设定煤气温度为 35 ℃,绝对压力为 10 333 mmH_2O,相应含湿量 $d_c = 0.04\ 754\ kg/m^3$,其 100 m 直管段压力降:

$$\Delta p_{100} = 0.182\ 7 \frac{v_0^2}{d}(r + 0.047\ 54)$$

而不同煤气温度、压力下,100 m 直管道压力降:

$$\Delta p_{100} = K\Delta p_{100}$$

式中,K 为校正系数,可查表得到。

局部压力降是指管路截面或气流方向(如转弯)变化所产生局部阻力损失,可用伯

努利能量方程推导而得。局部阻力公式计算：

$$\Delta p_2 = \xi \frac{v_0^2}{2g}(r_0 + d_c)K_v$$

式中：Δp_2 为局部压力降，mmH_2O；ξ 局部阻力系数，可查阻力系数表得到。

一般情况下，局部压力降也可用简化的方法，直接按直管段压力降来估算，车间外部煤气管道局部压力降直管段压力降的 10% 估算；车间内部煤气管道局部压力降按直管段压力降的 15% 估算。

应尽量减少局部阻力损失，减少局部阻力系数 ξ，为此可采用合理设计弯头三通和合理选择阀门直径等办法。弯头情况不同，其阻力系数相差悬殊：90°急转弯头，$\xi=1.5$；块板焊管弯头 $L=1.2d$，$\xi=0.38$；二块板弯头 $L=1.5d$，$\xi=0.25\sim0.32$。

（3）煤气管道流速。煤气管道流速应按煤气计算流量，最远点煤气用户的煤气压力以及考虑发展所需最小管径来确定。高炉煤气和焦炉煤气的经济流速（混合煤气介于两者之间）一般推荐值见表 5-8。

表 5-8　高炉煤气和焦炉煤气的经济流速

管道直径/mm	200～400	500～800	900～1 200	1 300～1 500	1 600～2 000	>2 000
高炉煤气流速/(m/s)	4～6	6～10	9～12	11～14	12～16	>14
焦炉煤气流速/(m/s)	6～10	8～14	12～18	14～20	>16	>16

（4）管径的计算与选择：

①管径的选择一般按流量和流速来确定，必要时再计算煤气阻力损失进行复核。工厂厂区内煤气加压站前后管线一般不长，或者不需要进行加压时，均可按此确定管径，然后再计算压力降，以保证用户接点压力的要求。按流量和流速确定管径的计算式如下：

$$d = \sqrt{\frac{Q_0}{282v_0}} \text{ 或 } d = 0.018\,3\sqrt{\frac{Q_0}{v_0}}$$

式中：Q_0——标准状态下煤气流量，m^3/h；

　　　v_0——经济流速，m/s。

②需对煤气加压，且管道线路较长时，选择管径应进行方案比较，首先选择三四种相近的管径，再计算各种管径管道全部压力降，最后计算出加压机电机输送功率和所需费用，在进行综合比较的基础上确定所需管径。就煤气安全而言，仅计算复核到管道压力降符合要求的程度即可。

2. 管道壁厚的确定

工厂煤气管道一般属低压管道，其材质和壁厚的确定，主要考虑以下问题：

（1）管道受力简要分析。工厂煤气管道绝大多数是架空的板焊管道，一般情况下属于薄壁结构，就其静态受力情况分析，主应力是受弯，局部受剪、受扭；在煤气运行中受煤气内压，特别是爆炸事故引起内压和操作中造成的盲板力，以及由温度变化造成管道线膨胀、收缩引起的轴向力和横向力。因此,煤气管道应满足强度、刚度和稳定的要求。

工厂敷设的煤气管道,内外径比(D/d)一般在 1.1～1.2 的范围内,属于薄壁壳金属容器,且多数情况下壁径比(R/δ)≥100,因此按薄壁结构理论分析的强度条件应能满足煤气管道管壁强度计算的要求,可按受均内压的情况分析,见图 5-1。

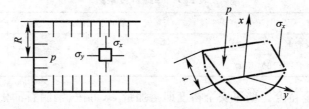

图 5-1

管道承受内压 p,引起环向应力 σ_x、轴向应力 σ_y、径向压力 σ_z。

在有封头的情况下,内压 p 引起环向应力 σ_x 轴向压力 σ_y。

当 $\varepsilon_y=0$ 时,则:

$$Z(\sigma_x \cdot \delta L) - p \cdot DL = 0 \quad (D、\delta\ 为管道外径和壁厚) \quad \sigma_x = pD/2\delta\ 或\ pR/\delta$$

当 $\varepsilon_x=0$ 时,则:

$$\sigma_y(\pi D\delta) - p(1/4\pi D_2) = 0 \qquad \sigma_y = pD/4\delta\ 或\ pR/2\delta$$

在无封头的情况下,不存在轴向应力,即 $\sigma_y=0$,则 $\sigma_x = pD/2\delta$,根据第四强度理论,保证管材不发生塑性屈服的条件是:

$$\sqrt{\sigma_x^2 + \sigma_y^2 + \sigma_z^2 - \sigma_x\sigma_y - \sigma_y\sigma_z - \sigma_z\sigma_x} \leqslant [\sigma]$$

式中:$\sigma_x > \sigma_y > \sigma_z$;$[\sigma]$ 为许用压力,MPa。

①对于低压架空管道,由于 p 很小,σ_z 可以忽略不计,但出现弯曲应力 σ_w 因此:

$$\sqrt{\sigma_x^2 + (\sigma_y + \sigma_w)^2 - \sigma_x(\sigma_y - \sigma_x)} \leqslant [\sigma]$$

为充分利用材质的各向应力,令 $\sigma_w = \sigma_x - \sigma_y$ 并代入上式得:

$$\sigma_x \leqslant [\sigma]$$

而 $\sigma_x = pD/2\delta$,则得架空煤气管道壁厚计算压力为:

$$\delta = pD/2[\sigma]$$

②对于埋地管道,由于不存在轴向弯曲应力,则:

$$\sqrt{\sigma_x^2 + \sigma_y^2 - \sigma_x\sigma_y} \leqslant [\sigma]$$

$\sigma_x = \dfrac{pD}{2\delta}$,$\sigma_y = \dfrac{pD}{4\delta}$,代入上式可得:

$$\sqrt{\left(\frac{pD}{2\delta}\right)^2 + \left(\frac{pD}{4\delta}\right)^2 - \frac{pD}{2\delta} \times \frac{pD}{4\delta}} \leqslant \sqrt{\frac{3p^2D^2}{16\delta^2}} = \frac{2.3pD}{\delta} \leqslant [\sigma]$$

由此可得出埋地管道壁厚的计算式为:

$$\delta = \frac{pD}{2.3[\sigma]}$$

3. 管道壁厚的实际计算

上述煤气管道管壁的理论分析计算式,在实际应用中应考虑如下问题。

(1)焊缝折减系数一般工厂煤气管道焊缝不作超声波与射线检查,其焊缝折减系数 ϕ 可按表 5-9 选取。

表 5-9　焊缝折减系数

材　质	单面手工焊	双面手工焊
碳素钢	0.8	0.9
16Mn 低合金钢(或 16MnCu)	0.7	0.8

(2)壁厚安全裕度。壁厚安全裕度即附加量 C,可按《钢制石油化工压力容器设计规范》确定。它包括三个方面:

$$C=C_1+C_2+C_3$$

式中:C_1——钢材负公差,钢材约 $0.25\sim0.8$,钢管约 1.5%;

　　C_2——金属腐蚀,碳素钢和低合金钢;

　　C_3——加工减量。

钢铁工厂煤气管道壁厚附加量可按表 5-10 选取。

表 5-10　壁厚安全裕度

煤气类别	壁厚安全裕度 C/mm
高炉煤气及含硫量小于 20 mg/m³ 的焦炉煤气	2
焦炉煤气	3
混合煤气	3
天然气	2

4. 煤气管道壁厚的计算压力

用于计算煤气管道壁厚的煤气管道计算压力,应是输送煤气可能产生的最大压力,通常是按气体的爆炸压力确定。其爆炸压力的计算式为:

$$p_{爆}=\frac{p_{初}\,T_{爆}}{T_{初}}\cdot\frac{n}{m}。$$

工厂煤气的爆炸压力见表 5-11。

表 5-11　工厂煤气的爆炸压力

类　别	爆炸压力/MPa
高炉煤气	0.392
焦炉煤气	0.686
混合煤气	0.588

因此,工厂煤气管道壁厚的实际计算式如下:

①对于架空煤气管道:

$$\delta = \frac{p_j D}{2[\sigma]\Phi} + C$$

式中,δ——管壁厚度,mm;

p_j——煤气爆炸压力,MPa;

D——管道外径,mm;

$[\sigma]$——许用压力,MPa;

Φ——焊缝系数;

C——安全裕度,mm。

②对于埋地管道:

$$\delta = \frac{p_j D}{2.3[\sigma]\Phi} + C$$

式中:p_j——煤气爆炸压力。

工厂一般推荐的煤气管道壁厚见表 5-12。

表 5-12　煤气管道壁厚推荐值

管径/mm	≤400	500～1 400	1500～2 200	2 400～2 800	3 000～3 400
高炉煤气	4.5	5	6	7	8
焦炉煤气	5	6	7		
混合煤气	5	6	7	8	8

表 5-13 是某集团公司设计的煤气管道壁厚。

表 5-13　某集团煤气管道壁厚

管径/mm	400～900	1 000～2 200	2 400～3 500	3 800～4 000	4 500
壁厚/mm	4.5	6	8	10	12

5. 管道材质和许用压力

煤气管道管径小于 250 mm 的可采用焊管、无缝钢管,材质可用 A_3、10 钢、15 钢、20 钢、25 钢;管径大于 300 mm,可用焊管和 A_3、A_3F 钢。

国外对煤气管道的许用应力 $[\sigma]$ 考虑了设计因素 F(包括环境因素 m 和钢材均质系数 K),温度减弱系数 T、纵焊缝系数 E,因此许用应力:

$$[\sigma] = \sigma \cdot F \cdot T \cdot E$$

国内对煤气管道许用应力尚无明确规定,现行《钢结构设计规范》对煤气管道常用的 A_3、A_3F 材质和厚度 4～20 mm 范围内的第一组钢板,规定 $[\sigma] \leqslant 166.6$ MPa,但这是针对常温、常压的一般金属结构确定的,不适合煤气管道的特殊条件。考虑到煤气的爆炸性以及管道壁厚的煤气计算压力是按煤气的爆炸压力来计算的,因此有的部门提出,在国内尚无明确规定的情况下,先按《钢制石油化工压力容器设计规程》的规定,对 A_3 材质和厚度小于 20 mm 的钢板,在 20～100 ℃条件下,$[\sigma]=124.46$ MPa。

第三节　煤气管道试验

一、煤气管道试验要求

1. 强度试验和严密性试验

《压力容器安全技术监察规程》规定,容器压力≥0.098 MPa 的即属于压力容器,要求做强度试验和严密性试验。据此,《工业企业煤气安全规程》将工厂煤气管道试验,作如下划分和规定:

煤气管道压力≥0.098 MPa 的,进行强度实验和严密性试验;

煤气管道压力<0.098 MPa 的,只进行严密性试验。

2. 煤气管道试验的介质

《工业管道工程施工及验收规程》规定,工厂煤气管道多属于常压管道,一般常压管道设计建设时,未考虑水压实验载荷强度要求,且过去工厂实践证明常压煤气管道采用气压实验可满足安全运行的要求。因此,《工业企业煤气安全规程》规定,煤气管道可采用空气或氮气作强度实验和严密性试验的介质,并应作生产模拟试验。

3. 煤气管道试验前的要求

煤气管道系统施工完毕,应经工程外观检查合格,各连接部位和焊缝检查合格,并进行全线分段吹扫,清除一切杂物,还应将不能参与实验的系统,以及不能参与实验的设备仪表管道附件和正在运行中的管道加以隔断,并经检查合格后,才能进行强度和严密性试验。

二、强度试验

强度试验是作为检查煤气管道明显缺陷的预试压,因为煤气正常运行的压力远小于管道和焊缝的实际机械强度值。

强度试验的试验压力:架空管道应为计算压力的 1.15 倍;埋地管道应为计算压力的 1.5 倍。

强度试验压力应逐渐缓升,首先升至试验压力的 50%,检查有无泄漏和异常现象,然后将强度试验压力以 10% 为间隔逐级升压,每级稳压 5 min,直至达到试验压力为止。强度试验时,稳压时间应不小于 1 h,以无泄漏、目测无变形为合格。

三、严密性试验

经检查合格后的低压煤气管道(压力<0.098 MPa)以及经强度试验合格后的中

压管道(压力≥0.098 MPa),可进行严密性试验。

1. 架空煤气管道严密性试验

(1)试验压力应符合表 5-14 的规定。

表 5-14 试验压力

管 道 部 位		试验压力/Pa（mmH₂O）
加压机前	室外管道	计算压力＋5 003(＋510)
	室内管道	计算压力＋5 000(＋1530)
加压机、抽气机后	室内管道	加压机 抽气机最大升压＋20 012(＋2 040)
	室外管道	加压机 抽气机最大升压＋30 018(＋3 060)
常压高炉	大、中型高炉	50 030(5 100)
	小型高炉	30 018(3 060)
高压高炉	减压阀组前管道	炉顶工作压力的 1.5 倍
	减压阀组后管道	50 030(5 100)
常压发生炉煤气 半净煤气管道		炉底最大送风压力
转炉煤气抽气机管道		计算压力＋5 003(510)

(2)试验的泄漏率应符合表 5-15 的规定。

表 5-15 实验泄漏率

管道计算压力/MPa	管道环境	试验时间/h	每小时平均泄漏率/%	备注
＜0.1	室内外地沟及无围护结构的车间	2	1	
≥0.1	室内及地沟	24	0.25	适于天然气
	室外及无围护结构的车间	24	0.5	适于天然气

计算压力≥0.1 MPa 的管道泄漏率标准仅适用于 $\phi=0.3$ m 的管道,对其他直径管道的压力降标准,尚应乘以校正系数 C。

$$C=\frac{0.3}{Dg}$$

式中:Dg——试验管道的公称直径,m。

架空煤气管道严密性试验实际泄漏率的计算式如下:

$$A=\frac{1}{t}\left(1-\frac{p_2 T_1}{P_1 T_2}\right)100\%$$

式中:A——每小时平均泄漏率,%;

p_1、p_2——试验开始、结束时管道内气体的绝对压力,MPa;

T_1、T_2——试验开始、结束时管道内气体的绝对温度,K;

t——试验时间,h。

2. 埋地管道严密性试验

(1)试验的准备工作。埋地管道严密性试验前,应检查管道的坐标、标高坡度管基和垫层等是否符合要求;试验时,视管道管径不同,气体应在管道中相应停留6~24 h,使管道中气体温度和周围土壤温度一致;应采用压力与严密性试验压力相等的气体进行重复试验,及时发现和消除泄漏点,然后再开始进行正式严密性试验。

(2)试验压力和试验时间应按表5-16规定执行。

表 5-16　试验压力与试验时间

计算压力/MPa	严密性试验压力/MPa	实验时间/h
≤0.005	钢管 0.05	24
	铸铁管 0.02	24
0.005~0.1	>0.05	24
≥0.1	计算压力(最大工作压力)	24

(3)试验的计算。埋地管道严密性试验允许压力降应大于试验实际的压力降,即 $\Delta p_允 > \Delta p_实$。

$\Delta p_允$ 的计算,分两种情况:

①相同管径时:

$$\Delta p_允 = K \frac{T}{D}$$

式中,T——实验持续时间,h;

K——系数;

D——管道内径,mm。

当计算压力 $p_j \geqslant 0.1$ MPa 时,$\Delta p_允$ 的单位为 mmHg,$K = 0.3$;当计算压力 $p_j < 0.1$ MPa时,$\Delta p_允$ 的单位为 mm,$K = 0.6$。

②不同管径时:

$$\Delta p_允 = \frac{KT(d_1 L_1 + d_2 L_2 + \cdots + d_n L_n)}{d_1^2 L_1 + d_2^2 L_2 + \cdots + d_n^2 L_n}$$

式中,$d_1, d_2, \cdots, d_n$——煤气管道各管段的内径,m;

$L_1, L_2, \cdots, L_n$——各管段长度,m。

严密性实验实际压力降:

$$\Delta p_实 = T_0 \left(\frac{P_1}{T_1} - \frac{P_2}{T_2} \right)$$

式中:T_1、T_2——试验开始、结束时测定的管道内气体各点的平均温度,K;

T_0——标准状态时的温度,$T_0 = 273$ K;

p_1、p_2——试验开始、结束时测定的管道内气体的绝对压力。

$\Delta p_允 > \Delta p_实$ 中的 $\Delta p_实$ 和 p_1、p_2 均分为两种不同情况和相的两种不同单位:

计算压力 $p_j \geqslant 0.1$ MPa 时，$\Delta p_实$ 和 p_1、p_2 的单位均取 mmHg；

计算压力 $p_j < 0.1$ MPa 时，$\Delta p_实$ 和 p_1、p_2 的单位均取 mmH_2O。

以上是《工业企业煤气安全规程》规定的埋地管道严密性实验的计算式。为此，《工业企业煤气安全规程》编制说明指出：计算压力 $p_j < 0.1$ MPa 的低压埋地管道，采用城市煤气管道允许压力降的标准，单位为 mmH_2O；计算压力 $p_j \geqslant 0.1$ MPa 的中压煤气管道，单位为 mmHg，且只适于计算压力 p_j 为 0.147 MPa 以下埋地管道。

《煤气设计手册》则采用与上式不同的煤气管道严密性试验计算式（$\Delta p_允$ 和 $\Delta p_实$ 单位均为 mmHg）。

低压相同管径管段：

$$\Delta p_允 = 48.5 \frac{t}{d}$$

低压不同管径管段：

$$\Delta p_允 = 48.5 \frac{t(d_1 L_1 + d_2 L_2 + \cdots + d_n L_n)}{d_1^2 L_1 + d_2^2 + \cdots d_n^2 L_n}$$

高、中压相同管径管段：

$$\Delta p_允 = 300 \frac{t}{d}$$

高、中压不同管径管段：

$$\Delta p_允 = 300 \frac{t(d_1 L_1 + d_2 L_2 + \cdots + d_n L_n)}{d_1^2 L_1 + d_2^2 + \cdots d_n^2 L_n}$$

实测压力降

$$\Delta p_允 = (H_1 + B_1) - (H_2 \cdot \frac{T_1}{T_2} + B_2)$$

式中：H_1、H_2——试验开始、结束时压力计的读数，mmHg；

B_1、B_2——试验开始、结束时气压计的读数，mmHg；

T_1、T_2——试验开始、结束时空气温度，K。

3. 管道附件严密性试验

闸阀、密封蝶阀、管道附件安装前，应按设备规定试验压力要求，用压缩空气进行严密性试验，采用涂肥皂水的直接试验方法，以不漏气为合格。

第四节　煤气管道气体置换作业

煤气设备或管道停送煤气，都必须进行气体置换，这是停送煤气安全作业的重要环节。

1. 置换方法

(1)烟气置换法。用煤气在控制空气比例的情况下完全燃烧产生的烟气作气体介质，经冷却后导入煤气设备或管道内，以排除空气或赶掉煤气。在无充足氮气气源或地处冷冻区域难以使用蒸汽吹扫的一些工厂,往往采用这一方法。烟气中虽含有 1% CO,但低于它的爆炸下限,且烟气中含有大量 N_2 和 CO_2,对可燃气体有抑爆作用,因此这种方法是安全的。它多用于煤气发生炉等煤气设备及其管道设施。据工厂的实际经验,用所使用的燃烧设备产生的合格烟气作为气体置换介质,其合格标准定为:烟气的含氧量在 1% 以下,CO 含量在 2% 以下,其余为 N_2 或 CO_2 气体,这是安全可靠的。

(2)惰性气体置换法。用 N_2、CO_2 等惰性气体置换管道或煤气设备、设施的煤气或空气,这是较理想的安全可靠的方法。

(3)蒸汽置换法。冶金工厂和不少工厂采用蒸汽置换煤气和空气,一般每 300～400 m 的管道设计一个吹刷点,吹刷蒸汽量为管道容积的 3 倍,压力为 0.117 6 MPa(绝对压力)。其蒸汽耗量可用下式计算:

$$Q = \frac{3}{4} \pi D^2 \cdot L \cdot R$$

式中,Q——每次吹刷煤气管道、煤气设备用的蒸汽量,kg;

D——煤气管道直径,m;

L——煤气管道长度,m;

R——蒸汽质量密度,kg/m^3。

2. 置换顺序

煤气设备、设施需分段进行吹扫置换,其置换顺序视煤气设备、设施的情况不同而异。例如,转炉煤气净化回收利用系统,使用蒸汽吹扫回收管道和用户管道的一般分段和顺序为:

(1)大水封煤气柜进口水封;

(2)柜进口水封柜出口水封;

(3)柜出口水封加压机进口水封;

(4)加压机进口水封防爆水封;

(5)防爆水封用户。

上述吹扫置换的作业程序如下:关闭各段两端水封或闸阀,打开各管段上处于末端的放散阀接通蒸汽(或氮)进行吹扫;取样化验直到含氧量小于 2%(或 10%),打开管道阀门用煤气(如为送煤气)置换蒸汽或氮(如为蒸汽则应在开阀门后才关闭蒸汽);在管道末端放散管放散;取样做爆发试验,直至合格后关闭放散管。

3. 煤气爆发试验的操作

煤气管道或炉、窑、灶送气点火前,都要用煤气置换管道内残余气体,必须在管道末端取煤气样分析是否置换合格,一是采用仪器检测和化验,二是广泛应用爆发筒做煤气的爆发试验。

利用爆发筒做煤气爆发试验目的是检验所送的煤气是否合格,防止煤气在管道和设备内形成爆炸性气体,以避免发生煤气爆炸事故,确保煤气设备的正常运行。爆发试验筒材质用 0.5 mm 镀锌铁皮制作,格规为长 400 mm、直径 100 mm 的圆筒。具体爆发试验筒的结构图如图 5-2 所示。

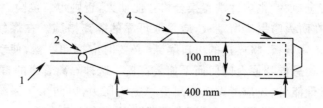

图 5-2　爆发实验筒

1—放气头；2—直径 10 mm 球阀；3—筒体；4—提手；5—筒盖

　　(1)爆发筒取样操作方法：在煤气管道或设备送煤气后，经过足够时间的放散，由末端的取样管处，将爆发筒筒盖打开对接取样头或取样管，同时打开煤气取样阀门和打开爆发筒放气头的球阀，通入煤气样置换爆发筒内的残余气体，几分钟后先关闭爆发筒放气的球阀，再将爆发筒撤离取样点迅速合上筒盖，同时关闭煤气取样的阀门。手持爆发筒快速离开取样区域到空气上风口，打开爆发筒的筒盖，用事先点燃的火种由筒口点燃煤气试样。爆发试验点燃时出现爆鸣声，并且筒内煤气无燃烧着，说明煤气样为不合格。爆发试验煤气燃烧着且由筒口缓慢在筒内燃烧着，说明煤气为合格。

　　(2)合格标准：高炉煤气均燃烧到爆发筒的 1/3；焦炉煤气均燃烧基本到爆发筒底；转炉煤气均燃烧到爆发筒的 2/3。

　　(3)做煤气爆发试验时安全注意事项：

　　①取样时要防止煤气中毒，应佩戴 CO 报警器或站在上风口取煤气样，必要时应佩戴空气呼吸器取样操作；

　　②准备好点燃煤气的火种；

　　③做爆发试验时，爆发筒与地面成 45°角为宜；

　　④严禁操作者将筒口对准面部观察燃烧情况，二次取样时要待筒内火焰确认熄灭后再取样，以防着火烧伤。

第五节　煤气管道的动火作业

一、动火方法分类

在煤气设备或管道上动火，通常使用如下方法：

(1)常压：拆迁、隔离、清洗置换、无氧保护、水封、测爆。

(2)带压：正压、负压。

1. 常压动火方法

(1)拆迁。煤气生产连续性强，在防火防爆场所检修动火一般是不停产的，因而很危险。所以凡是能拆卸转移到安全区动火的，均不应在防火防爆区域现场，而应在安全地区动火,动火作业完毕再运到现场安装。要注意的是,在防火防爆现场拆卸的管道和设备移到安全地区,也应冲洗置换合格才能动火,否则也有危险。

(2)隔离。在防火防爆场所动火,应采取可靠的隔离措施。在煤气设备或管道上动火,通常采用金属盲板,将连接的出口隔断,必要时应拆卸一截,使动火管道与运行管道完全隔离。切忌依赖原有阀门而不加装盲板。这种隔离管道的盲板,除应考虑其截面大小和密封性能外,还应考虑其能耐受一定的压力,以防由于系统内泄使管内压力升高,将盲板压碎。盲板厚度可按压力容器圆形平盖进行计算:

$$t = D_c \sqrt{\frac{K \cdot p}{(\delta)^t}} + C$$

式中:t——平盖厚度,mm;

D_c——计算直径,mm;

p——设计压力,MPa;

$(\delta)^t$——设计温度下材料的许用应力,MPa;

K——结构特征系数;

C——厚度附加量,mm。

(3)清洗置换。凡需动火的设备或管道,应进行清洗置换,并取样分析。取样分析合格标准,可用两个经验换算公式计算:

①若物质的爆炸下限小于 4%(体积比),则合格标准浓度为该物质爆炸下限的 1/25。

②若物质的爆炸下限大于 4%(体积比),则合格标准浓度为该物质爆炸下限的 1/50。

清洗置换及吹扫的目的是消除可能形成的爆炸性气体。清洗置换及吹扫必须有进出通道,尽量避免弯头死角,才能使残液及爆炸性气体完全赶出。

(4)充氮保护。在可燃性混合气中掺入惰性气体,将减少可燃性气分子与氧分子的接触机会,并且破坏燃烧过程的联锁反应,因此可降低爆炸危险程度。如在爆炸性混合气中掺入惰性气体,其含氧量减少到临界添加量以上,即可避免燃烧和爆炸。

把易燃、易爆混合气稀释到满足防爆要求时所需的惰性气体,可按下式求得:

$$X = \frac{21 - O}{O - O'} \cdot V$$

式中:X——惰性气体需要量,m³;

O——不发生爆炸时的最高含氧量,%;(可查表)

O'——所用惰性气体中原有的含量,%;

V——设备内原有空气量(其中氧占 21%),m³。

假若使用纯氮稀释,则公式可简化为:

$$X = \frac{21 - O}{O} \cdot V$$

(5)水封。对内有可燃介质的管道、设备,在动火检修前,将水注入其内,待满溢后再直接在管道设备上进行气割、电焊。其基本原理是把管道、设备内的可燃物封在水中,使其不能与助燃物相混合,从而消除燃烧三要素中的一个要素——助燃物,遇明火也不致着火爆炸。譬如,宝钢煤气精制厂冷凝鼓风装置氨水管道泄漏的焊补,直接冷却器煤气进口管道上电焊开洞安装阀门等,都是应用这一原理和方法完成的。

(6)测爆。在厂房内外、地沟内和设备、管道等的空气中含有可燃介质的区域空间的检修动火,通过测爆仪测试或分析其空气中可燃介质的含量,可预知可燃介质在空气中的含量是否在着火、爆炸下限浓度以下。根据国标《焦化安全规程》的规定,爆炸下限大于 4%(体积比)的易燃易爆气体含量应小于 0.5%(体积比),爆炸下限小于或等于 4%(体积比)的易燃易爆气体含量应小于 0.2%(体积比),方可动火。值得注意的是:动火前 0.5 h 应做气体分析或测爆检测,合格方可动火;工作中每小时应重新分析;工作中断 0.5 h 以上也应再重新分析。

2. 带压动火法

(1)正压动火法。正压动火法是比较普通和常用的动火方法,它的理论依据是:

①处于密闭管道、设备内的正压状况下不断流动的可燃气体,由于与大气之间存在压差,一旦泄漏,只会使可燃气体冒出而空气不能由此进入。因此,在正常生产条件下,管道、设备内的可燃气体不可能与空气形成爆炸性混合气体。

②由补焊处泄漏出来的可燃气体,在动火检修补焊时,只能在动火处形成稳定式的扩散燃烧。由于管道、设备内的可燃气体处于其着火爆炸极限含氧量值以下,失去了火焰传播条件,火焰不会向内传播。

③由于管道、设备内可燃气体处于不断流动状态,在外壁的补焊是产生的热量传导给内部可燃气体时随即被带走,而外壁的热量便散失于空气之中,不会引起内部可燃气体受膨胀而发生危险。

(2)正压动火法的安全对策。采用正压动火法进行生产检修动火之前,必须做到以下几点:

①保持管道、设备内可燃气体处于压力稳定的流动状态,如果压力过大,在生产允许的情况下可适当降低,以控制在 1 500~5 000 Pa(150~500 mmH$_2$O)为宜。

②从需动火补焊的管道、设备内取可燃气体做含氧量分析,且含氧量必须低于该可燃气体着火、爆炸的极限含氧量以下。周围的空气中易燃易爆气体一般不得超过 0.5%,易燃易爆气体中氧含量<1%。

③在有条件和生产允许的情况下,应在动火处上侧(可燃气体源流侧)加适量蒸汽或氮气,以稀释可燃气体的含氧量。

④以打卡子的方法事先将补焊用的铁板块在泄漏处紧固好,使可燃气体外漏量尽量减少。这样做,一方面可以避免在补焊中焊接处着大火将焊工烧伤,另一方面便于补焊。

⑤动火处周围要保持空气流通,必要时应设临时通风机,避免外漏可燃气体积聚与空气形成爆炸性混合物,在动火时遇火源发生爆炸。

（3）负压动火法。负压动火法现比较少见，一般都认为它是一种冒险的动火法。如在鼓风机前的负压煤气管道及其设备，更被视为不可逾越的"禁火区"。事实并非如此，鞍山化工总厂、上海焦化总厂和宝钢化工公司等单位都取得了较好的经验。负压动火法的理论依据是：

①负压管道、设备系统内可燃气体含氧量只要在其着火、爆炸极限含氧量以下，它就失去了火焰传播条件，即使遇火源也既不会着火又不会爆炸。

②根据减压对着火、爆炸极限的影响，一般在数百毫米汞柱以下的范围内减压时，着火、爆炸极限范围缩小，即下限值变大，上限值变小。当压力减低 100 mmHg，下限值与上限值便重合在一起，此系统便成为不着火、不爆炸系统。因此，在可燃气体处于负压不断流动状态下的密闭管道、设备外壁补焊动火是安全的。真空的形成使得其内可燃气体着火、爆炸极限接近而免除爆炸的危险。

（4）负压动火法的安全对策：

①首先用树脂和玻璃纤维将负压管道、设备的泄漏处粘严，防止空气由此吸入管道、设备内，再在其上面铺盖大小适宜的钢板进行动火补焊。

②在动火补焊前，必须取样作可燃气体含氧量分析合格。

③用测厚仪测定管道、设备泄漏处钢板的现有厚度，以保证动火补焊时不致烧穿。

④根据可燃气体中加入惰性气体可使爆炸极限降低或消失的原理，在生产条件具备和允许的情况下，可在动火补焊时加入适量的蒸汽或氮气，以提高安全动火的可靠性。

⑤在动火补焊过程中，每 0.5 h 做一次可燃气体含氧量分析（如有固定式氧气监测仪连续监测可燃气体含氧量则更为理想）。

⑥加强爆炸，保持负压稳定，如生产条件允许可适当地降低吸力，分兵把口，统一指挥。

二、动火管理

动火管理是落实动火各项管理制度和动火安全技术标准的保证。在动火管理中，建立健全和落实"谁主管、谁负责"的逐级防火责任制。

1."动火许可证"制

凡在禁火区进行生产检修动火，必须实行"动火许可证"制，履行办理动火手续，落实齐全可靠的安全防火措施。

落实生产检修动火的综合安全防火措施，即六大禁令和六个不准。

2. 动火作业六大禁令

《中华人民共和国消防法》第二十一条规定："禁止在具有火灾、爆炸危险的场所吸烟、使用明火；因施工等特殊情况需要使用明火作业的，应当按照规定事先办理审批手续，采取相应的消防安全措施；作业人员应当遵守消防安全规定。"

冶金企业煤气具有易燃易爆的特点，生产装置多数具有火灾爆炸的危险。在具有火灾爆炸危险的生产、使用、贮存的区域进行动火作业必须遵守《中华人民共和国消防法》，并严加管理和控制。需要动火的工件尽量拆下搬移到企业划定的固定动火区内进行，焊好后再装回原处，尽量避免在禁火区内动火。需焊接的工件不能拆卸，不得不在禁火区内动火作业时，必须遵守"动火证未经批准，禁止动火；不与生产系统可靠隔绝，禁止动火；不清洗，置换不合格，禁止动火；不消除周围易燃物，禁止动火；不按时作动火分析，禁止动火；没有消防措施，禁止动火"的动火作业"六大禁令"。

（1）动火证未经批准，禁止动火。办理动火证是防止违章动火的重要管理程序，从申请到批准的全过程每个环节都要有责任人，任何一个环节都不敷衍。动火要领导审批的目的是动火安全措施要领导把关，明确领导者的责任。负责动火审批的领导要明确指示审核动火需采取的安全措施，坚决制止违章动火。动火作业人员要拒绝违章指挥，要明确意识到安全措施不落实动火，自己首先是受害者。即使是紧急抢修，也必须办理动火审批手续，落实安全措施后才能动火。

动火作业人和领导（审批者）对动火，必须明确如下概念：

①在企业划定的固定动火区之外，均为禁火区。

②在禁火区内动火均须办理动火证。

③动火是指在禁火区内进行焊接与切割作业及在易燃易爆场所使用喷灯、电钻、砂轮等可能产生火焰、火花和赤热表面的临时性作业。

④明确动火等级，根据企业生产工艺装置和物料危险程度以及装置在厂区内的布置情况划定固定动火、二类动火、一类动火、特殊动火四个等级。

申请、审批动火证的人，必须切实了解动火对象、场所及周围的实际情况，严肃认真地进行审批，反对形式主义，敷衍了事。要知道不办和不认真办理动火证就开始动火，是目前企业发生火灾爆炸事故的首要原因。

动火要批准，实际上是依据现场实际情况，制定届时的动火操作票或动火方案，落实相关责任人，这是避免发生火灾爆炸事故的重要措施，实践证明此举是非常重要的。

（2）不与生产系统可靠隔绝，禁止动火。为保证动火作业安全，在动火前，首先要做的安全措施就是动火点与其他设备实行可靠的隔绝，以防止作业过程中易燃易爆、有毒有害因素相互串通。可靠的隔绝方法是加堵盲板或拆除一段连接管线，不允许以水封或关阀门作为隔绝措施，事实证明作为隔绝措施它们是不可靠的，止逆阀（止回阀）更不能作为隔绝措施对待，这方面的教训数不胜数，都是因为可燃气体相互串通而导致事故。盲板的材质规格、加工精度等技术条件一定要符合国家标准并正确装配。如用拆除一段管线的方法隔绝，应注意在生产系统或存有物料的一侧上好堵板，堵板的技术要符合安全要求。

动火现场要注意常压敞口容器和邻近管口的隔绝，保证火星不能与容器口、管口逸出来的可燃物相遇。通常是将容器口、管口接临时放空管，将放空管口升高或变向，避免与火星相遇。如容器无升压也可在容器口、管口加堵板，另外应将动火部位（尤其是高处动火作业)用不燃材料严密包围,使焊渣、火花不向外飞溅。事实证明,不做好隔绝工作就盲目动火后患无穷。

与动火系统外进行有效隔绝,是动火作业必不可少的安全措施。隔绝后即将动火影响范围有效封闭。把动火影响范围封闭系统内的设备、管道、清洗、置换、分析合格后动火安全才有把握,保证不受范围外的因素干扰,也不因动火作业不当而危及其他。

(3)不清洗,置换不合格,禁止动火

企业的设备(如塔、罐、柜、槽、箱、桶及窨井、暗沟、管道、密封空间等)多有易燃易爆的物料、气体,如不清洗、置换合格动火,很容易发生火灾爆炸事故。因此,在做好隔绝工作之后,界定内的设备、管道等必须把物料排净,对可燃气体进行置换,对残液和附着物、沉积物进行彻底的清洗,经验证合格后,方可动火。

①置换:用蒸气、氮气、二氧化碳等不燃气体将设备、管道里的可燃气体替换掉排出。具体步骤是:a. 确定置换方案,绘制置换流程图,以免遗漏留死角。b. 视被置换介质与置换用介质的质量密度确定置换方法。c. 进入容器内动火,用不燃气体置换后应再用空气置换,有毒物质要符合卫生部规定的车间有毒物质允许含量的要求,氧含量应大于 19%,小于 22%。

②清洗:用氮气、蒸汽清除黏附在器壁上的污垢和器底的沉积物称为清洗。对容器如不彻底清洗,容器仍存在着燃烧、爆炸的潜在危险。一则器壁上的附着物含的可燃挥发性组分会逐渐释放出来,随时间延续而积累。二则如在容器内动火,容器内的温度升高,甚至直接在器壁上施焊,使可燃物加速释放,也可能使大分子附着物分解,这都可能使本来合格的动火条件变成不合格。如需要进入容器内进行人工清洗时,必须先进行置换并达到安全卫生要求,并做好劳动防护措施,在人工清洗过程中要对容器进行通风和检测。清洗要有方案,污物应进行收集处理,不得任意排放。因清洗置换不合格或未清洗置换发生事故的有很多(如星光、珊瑚中毒,云里油桶爆炸等)。

众多事故告诫我们,动火前的清洗、置换要非常认真仔细,不能疏忽,特别要注意那些常规下不应发生事故的环境,也存在着发生动火爆炸的可能。残渣、污垢、淤泥未清理(洗)干净,虽置换暂合格,但动火过程中加速释放,还可能形成爆炸危险的条件;有可能产生火花和静电的作业,也应视为动火来管理,因为在动火项目中,对环境危险性的预评价也是十分重要的。

(4)不清除周围易燃物,禁止动火。动火前,应对动火现场和因动火可能影响周围的易燃物料必须进行清除。否则,即使采取了一系列的防火防爆措施,仍有可能因易燃物的存在而发生火灾爆炸事故。

清除周围易燃物应注意以下几点:

①常见的易燃物。化学危险品:特别是汽油等油类、易燃液体、油漆、电石等。可燃物品:油棉纱、木料、棉麻织物、纸品等。

②动火现场及周围的设备、管道、阀门等的泄漏点必须清除,并加盖遮挡。如无法清除应将可燃物引至其他部位。

③对动火现场周围的水封、阴井、明渠、暗沟和地下隐蔽工程中的易燃气体、液体或其他化学危险物品,在动火前也应进行认真仔细地检查分析,如有隐患必须清除。

④动火现场及周围的影响是个立体概念,高处动火垂直下方 10 m 半径内应清除易燃物,并且还需考虑风向的影响。

(5)不按时作动火分析,禁止动火。动火分析是对动火现场是否符合安全要求的检验。动火现场要经过检验,确认不会发生火灾后方可动火。一般应把握如下问题:

①准确掌握动火分析合格的标准。动火处经隔绝、清洗、置换后,可燃气在空气中的含量应达到如下要求,方为合格:

a. 爆炸下限大于或等于 10% 的可燃气体,其可燃物含量小于或等于 1% 为合格。

b. 爆炸下限小于 10% 而大于或等于 4% 的可燃气体,其可燃物含量小于或等于 0.5% 为合格。

c. 爆炸下限大于 1% 而小于 4% 的可燃气体,其可燃物含量小于或等于 0.2% 为合格。

d. 爆炸下限小于或等于 1% 的可燃气体,其可燃物含量在爆炸下限的 20% 以下(体积比)为合格。

e. 混合气体的各组分含量很少时,它的动火含量安全标准,以可燃物总量低于爆炸下限最低的可燃物爆炸下限含量为准。

f. 氧气系统和富氧设备、管道及其附近,含氧量一定要降低至 22% 为合格。

g. 进入设备、管道及其他通风不良的有限空间,从事动火作业,除可燃气要分析合格外,还应分析有毒气体的含量不得超过国家规定的最高允许浓度,含氧量应为 19%～22% 为合格。

可燃物的性质千差万别,且随着环境不同也有变化,以上标准是从安全管理角度,照顾了作业的经济性而制定的,在实际操作中应视情况给予校正。

②确保动火取样的准确性。

a. 动火分析的取样点要正确,样品要有代表性,防止死角。动火负责人和监火人应带领分析工到动火部位,介绍可燃物的成份性质,确定分析项目。设备内被检测的气体比重大于空气时,取中、下部各一个气样;比重小于空气时,取中、上部各 1 个气样;取样管插入深度和取样方法必须符合分析规范的要求;所有分析样品,必须保留至动火检修结束之后。管道内取样,应选择离置换气源进口最远处的排气口,如有支管,每个支管最远端应有排气口并在此取样。

b. 分析所用的试剂、药品配制要准确可靠。动火分析的仪器要保持完好,定期检查,使用前应校对,保证灵敏精确。

c. 分析人员要负责分析数据的准确性,并在动火证上填写分析数据后签字确认。

③明确分析的时间要求。

a. 分析取样的时间不得过早,动火前 0.5 h 内应取样分析,分析结果如符合要求应立即动火,若超过 0.5 h 仍未动火的,必须重新取样分析。

b. 在动火过程中,要随时严密监视可燃气体含量变化,防止发生火灾事故,动火间隔 30 min 必须重新分析确认。

c. 使用优良经过校正的可燃气体报警仪,随时监测动火环境是否合格,如有变化及时查明原因,将可燃气体清除后再动火。

现部分企业不用科学分析手段,设备置换后用鼻子闻,作为动火分析的依据,不严格遵循分析规范。事实证明,严格遵守动火分析规范,按时作动火分析是保证动火安全、防止火灾爆炸事故发生的重要措施,不认真执行动火分析规范,不按时作动火分析、盲目动火是发生事故的重要原因。

(6)没有消防措施,禁止动火。动火作业在按要求进行隔绝、清洗、置换、清除周围易燃物并经分析合格后,动火作业之前还应落实好消防等安全防范措施,否则仍不准动火。一是备好相适应的消防器材到现场。二是落实好监护人。有适用的消防器材在动火现场,一旦发生火灾,在初期就能及时扑灭,可以避免成灾。这里要求:有合适的消防器材;现场人员要会使用。

在禁火区动火,要派人监护,一般由车间确定班组中熟悉现场环境的人员担任,监护的目的是保证安全措施的认真执行和一旦发生事故时能及时得到抢救。动火点不得移出指定地点,生产上发生变化或故障(如跑料、排放及其他事故等)时,监护人应立即通知停止动火。出现危险时,应立即与生产部门联系迅速采取措施,救助动火者,消除危险因素,防止事故扩大。

落实消防器材到现场和指派专人监护,这是防止动火酿成火灾和动火人意外事故的最后安全措施,一定要认真落实,以防一旦发生险情时,也可亡羊补牢,减少损失,避免成灾。

3. 动火六个不准

(1)风力在五级以上(包括五级),不准在高空动火;风力在六级以上(包括六级),不准在室外动火;

(2)在容器内动火时,不准在容器内点燃气焊、割炬,休息时不准将气割、焊具放在容器内;

(3)在容器内动火,不准以充氧办法调节容器内的空气;

(4)在动火过程中,不准超过"动火许可证"上所允许的动火范围;

(5)在动火检修地点,不准就地加工焊割工作和吸烟;

(6)动火完毕,未经检查确认不准离开动火现场。

第六章

煤气管道附属装置

第一节　燃烧装置

一、煤气烧嘴

煤气燃烧装置也叫煤气烧嘴。煤气与空气的混合速度是决定燃烧速度、温度与火焰性质的主要因素。煤气空气混合方式与火焰形状（燃烧关系）大体分为五种：

(1)平行流动(见图 6-1)；

(2)呈锐角相交(见图 6-2)；

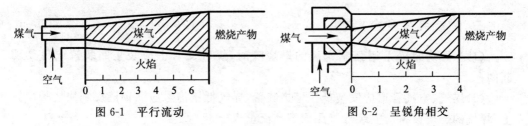

图 6-1　平行流动　　　　　　　　图 6-2　呈锐角相交

(3)吹到耐火格子砖上(见图 6-3)；

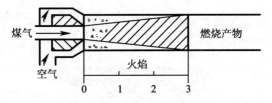

图 6-3　吹到耐火格子砖上

(4)旋转运动(见图 6-4)；

(5)预混合(见图 6-5)。

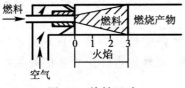

图 6-4　旋转运动　　　　　　　　图 6-5　预混合

根据煤气与空气混合燃烧的机理,可将烧嘴分为扩散和预混两类;根据生产工艺要求,还可以分成很多种。

二、煤气烧嘴的形式

1. 扩散式燃烧型(低压烧嘴)

扩散式烧嘴,是煤气与空气预先不混合,而分别进入炉膛,边混合边燃烧。扩散燃烧适用于低压、低发热值煤气,如高炉煤气、发生炉煤气。其火焰稳定,没有回火的危险,但不容易产生高温,容易产生不完全燃烧。可分为:①喷头式;②喷管式。

2. 预混式燃烧型(高压烧嘴)

预混式烧嘴,是煤气与空气预先混合,在进入炉内较快地燃烧。可形成短而高温的火焰,较适合于高压、高发热值煤气,如焦炉煤气、天然气。可准确调节空气与煤气比例,但是有回火的危险。可分为:①部分预混式;②全部预混式。

所谓回火与脱火,是指混合气体的流速比火焰速度慢时,火焰将回到烧嘴中去,而形成回火事故;反之,当流速过快时,火焰将远离烧嘴,发生吹灭,引起脱火事故。一般情况下,回火与脱火的产生受以下因素影响:烧嘴的大小、燃料的种类、燃料与空气的混合比及温度等。

三、燃烧装置安全要求

(1)当燃烧装置采用强制送风的燃烧嘴时,煤气支管上应装止回装置或自动切断阀;

(2)煤气、空气管道应安装低压警报装置,煤气低压信号应联锁链接到快切阀装置上,煤气的燃烧设备应安装煤气压力表和流量表;

(3)在空气管道上应设泄爆膜,空气管道的末端应设放散管,放散管应引到厂房外;

(4)燃烧装置必须使用煤气与空气喷出的速度与该条件下的火焰传播速度相适应,防止脱火或回火事故。

第二节　隔断装置

煤气隔断装置是重要的生产装置,也是重要的安全装置。对煤气管道用的隔断装置的基本要求是:安全可靠,操作灵活,便于控制,经久耐用,维修方便,避免干扰。

工厂常用的隔断装置有闸阀、插板、蝶阀、水封、眼镜阀、扇形阀、旋塞、盘形阀和盲板等。一般隔断装置安装的部位如下:

(1)车间总管接出处应装设隔断装置(也叫切断装置),若接点到车间厂房距离超过1500 m,或距离虽短,但是通行或操作不方便,则在靠近厂房处还应安装第二个切断装置。

（2）厂区总管或分区总管经常切断煤气处。

（3）每个炉子或用户支管引出处。

一、插板

插板是可靠的隔断装置，一般应用在高炉煤气净化系统中，煤气压力大于 10 kPa 的管道上。因此，操作时大量冒出煤气，故装设插板的管道距低部应有一定的距离，如果使用金属封面的插板，管道低部不小于 8 m；使用非金属封面的插板，则应不小于 6 m。在煤气不易扩散的地区，上述数值还应适当提高。中校型高炉煤气净化系统，使用叶形插板。宝钢将叶形插板安装在 TRT 余压发电机组入口的煤气总管上，并且是全封闭的，比较安全。

二、闸阀

闸阀是一种断流不断漏的设施。闸阀是使用较为广泛的切断装置，可用于净煤气管道中的任何部位，但因为密封性差，必须与水封或盲板联合使用，或与镜阀或扇形阀联合使用，才可以成为安全可靠的切断装置，闸阀不作节流用，以免频繁的操作而过早损坏。闸阀在春秋两季应做开关实验，丝杠应涂油并且加设保护罩。经常操作的闸阀应采用电动的。名杆闸阀的手轮上应标明开或关的字样或箭头，螺钉杆上应有保护套。在煤气设备上使用，一定要选择煤气专用的闸阀。闸阀在使用前要进行检查，出厂 6 个月以上的闸阀要重新按出厂标准做地面试压。安装闸阀时，应重新按出厂技术要求进行严密性实验，同时要保证闸阀的耐压强度超过煤气总体实验要求，严密性和耐压性合格才能安装，并要设梯子和平台。在分配支管距主管 0.5 m 内设第一道闸阀，炉前应设双闸阀，闸阀间应有放散管，较大的闸阀两侧应设有单片支架，直径小于 500 mm 的煤气管道上的闸阀应做保温处理。

三、密封蝶阀与球蝶阀

（1）密封蝶阀只有和水封、插板、眼镜阀等并用，方可作为可靠的隔断装置。密封阀是低压煤气管道上常动的部位的断流切断装置，有重量轻、操作方便、可实现遥控等优点。密封蝶阀可与普通的蝶阀配合适用于流量的控制和调节系统。密封蝶阀的公称压力应高于煤气总体严密性实验压力。单向流动的密封蝶阀，安装时应注意使煤气的流动方向与阀体上的肩头方向一致。轴头上应有开关程度的标志。

（2）球蝶阀（NK 阀）是类似普通蝶阀以 90 度行程完成动作的球形阀门，其主要部件有主轴、两块球面阀盘、一个移动滑块。NK 球阀及水密封流程见图 6-6。

NK 阀的特点是气密性很高，空腔注水保持溢流就是可靠的煤气切断装置，手动开关灵活，有电动和气动两种，可以遥控操作，也适用于经常停气检修的部位，以减少抽堵盲板的煤气危险作业。

在高炉、焦炉、转炉、初轧均热炉以及动力锅炉等煤气管网上，均采用 NK 球阀作为切断装置。实践证明 NK 球阀有如下优点：

①在煤气进出口两端采用氯橡胶作为密封圈,因两次(端)密封,压力使阀板密封圈于阀座紧密贴合,所以一般都可以切断煤气。必要时,在阀内通水使之溢流,可以渠道与 U 形水封阀相同的作用,能可靠地切断煤气。

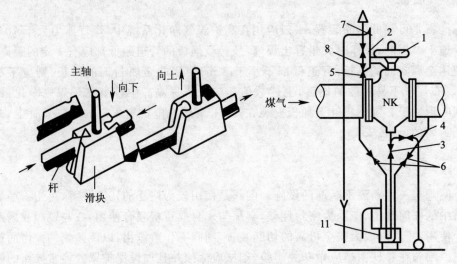

图 6-6　NK 阀及水密封流程

1—手轮;2—溢流阀;3—放水阀;4—给水阀;5—煤气封闭阀;6—放水阀;7—放散管;
8—检查漏水旋塞;9—给水管;10—溢流管;11—水封筒

②有气动和电动两种,可以远距离操作控制,备有受动操作装置,可以就地操作。操作控制比较方便,操作速度快,手动开关一次约为 100~120 s,电动约为 40~110 s,气动约为 10~30 s。

③比 U 形水封阀占用空间小,比同直径的闸阀轻。

④通水切断时水量小,从而减小供排水投资。

⑤NK 阀通水切断煤气能起到盲板的作用,安全可靠,操作方便,不影响其他用户,可以取代抽堵盲板的危险作业。

四、水封

水封使用比较普通,其制作、操作和维护均较简便,投资少,只要达到煤气计算压力要求的有效水封高度,即可切断煤气。它主要用于焦炉煤气和净高炉煤气,以及加热炉、平炉和转炉等用户的煤气管道上,也可用于其他气体如乙炔气(如用作正水封和逆水封)、氧气(如安全水封)等生产输送系统。

工厂煤气管道使用的水封主要有如下几种类型:

1. 隔离水封(或隔板水封)

一般附属于某一设备使用,其缺点主要是隔板腐蚀和漏气难以事先预防,煤气阻力损失也较大,见图 6-7。

使用隔离水封一定要按照使用要求进行操作。隔离水封的操作正确与否与净化系统能否正常工作有密切关联,如果操作工误动作,应解除 1♯隔离水封却误解除了

2#隔离水封,则会使煤气压力产生很大的波动,严重时可造成停产;正在检修中的净化设备,因隔离水封倒换错误,也会造成人员中毒和死亡事故。因此,必须事先进行系统检查,确认无误后方可操作隔离水封。

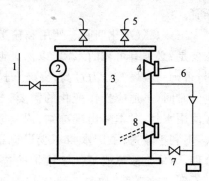

图 6-7　隔离水封示意
1—进水管;2—进气管;3—隔板;4—出气口;
5—放散管;6—溢流管;7—排水阀;8—清理门

2. 罐式水封

一般用于炉前支管闸阀的后面,或者需要设置第二道切断装置时装在其他隔离装置之后并用。其缺点主要是插入管易腐蚀,日常无法检查,一旦穿孔就可能使水封失效酿成灾难;煤气阻损也较大(罐式天然气安全水封安全阀见图 6-8)。

3. U 形水封

其控制水封高度的溢流管设在外面,煤气阻损较小,也便于维护检查,使用较为普遍。U 形水封见图 6-9。

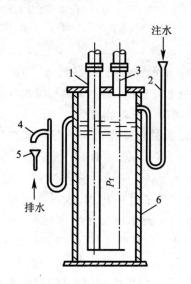

图 6-8　罐式天然气水封安全阀
1—天然气管;2—注水管;3—放散管;
4—溢流排水管;5—排水漏斗;6—筒体

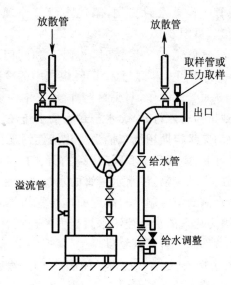

图 6-9　U 型水封

国标《煤气安全规程》规定:"水封只有装在其他隔断装置之后并用,才是可靠的隔离装置"。水封的有效高度或有效压头,应为煤气计算压力加 500 mm。水封的给水装置上应设 U 形给水封和逆止阀。煤气管道直径较大的水封,可就地设泵供水,水封应在 5~15 min 内灌满。禁止将水封的排水管、溢流管直接插入下水道。水封下部侧壁上应安设清扫孔和放水头。U 形水封两侧应安设放散管、吹刷用的进气头和取样管。

工厂煤气净化回收、使用和输送管网中,水封使用较为普遍,但存在问题也较多,主要是:必须有可靠的水源,以保证断水时的操作;不能视为可靠的切断装置单独使用,否则一旦煤气压力过高,突破水封有效高度,就会造成严重事故;注水和放水需要很长时间,不适应操作变化的需要;寒冷地区使用水封,冬季易出现冻结;煤气阻损较大,不利于输送;工厂水封不少设计结构不合理,易发生故障或不便于维护检查,或者达不到有效高度,加之不少工厂对水封管理不善;等等。因此,工厂煤气水封事故也较多,且往往造成煤气着火、爆炸和中毒等重大事故。

多年实践经验证明,使用 U 形水封作为煤气切断装置是可靠的、安全的,不仅操作方便,而且节省投资。下面以焦炉煤气总管上设置水封为例,阐述水封管原理和工艺,见图 6-10。

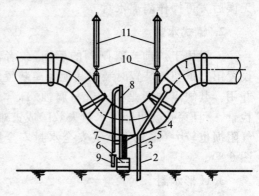

图 6-10　U 形水封

1—煤气管道;2—进水管;3—阀门;4—排水管;5—阀门;
6—水密封罐;7—阀门;8—控制水封高度连接管;
9—去酚水坑连接管;10—阀门;11—放散管

煤气管道正常运转时,阀门 3 和阀门 10 关闭,阀门 5 和阀门 7 打开,煤气中的冷凝水经排水管 4 流入水密封罐 6(水密封罐用 450 短管段制作,两头封上盲板,其中一块盲板上设置排污管,该排污管也用盲板封闭,到排污时才打开)。水密封罐的水流满后,经阀门 7 流入连接管 9 去酚水坑。酚水坑中的废水定期用汽车抽送生化活性污泥处理设施处理。当该煤气管道需要切断煤气时,则关闭阀门 7 和阀门 10,打开阀门 5 再打开阀门 3,进水管就往水封管注水。由于阀门 7 已关闭,注水水封管的水封高度由控制水封高度的连接管来控制。当水封管中注水满到与控制水封高度的连接管相等时,即使进水管再注水,水封高度也不再增加,因为注入的水经控制水封高度的连接管满流去了酚水坑。这时水封高度已形成,煤气被切断。若要恢复供煤气,视现场实际情况是否需要赶空气,若要先赶空气,则打开阀门 10,赶尽空气后再关闭阀门 10。然后关闭阀门 3,停止供水,徐徐打开阀门 7,使水封管内的水经阀门 7 流入酚水坑。由于阀门 7 的位置比水封管低,因此水封管内的水可全部放尽。由于有水密封罐,使得煤气管道中的冷凝水可通过阀门 5、阀门 7 流出,而管道中的煤气却通过水密封罐与大气隔绝。U 形水封作为切断装置已安全使用了 12 年,至于作为更长期的切断装置是否可靠,对严寒地区是否适用,是否具有更普遍意义,尚有待进一步实践和研究。

水封用于切断煤气的循环水、冷凝水的回收系统,安装后均应进行实验。

4. 眼镜阀、扇形阀

它们只有与其他隔断装置并用才是可靠的隔离装置,如眼镜阀和扇形阀,应设在密封蝶阀或闸阀后面。安装在厂房内管道上的眼镜阀和扇形阀,距离炉子要在 10 m 以外。

5. 盘形阀和钟形阀

盘形阀和钟形阀一般安装在脏热煤气管道上,它不是可靠的隔断装置。安装、使用盘形阀(或钟罩)连接后仍应保证盘形阀(或钟罩)不致歪斜或被卡住;拉杆穿过阀外壳的地方应有耐高温的填料盒。

6. 旋塞

旋塞一般安装在直径 100 mm 以下,用于需快速切断的支管上。一般的旋塞头部都有明显的开关标志。用于焦炉的交换旋塞和调节旋塞,应使用 20 012 Pa (2 040 mmH$_2$O)的压缩空气进行严密性实验,经 0.5 h 后,其压力降不超过 500 Pa (51 mmH$_2$O)为合格。其他焦炉煤气管道安装的旋塞,应按调节旋塞和交换旋塞分别对开和关集中不同情况,使用 10 006 Pa(1 020 mmH$_2$O)的压缩空气进行严密性实验,经 0.5 h 后,压力降不超过初始表压的 10% 为合格。

7. 盲板

盲板主要用于煤气设施检修或扩建延伸而且多年仅操作数次的部位。盲板是整圆板,其石棉绳的垫圈用两圈 3 mm 的铁丝点焊于盲板上,并用铁丝扎紧。制造盲板要求使用钢板,材质要求无砂眼、两面光滑、边缘无毛刺。同时应满足以下几点要求:小型盲板要求 1 个柄,较大盲板应设 2~3 个柄,盲板上应有一个方孔;沿盲板边缘应点焊两圈 8♯铁丝,第一圈距盲板边缘 5 mm,两圈间距 10~15 mm;盲板上应用粉线绳或浊浸石棉绳,石棉绳接头处不可交叉(绝对禁止使用钻眼盲板)。盲板垫圈是用来填补盲板抽出后的管道法兰空隙,以确保法兰严密的一种装置。垫圈一般采用 A 或 AF 钢材制作,垫圈宽度通常为 25~30 mm,制作是要求留 1~2 个柄,并用 3/8~1/2 的白色高压石棉绳沿垫圈两侧顺铺,铺满、铺平,并用麻绳缠紧,轻轻打平。此外,即按 $D=0.318S+2H-10$ mm 计算。式中,D、S、H 分别是盲板垫圈直径、实际测量的管道外圆周长、法兰螺钉孔至管道外壁的距离。垫圈厚度由法兰间空隙和垫圈直径确定,一般垫圈直径小于 1 m 时,厚度为 3 mm;垫圈直径超过 1 m 时,厚度为 4~5 mm;同时也考虑法兰间空隙,如空隙太小则应适当减薄垫圈厚度。使用盲板事故较多,抽堵盲板作业发生煤气中毒、着火、爆炸的频率较高。因此,《工业企业煤气安全规程》编制说明中指出,不提倡用盲板或闸阀后加盲板。目前,工厂使用盲板还较多,应对其严格要求和加强管理。根据盲板的受力分析,盲板厚度可按从刚性板过渡到有限刚度板状态来计算,如下式:

$$h=KD\sqrt{\frac{P}{[\sigma]}}+C$$

式中:h——盲板厚度,mm;

D——计算直径,mm;

K——系数,取 0.5(常压堵板或盖板取 0.45);

P——计算压力,MPa;

$[\sigma]$——许用压力,一般为 176.4 MPa;

C——安全裕度,一般为 1.5～2 mm。

8. 调节蝶阀

调节煤阀是调节煤气量大小的一种装置,一般用于混合站和流量计的后管道上。分别可以手动、自动和接至微机进行程控煤气的使用流量。调节蝶阀与密封蝶阀不同,它的作用不在断流而在节流,阀板和阀壳通常保留 0.25％的间隙。蝶阀节流的最佳调节位置是 45°±5°度,蝶阀开启 60°通过最大流量的 90％,超过 70°调节作用不太明显。

第三节 排水器

一、煤气管道冷凝液

工厂副产煤气,目前普遍采用湿式净化工艺,煤气管道输送的是水蒸气饱和的煤气,还含有气流携带的机械水,以及酚、氰、萘、油雾等杂质和固体尘粒,因此在管道输送过程中产生大量冷凝液,这会加速煤气管壁的电化学腐蚀;冷凝液较多时,被煤气流推动,还将产生潮涌,造成煤气压力波动;冷凝液的积聚会使管道端面减小,增加压力降,在低洼段形成水封使输气停止;严重的甚至造成管道荷载过大或管道震晃而倒塌。煤气冷凝物中萘的冷凝降影响煤气输送最为突出,尤其是焦炉煤气输送,萘是冷凝液中主要的冷凝物。在冬季,管径较小而输送距离较近的情况下,萘与油蒸汽相溶形成稠度较大的胶体黏附管壁,甚至会堵塞管道。因此,工厂室外煤气管道,每 200～250 m 间距应设置一个排水器,阀门后的车间煤气管道也应设置排水管,以排出管网中的冷凝水、杂质和污物。

二、煤气管道冷凝液排放

排水器水封的有效高度为煤气计算压力加 500 mm,但高压高炉从过剩煤气放散管算起 300 m 以内的净煤气总管,其排水器水封的有效高度应不小于 3 000 mm。

1. 排水器的原理

排水器结构见图 6-11(h 为水封有效高度)。

排水器可分低压(＜1 000 mmH$_2$O)、高压(1 000～3 000 mmH$_2$O)和自动(用于地下管器)三种。由于煤气压力不同,排水器的水封可采取单式水封和复式水封两种。煤气排水器的水封有效高度或有效压头＜1 000 mmH$_2$O 的,可采用单式的单室水封;水封有效高度＞1 000 mmH$_2$O 的,可采用复式的双室或多室水封。复式水封的原理见图 6-12。

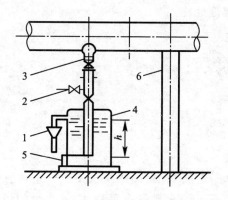

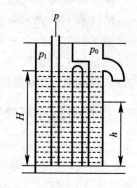

图 6-11 排水器　　　　　图 6-12 复式水封原理图
1—溢流管;2—检查管;3—闸阀;4—水封管;5—排污管;6—托架

以双室水封为例,当煤气压力 p 突破第一室水封后,在第一室水面上空间聚集形成压力,如压力不足,已突破第二室水封高度,则形成以下压力平衡:

第一室:$p = H + p_1$;

第二室:$p_1 = (H - h) + p_0$;

其中,p_0 为大气压。则相对压力;

$$p = H + (H - h) = 2H - h$$

故:
$$p < 2H$$

2. 排水器分类

排水器按其结构又可分为卧式和立式两种。

卧式排水器罐位低,便于操作和维护检查,但一旦发生超高煤气压力突破水封,会吹出卧式排水器的存水,造成煤气持续外泄,直到重新补水为止,极易发生煤气事故。所以,卧式排水器必须在确有卸压保障的煤气管网上使用,难以事先检查和预防处理,但若间断地把煤气压力升高突破水封,使插入管内的水压出并从溢流口排掉,而水位暂时下降且降低不大,一般尚能封住外泄的煤气而保证水封的有效性;如果持续时间较长,使水封不断排水,则同样会造成水封失效而发生煤气事故。

立式排水器,其插入管和复式水封的隔板若受腐蚀穿孔,会造成水封高度降低而泄漏煤气,难以事先检查和预防处理,但若间断地把煤气压力升高突破水封,使插入管的水压出并从溢流口排掉,而水位暂时下降且降低不大,一般尚能封住外逸的煤气而保证水封的有效性;如果持续时间较长,使水封不断排水,则同样会造成水封失效而发生煤气事故。

3. 煤气管道冷凝液排出口应满足的技术要求

(1)连续性排放;

(2)排放时只能排放冷凝液不能排放煤气;

(3)便于检查排放口是否堵塞;

(4)排放液中的溶解煤气不迁移他处;

(5)排放液不扩大污染区域;

(6)便于日常检查和定期清扫工作;

(7)设备加工制作简单,方便维修;

(8)节约能源,维持费用低。

三、煤气管道冷凝液有害成分

煤气管道冷凝液的排放,应考虑冷凝液所含有害成分的危害。焦炉煤气冷凝液中含有挥发酚、硫化物、氰化物、苯等有害物质,高炉煤气冷凝液中含有酚、氰、硫等有害物质,转炉煤气冷凝液中含有硫、铅、锌等有害物质,铁合金炉煤气冷凝液中含有硫、铅、铬等有害物质,因此其排放必须符合国家标准要求。此外,冷凝液中的溶解气体,排放时随压力降低会释放出来,其中一氧化碳、硫化氢、氨、苯、甲苯和酚等,经呼吸道会滞留在不通风处(如地下井、阀市等闭塞场所)使人窒息,局部还可能达到爆炸范围,有引起着火、爆炸的危险,因此,煤气管道排污区域应视为煤气危险区域来管理,其排放不得与生活下水道相连通,并限制就地或在有限范围内集中处理。

四、煤气管道冷凝液排放工艺选择

对于如何防止管道积水,煤气管道有两种工艺布置方式。

1. 波浪式排放

将煤气管道分段,每200~250 m设置一个低洼排水点,每个排水点两侧的煤气管道倾斜的坡度分别>0.03,通常最高点就在煤气管道的固定支架处。整个管线呈上下起伏的波浪形。

2. 水平式排放

煤气管道水平铺设,每100~150 m设置一个排放点。

两种工艺比较,水平式排放显然具有很多优点,可归纳为:

(1)水平式排放口多一倍,在相同的条件下冷凝液排放快。

(2)如果排放口出现堵塞,水平式排放可由相邻排放口承担,排放时间可能延长,但不致造成恶性后果;波浪式排放则不然,积液不超过高标位管道不能溢流,轻则造成压力波动,重则切断煤气流,甚至管道坍塌。

(3)为配合水流方向,波浪式排放管线部分补偿器导向板逆向安装,增加煤气摩擦阻损。

(4)为保持水流坡度,波浪式排放在煤气管道支架的设计、施工中增加了不必要的麻烦和工作量。

(5)波浪式排放使一半以上的管段水、气逆向流动。使冷凝液不能畅流,其中的固形物和胶质体滞留下来,增加管道内壁粗糙度;管道存在低洼段也必然集中沉积物使排放口易于堵塞。

五、煤气管道冷凝液排放工艺要求

(1)煤气管道的冷凝液排放点设集液漏斗与下水管法兰或阀门连接,以备必要时切断。

(2)应尽量避免排水口与排水器垂直连接,以免排水器基础下沉时给煤气管道增加局部荷载,这对煤气管道伸缩也有影响。

(3)在下水管与排水器的连接处应设有阀门,以便清扫排水器时切断煤气。

(4)下水段的下部阀门上方安装带阀门的试验管头,做排水工况检查使用。

(5)排水器应定期清扫,所以排水器筒体下部应设清扫孔,上部有通风孔;焦炉煤气冷凝液排水器应有备用气源。

(6)复式排水器的溢流口不得低于前室溢流口,以便必要时从后部补水。

(7)排水器的溢流管应与受水端面保持一定间隔,以便溶水气体散发,禁止将溢流管延伸至下水道,防止出现虹吸现象。

(8)冬季寒冷地区集液漏斗的下部应有保温措施。使用蒸汽采暖时可将排水器设于专门的室内;也可以放置露天,但应注意设备下部的采暖;如果通汽直接加热排水,应防止出现真空和虹吸现象。

(9)冷凝液中含有害物质超过排放标准时应就近设积水池,定时抽运到处理场。一般焦炉煤气,混合煤气冷凝液送焦化脱酚设施集中处理,其他煤气冷凝液经稀释后即可排放。

(10)共架管道的公用排水器,水封高度以高介质压力的煤气计算压力为准,排水按污染较重的煤气冷凝物考虑。

排水器不应设在生活间窗外或附近地区,以免煤气泄漏,造成人员中毒;设于室内的排水器,应有良好的通风条件;排水应集中处理。

六、煤气管道排水器事故处理

1. 排水器下水管堵塞的主要原因及应采取的措施

排水器长期没有清扫,致使筒内污物沉积太多发生堵塞时,应清扫排水器,并通过通体受孔振动或敲打下水管,畅通后,重新注水运行;煤气中焦油、萘等太多造成下水管下半部堵塞时,应将下水管头道闸阀关上,通过试验头通入大量蒸汽,待下水管畅通后,打开排水器手孔的放水头,将筒内污水防净,然后重新注水投入运行;上半部堵塞时,应将下水管第二道闸阀关上,通过试验头通入蒸汽处理;若管道施工检修时遗留物品造成排水器下水管堵塞,通常采用钻孔的方法取出,或在头道阀门处堵盲板处理。

2. 煤气管道排水器冒煤气的主要原因及处理方法

由于误操作,鼓风机升压过高造成排水器外跑冒煤气;低压煤气管网串入了大量的高炉煤气,会在排水器部位跑冒煤气;排水器水封、筒体、隔板等处腐蚀穿孔使排水器有效高度不够,导致跑冒煤气;自动排水器失灵、设备冻坏排水器保温气量过大而又无法充水,也会有煤气从排水器冒出。处理排水器冒煤气故障,应先将排水器下水管开闭器关上,查找故障原因;作好防护准备工作,作业区域严禁火源,禁止行人通过以免煤气泄漏对人造成伤害;作业人员应戴好防护用具,作业时要两人以上,设专职监护。

第四节　放散装置

放散管可分为煤气调压放散管、事故放散管和吹刷放散管。

一、煤气调压放散管

煤气调压放散管又称过剩煤气放散管,应安装在净煤气管道上,并设有点火装置和灭火设施;一般与周围建筑物水平净距离不小于 15 m,其管口高度应高出周围建筑物,距地面不少于30 m,山区可适当加高;所放散煤气必须点燃,煤气出口速度应大于火焰传播速度;放散管管径应根据燃烧器及净煤气总管之间的压力降来确定。

煤气调压放散管是作为特殊情况下采用的调节煤气、稳定管网压力的一种手段,也就是煤气产量超过煤气消耗量而产生剩余煤气时,则将多余的煤气放掉,以维持煤气系统平衡的手段。一般采用燃烧放散的方式。煤气调压燃烧放散装置见图 6-13,一般包括放散管切断装置、流量孔板压力调节蝶阀、燃烧器、点火器及灭火装置等。

高炉煤气剩余煤气放散管主要是为适应高炉休风时能迅速地将煤气排入大气而设置的,一般都设在煤气上升管顶端,除尘器的圆锥体处或洗涤塔顶部,以及切断装置圆筒的顶端等处。其煤气出口应大于火焰传播速度,否则将引起回火。当煤气出口速度低于燃烧速度时,可使用蒸汽灭火,停止燃烧。一般大、中型高炉燃烧器煤气出口速度为 35~40 m/s。热风炉煤气阀,设在燃烧阀与切断阀之间的煤气旁通管道中部,当热风炉燃烧阀与切断阀都关闭时可放掉两阀之间管道中留存的煤气,以防两阀关闭时从阀口窜入煤气管道而造成煤气爆炸事故。

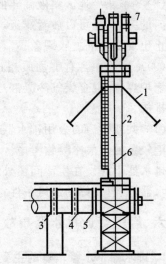

图 6-13　煤气调压放散装置
1—燃烧器;2—前散管;3—通道;4—能量指标;
5—调节蝶阀;6—灭火器汽管;7—净阀

二、事故(非常)放散管

当活塞到达上部极限位置而煤气继续向煤气柜输入时,为了不再让活塞继续上升,以保护煤气柜设备的安全,可在煤气柜的侧壁上部设置非常用煤气放散管,将这些煤气放散到大气中去。

煤气柜一般还设有三种放散管：

（1）煤气柜出入口管放散管，它是作为与煤气柜活塞高位相联锁的放散管，活塞超过高位，联锁自动放散煤气。

（2）柜顶煤气放散管，煤气柜及系统出故障，煤气柜活塞超过高位而撞上柜顶煤气放散管，可放散出大量煤气。

（3）置换用放散管，煤气柜检修时，活塞下降到柜底，用氮置换煤气或空气用的放散管。

事故放散管通常还安设在洗涤塔顶，在管内压力超过最大工作压力时，可进行人工或电动放散。

三、吹刷放散管

这是煤气设备和煤气管道置换时的吹刷装置。吹刷放散管供置换气体使用，平时处于常闭位置，绝不允许作放散煤气用。在煤气设备及煤气管道最高处、煤气管道及卧式设备的末端、煤气设备和管道的隔断装置的前面以及管道易积聚煤气而吹不尽的部位，均应安设放散管。放散管口必须高出煤气管道、设备和走台 4 m，离地面不小于 10 m。放散管的闸阀前应装设做爆发试验的取样管。放散管口应采取防雨、防堵塞措施。煤气设施的吹刷放散管不能共用。禁止在厂房内或向厂房内放散煤气。煤气管道末端吹刷放散管见图 6-14。

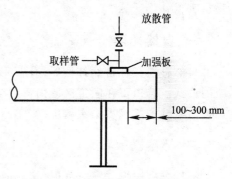

图 6-14　管道末端吹刷放散装置

第五节　补　偿　器

工厂煤气管道必须考虑管道受环境气温影响和输送介质温度变化的影响而发生热胀冷缩的数值，称为管道补偿量。其计算式如下：

$$\Delta L = \alpha(t_1 - t_2)L$$

式中：ΔL——管道补偿量，cm；

α——管道线膨胀系数，当 $t \leqslant 75 ℃$ 时 $\alpha = 1.2 \times 10^{-3}$ cm/(m·℃)；

L——管道计算长度，m；

t_1——管壁计算最高温度，对于冷煤气管道，考虑太阳辐射或蒸汽吹刷，t_1 可取 60 ℃；

t_2——当地采暖室外计算温度。

以上 t_1、t_2 是按工厂一般为冷煤气管道考虑的，如输送热介质，则$(t_1 - t_2)$应为输送热介质使管壁升高的温度。

例如:2 m 长 A_3 无缝管,因输送热介质,温度升高 200 ℃时,钢线膨胀系数取 0.001 2 cm/(m·℃),弹性模数为 $2×10^6$ kg/cm²,则按上式可得:

$$\Delta L = 0.001\ 2×200×2 = 0.48\ cm$$

按虎克定律: $$\sigma = \varepsilon E$$

式中:ε——管道相对变形量,$\varepsilon = \Delta L/L$;

E——弹性系数。

则 $$\sigma = 2×16^6× \frac{0.48}{200} = 4\ 800\ kg/cm^2$$

显然,如不考虑补偿量,则受热温度升高 200 ℃,产生应力已超过 A_3 钢极限强度,势必使管道遭到破坏,导致严重的事故。

设计建设工厂煤气管道和进行管道布置时,应首先考虑自然补偿,在自然补偿不能满足要求的情况下设置补偿器。根据确定的线路和跨度来布置管道支架,同时必须进行管道补偿计算。

一、自然补偿

自然补偿又称自然补偿器,有 L 形、Z 形等布置形式。它主要是考虑煤气管道支架的形式。管道可在固定区段内自由变形,但仍受部分半绞接支架约束,为此可多采用近似悬臂或摇摆支架来解决。

二、补偿器

补偿器有波形、鼓形、方形、填料形等。一般采用波形、鼓形,室外用填料形。补偿器见图 6-15。

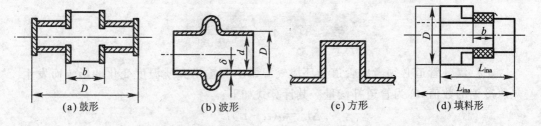

图 6-15 补偿器

补偿器安装时应进行冷紧,以便发挥补偿器的作用,减少管道安装补偿器数量。冷紧时调整的数值,根据安装时大气温度进行调整。其拉伸或压缩数值可用下式计算:

$$\Delta L_t = \frac{\Delta L[(t_1 - t_2)×12 - t]}{t_1 - t_2}$$

式中:ΔL——补偿器采用的补偿量,cm;

t——冷紧时的大气温度,℃;

t_1——管壁计算最高温度,℃;

t_2——当地采暖室外计算温度，℃。

安装补偿器时要把套管活动端装在背向煤气的方向，补偿器与管道尽量避免法兰连接，两固定支架间应设同类补偿器。安装鼓形补偿器时，应在补偿器附近设人孔和梯子平台，并每年应换油一次。填料补偿器每两年要换一次填料。

补偿器，宜选用耐腐蚀材料制造；应有利于煤气管道的气密性，尽量不增加煤气管道的泄漏点，在承受煤气计算压力下不产生泄漏；带填料的补偿器，需有填料紧密程度的压环，补偿器内及煤气管道表面应经过加工，厂房内不得使用带填料补偿器；补偿器的能力不得少于计算补偿量的要求；补偿器的导向板必须与管道同心，安装前应认真检查四周间隙并清除杂物，确保伸缩无阻；补偿器的使用寿命，应与煤气管道使用周期匹配，且维护简便。

第六节　其他附属装置

一、蒸汽管、氮气管

在煤气设备及管道上安设蒸汽管或氮气管主要有三个作用：置换、保压、清扫。所以，具有下列情况之一者，煤气设备及管道应安设蒸汽或氮气管接头。

(1)停、送煤气时需用蒸汽或氮气置换煤气或空气者；

(2)需在短时间内保持煤气正压力者；

(3)需要用蒸汽扫除萘、焦油等沉积物者。

蒸汽或氮气管接头应安装在煤气管道的上面或侧面，管接头上应安旋塞或闸阀。

为防止煤气串入蒸汽或氮气管内，只有通蒸汽或氮气时，才能把蒸汽或氮气管与煤气管道连通，停用时必须断开或堵盲板。

蒸汽、氮气等辅助管线与煤气设备或管线连接时，如有发生倒流的可能，则应在辅助管线上安装逆止阀。另外，生产与生活用管线或生产与置换、吹刷用管线，最好能分开，各成系统，避免互窜酿成事故。

二、防爆装置

煤气设备上经常使用的防爆装置有安全阀和防爆片。

1. 安全阀

安全阀是在高压设备和容器内的压力超过一定限度时能自动开启排泄气体，降低压力，防止设备和容器破裂爆炸的一种装置。

安全阀的选用需考虑泄压压力的大小。泄压口径应能保证在泄漏最大流量时压力不会上升，泄压压力是工作压力的 $1.05\sim1.1$ 倍。通常煤气站用弹簧安全阀和杠杆安全阀；煤气系统的设备、管道应选用铝板防爆阀作泄压装置，安装前应进行爆破试验。

安全阀的检验期为 6～12 个月,由计量部门批准的单位负责检验,检验时要有标准的试验平台,合格的安全阀必须加铅封,并附合格证。

安全阀的主要故障有不泄压、漏气、压力不稳定等。造成不泄压的原因是校正不准,压力表指示有误差,出现这种情况时,只要换一只检验好的与阀的泄压压力相适应的表即可。泄气的主要原因是阀心不严,弹簧质量不好,应找钳工修理,修理好后再进行检验。弹簧疲劳老化或内部锈蚀是造成安全阀泄压压力不稳定的原因,须进行修理、清除或更换安全阀。

2. 防爆片

防爆片是在设备、管道压力升高可能引起爆炸的情况下,通过自身爆破来达到降低压力,防止设备和容器破裂爆炸的一种装置。在有重大爆炸危险性的设备、容器和管道中,均应安装。防爆片的防爆效果取决于它的材质和厚度。防爆片一般可由石棉板、塑料板、铜板、铝板等多种材质制成,选择的原则是节约而有效。要求选用能保证在容器内增压不超过 25% 时自行爆破,且价格低廉的防爆片。防爆片动作的灵敏度取决于它的厚度和面积,厚度薄、面积大、灵敏度高,则泄压效果好。

安全防爆片首先要选择合适的位置,一般选在泄压效果好的地方,即安装在爆炸中心的附近,通常是在容器的顶部。如果设备需要连续作业,安装时要增设排气管,直接通到室外,并在防爆片的排气管上安装闸阀,正常情况下,一个闸阀开启,另一个要关闭;当防爆片爆破时,必须关闭防爆片闸阀,开启排气管闸阀,这样做就不会影响生产的正常进行。煤气管上的防爆片,要装在煤气管道的尽头或弯头处,并装防护罩,以免防爆片爆破时碎片伤人。

三、人孔、检查管

1. 人孔

人孔应接装在切断装置之后、补偿器附近、设备的顶部和底部、煤气设备和管道经常需要检修的地方。煤气设备或单独的管段上人孔一般不少于两个,人孔直径应不小于600 mm。直径小于 600 mm 的煤气管道设手孔时,其直径与管道直径相同。人孔和手孔盖板上应安装吹刷头。

2. 检查管

检查管应设在容易积存沉淀物的管段上部。

四、流量孔板

流量孔板是测量流量的一次元件,安装流量孔板应符合下列要求:

(1)流量孔板应安装在直管段上,孔板前直管段长应大于或等于 10 倍的管径,孔板后直管段长度大于或等于 5 倍的管径;

(2)流量孔板安装方向是锐孔面向煤气来源方向;

(3)孔板前应设排水器,以防孔板前积水造成流量计量不准等故障;

(4)孔板前后压力取出口应紧靠法兰,不应伸进管道内。

五、接地装置

为了防止煤气管道雷击和静电产生火源,一般在 300 m 的范围内铺设一处接地装置,接地装置安装后测试的对地电阻不超过 10 Ω。

六、管道支架

管道支架可分为三大种类:

(1)固定支架,管道在横向与轴向均为固定,可承受管道横向或轴向推力,在管道需固定时采用这种支架。

(2)单向活动支架,管道在轴向可任意变位,横向不能变位。根据结构又分为导向刚性、导向柔性和半铰接支架三种。

(3)双向活动支架,管道在横向与轴向均可任意变化。根据结构又分为刚性、摇动吊梁与摇摆支架三种。

七、操作平台与梯子

操作平台的安装位置通常是检查、操作、清扫和维修的部位,如切断装置、流量孔板、补偿器、人孔、放散管、取样点等处。经常工作的平台,如抽堵盲板点位、关开眼镜阀的平台应安装 45°斜梯。平台直梯应设安全围栏。

八、管道标志和警告牌

根据 GB 2894—2008 规定,安全标志是传播安全信息的标志,是为了促使人们对威胁安全和健康的物体或环境尽快作出反应,以减少或避免发生事故。安全标志以安全色、边框和图像为主,要由特征图形符号或文字构成,用以表达特定的安全信息。同理,煤气管道标志和警告牌也是为了引起人们对不安全状态的注意,促使人们提防可能发生的危险,预防事故的发生。所以《工业企业煤气安全规程》规定:厂区主要煤气管道应标有明显的煤气流向和种类的标志。所有可能泄漏煤气的地方均应挂有提醒人们注意的警告标志。

第七章

煤气事故的预防与处理

第一节　煤气中毒

一、煤气中毒的概念

1. 什么是中毒

机体过量或大量接触化学毒物,引发组织结构和功能损害、代谢障碍而发生疾病或死亡的现象,称为中毒。在劳动过程中,工业毒物对人体的作用而引起的中毒叫职业中毒。一氧化碳是毒物的一种。在钢铁企业中,煤气中毒实质指的就是一氧化碳中毒。

2. 一氧化碳的产生和特性

含碳物质在燃烧过程中,因空气不足,不能充分燃烧时,会产生一氧化碳。

一氧化碳是一种无色、无味的有毒气体,质量密度为 0.96,比空气轻。当一氧化碳被人体吸入后,就会引起中毒。

二、煤气中毒机理

(一)有害气体的基本概念

1. 按对人体的作用

有害气体可分为以下三类。

(1)窒息性气体:

①单纯窒息性气体。其本身毒性很小或无毒,但由于它们的大量存在而降低了含氧量,人因为呼吸不到足够的氧而使机体窒息。如甲烷、氮气等。正常空气中氧的含量为 21%,空气中氧含量低于 17% 时,即可发生呼吸困难,低于 10% 时会引起昏迷,甚至死亡。

人体缺氧症状与空气中氧浓度的关系见表 7-1 所示。

表 7-1 人体缺氧症状与空气中氧浓度的关系

氧浓度/%	主要症状
17	静止状态时无影响,工作时会引起喘息、呼吸困难、心跳加快
15	呼吸与心跳急促,耳鸣,目眩,感觉及判断能力减弱,肌肉功能被破坏,失去劳动能力
10~12	失去理智,时间稍长即有生命危险
6~9	失去知觉,呼吸停止,心脏在几分钟内还能跳动,如不进行急救,会导致死亡
<6	立即死亡

②血液窒息性气体。这类气体主要对红血球的血红蛋白发生作用,阻碍血液携带氧的功能及在组织细胞中释放氧的能力,使组织细胞得不到足够的氧而发生机体窒息,如一氧化碳。

③细胞窒息性气体。主要因其毒作用而妨碍细胞利用氧的能力,从而造成组织细胞缺氧而产生所谓"内窒息",如硫化氢、氰化氢等。

(2)刺激性气体

①刺激上呼吸道的气体,如氨、二氧化硫等。

②刺激肺脏的气体,如光气、二氧化氮等。

(3)对中枢神经有损伤的气体,如苯、汽油等。

2. 有害气体侵入人体的途径

(1)吸入。有害气体通过呼吸器官进入人体即为吸入,这是有害气体进入人体的主要方式,如一氧化碳、二氧化碳、二氧化硫、硫化氢及汽油、环烷烃等。

(2)由皮肤侵入。人的皮肤有许多毛细孔与体内相通,某些有毒气体能通过毛细孔进入人体内,如氨气、硫化氢、二氧化硫等。

(3)吞入。有些可溶性气体,如氨气、硫化物气体、氮化物气体等,形成溶液,通过口腔进入人体即为吞入。

(二)一氧化碳中毒机理

CO 具有多种引起缺氧的作用,是一种较强的窒息性毒物。正常时人体中 HbO_2(氧合血红蛋白)和其他正铁血红素分解产生的 CO 反应生成 HbCO(碳氧血红蛋白),其体积分数为 0.5%。只要 HbCO 不严重地干扰血液中 O_2 的运输,即 HbCO 的体积分数低于 20%,是相对无害的。

CO 与 Hb(血红蛋白)结合成 HbCO,CO 与 Hb 之间的亲和力要比 O_2 与 Hb 的亲和力大 200~300 倍。CO 与 Hb 结合的速度比 O_2 与 Hb 结合的速度快,所需时间仅为后者的 1/10。当吸入 CO 后,血浆中 CO 便迅速把 HbO_2 中的 O_2 排挤出来,形成 HbCO。CO 亦和肌红蛋白(Mb)结合,其化学亲和力为氧的 30~50 倍。一旦结合后也形成 HbCO 和 MbCO。CO 的解离是较缓慢的,排出方式主要是通过肺。清除 CO 的速度取决于血液和肺泡空气间的 CO 压差和通气功能。在常压下,HbCO 脱离速度

仅为 HbO_2 的 1/3 600,空气中 CO 由血液释放的半量排除期平均为 320 min;全部排除需数小时,甚至 24 h 以上。而且 HbCO 存在时,又能阻碍 HbO_2 的解离,从而加重组织缺氧。如吸入一个大气压的纯氧可缩短排除期至 80.3 min,吸入三个大气压的纯氧可缩短到 23.3 min。这是高压氧治疗 CO 中毒的理论基础。

吸入较高浓度的 CO 还会与还原型细胞色素氧化酶的两价铁结合,使细胞呼吸受到抑制,故 CO 是细胞原浆毒物,对全身组织均有毒性作用,尤其对大脑皮质层的白质和苍白球等影响最为严重。

CO 中毒后,受损最严重的是对缺氧最敏感的中枢神经系统及心肌。

(1)CO 对中枢神经系统的影响。CO 中毒所引起的低氧血症,对中枢神经系统影响最大。急性 CO 中毒 24 h 内死亡者,脑部血管先发生痉挛而后扩张,渗透性增加,重者出现血管内皮细胞肿胀、环形出血、小血管内血栓形成、脑水肿等症状。中毒 48 h 可使苍白球双侧坏死,中毒数日后大脑半球的白质有明显的散在性坏死灶,白质中胶质细胞增生。严重病例大脑的白质会有广泛脱髓鞘改变,大脑皮质、小脑皮质以及脑干其他部位会有轻度变化,脊髓前角细胞、周围神经可见退行性病变。

(2)CO 对心肌的影响。由于 HbCO 浓度升高,使心肌缺氧,造成能量产生下降,快反应细胞变为慢反应细胞。另外,由于心肌的无氧酵解增加,造成乳酸堆积,使心肌细胞自律性增加,致使心律失常。

CO 对心肌解剖也有影响,最常见的是心室乳头肌的顶部偶尔可形成冠状动脉血栓。动物试验显示,在中等浓度的 CO 中,动物心肌即发生改变。将家兔暴露在饱和体积分数在 16%～18% 的 HbCO 中,持续两周,便可见肌丝局灶性坏死及线粒体变性,如肿胀、线粒体融合及界膜消失等,其他改变有细胞内外水肿及脂质颗粒增加,小冠状动脉水肿形成"疱"样及心肌细胞变性。

三、煤气中毒症状

(一)一氧化碳中毒程度分类

煤气中毒的症状与人的身体强弱、空气中 CO 的浓度及中毒时间的长短有关。煤气中毒有急性和慢性两种。

1. 急性 CO 中毒

是指空气中 CO 浓度较高,人在较短时间内吸入了大量 CO,所表现的中毒症状为急性中毒。急性中毒的患者,虽然是由于人体缺氧而引起,但在外表上却不像一般窒息的病人,皮肤、黏膜、手指的颜色不发青紫,而是鲜红色。但往往皮肤上有紫红色的斑点,也可能有水泡形成,尤其在手、足部的皮肤最多见。

急性煤气中毒的另一种情况是空气中 CO 浓度较低,而吸入时间较长,就可能发生轻度中毒现象,如轻微的头痛、头晕、眼花、全身无力,在作业中感到呼吸有些急迫短促,若继续在这种环境中工作下去,则头痛、头晕渐渐加重,可能出现耳鸣、恶心、呕吐,以致神志渐渐不清,最后人昏倒,同时呼吸、心跳也逐步变弱,如不及时抢救,最后会因呼吸、心跳停止而死亡,见表7-2。

表 7-2 不同浓度的一氧化碳对人体有如下影响

CO 在空气中的浓度		吸入时间和中毒症状
0.02%	200 ppm	吸入 2~3 h,轻微头痛
0.04%	400 ppm	吸入 1~2 h,开始前额痛
0.08%	800 ppm	吸入 45 min,头晕恶心、痉挛;吸入 2 h,失去知觉
0.16%	1 600 ppm	吸入 20 min,头痛恶心、痉挛;吸入 2 h,死亡
0.64%	6 400 ppm	吸入 1~2 min,头痛、头晕;吸入 5~10 min,死亡
1.28%	12 800 ppm	吸入 1~2 min,死亡

2. 慢性 CO 中毒

是指空气中 CO 浓度较低,人体吸入的 CO 时间较长时,而发生轻度中毒症状:头疼、头晕、全身无力。

中毒者在数天后才出现症状,如经常性的头晕、视力减退,甚至变成呆痴,还有可能肢体发生麻痹和 CO 性脑炎,这些症状大多数都会慢慢地恢复,但也有少数不能恢复而引起后遗症。

慢性煤气中毒的另外一种情况就是人们长期在含有低浓度 CO 的空气中进行工作,每天要吸入少量的 CO,长期以后可能引起慢性中毒,主要症状为:贫血、面色苍白、心悸、疲倦无力、消化不良、呼吸浅表、体重减轻、头痛、失眠、记忆力减退等。

(二)急性 CO 中毒症状的分类

急性中毒发病较急,症状严重,通常分轻、中、重三级。

1. 轻度中毒

血液碳氧血红蛋白浓度小于 30%。中毒者出现头痛、头昏、头沉重、恶心、呕吐、全身疲乏等;有的出现轻度至中度意识障碍,但不会昏迷。中毒者离开中毒场所,经过治疗或不治疗,数小时后或次日即可好转。

2. 中度中毒

血液碳氧血红蛋白浓度为 30%~50%。中毒者除上述症状加重外,面部呈樱桃红色,呼吸困难,心律加快,意识障碍表现为浅至中度昏迷,经抢救可恢复,且无明显并发症者。

3. 重度中毒

血液碳氧血红蛋白浓度高于 50%。患者深度昏迷或有意识障碍,且具有下列症状之一:(1)脑水肿;(2)休克或严重的心肌损害;(3)肺水肿;(4)呼吸衰竭;(5)脑局灶损害,如锥体系或锥体外体系损害体征。中度中毒死亡率高,存活者也常有后遗症。

长期接触 CO 能否造成慢性中毒以及对心血管是否有影响,还待进一步研究。

利用各种动物 CO 反应的敏感性可以鉴别 CO 含量的大致范围。对于没有血红蛋白的昆虫类,即使在 CO 为 80%、O_2 为 20% 的气体中,也能毫无异样地存活下来。CO 对冷血动物的作用也较弱,蛙类的耐受能力是热血动物的 1 000 倍,冬眠动物抵抗力也很大。

国标《工业企业煤气安全规程》规定:作业环境一氧化碳最高允许浓度为 30 mg/m³(即为 24 ppm)。

四、造成煤气中毒事故的原因

钢铁企业发生煤气中毒事故的原因复杂,与设备状况、工作环境、人的行为(精神状态、违反规章制度)、突发事件等因素有关。简单地说,既有设备造成的客观原因,也有人的行为造成的主观原因。

(一)造成煤气中毒事故的客观因素

(1)CO 是无色、无味、有毒的气体,会使人在不知不觉的情况下中毒;

(2)高炉、焦炉、转炉煤气比重分别为 1.03、0.36、1.04,比空气轻,遇到阴、雨、雪、雾及寒冷天气,CO 不易扩散,就会慢慢聚集在地面 1.5 m 左右,正好是人体呼吸带附近,很容易被人体吸入而引起中毒;

(3)一氧化碳中的碳与人体血红蛋白的结合力比氧与血红蛋白结合力快 200~300 倍,分解速度则为 1/3 600,从而引起人体缺氧窒息中毒。

(二)造成煤气中毒事故主观因素

(1)贯彻执行规章制度不严不细,违规作业,进入煤气地区作业不进行 CO 检测。

(2)煤气设备泄漏没有及时发现,或发现后未及时处理,造成工作环境污染。

(3)在煤气地区、设备附近乘凉、取暖、休息、睡觉。

(4)在停送煤气或煤气地区作业时,不注意风向,或设备内的残留煤气处理不彻底,没有严格执行检测、检查制度。

(5)在煤气地区作业,当煤气超标时,强行蛮干,不采取个人防护措施,不佩戴防毒面具,不进行强行通风等措施。

(6)吹扫煤气管道(设备)的蒸汽未及时断开,当蒸汽压力低于煤气压力时,造成煤气倒窜到蒸汽管道,引起中毒。

(7)用水封煤气管道、设备时,由于水压低,煤气倒窜到水管中,引起中毒。

(8)煤气管网、V 形水封、排水器,缺乏管理,检查不到位,造成亏水,补水量不足,使大量煤气泄漏。

(9)当煤气管网压力波动大,或煤气压力超过水封高度要求时,造成水封水位被击穿,煤气泄漏。

(10)作业人员对煤气性质及安全防护知识认识不足,自我保护意识差。

(11)煤气地区的管道、设备附近未设明显警示标志,致使他人贸然进入煤气地区或乱动煤气设备设施。

(12)在煤气管道下、排水沟、暗井处私搭乱建房屋、办公室引起中毒。

五、煤气中毒事故预防

(1)严格执行煤气安全操作规程。

(2)从事煤气作业人员上岗前，必须经过煤气安全知识教育考试合格，否则不能上岗工作。

(3)在煤气设备上抽卡盲板、动火检修，必须经总公司安全处有害气体检查站办理申请手续，审批后，煤气防护人员到现场监护，否则不能工作。

(4)煤气设备管道打开人孔时，要侧开身子，防止煤气中毒和氮气窒息，检修人员进入煤气设备内部工作，必须检测一氧化碳浓度，合格后方可作业。

(5)对煤气设备，特别是室内煤气设备，应有定期检查泄漏规定和要求，发现泄漏及时处理。

(6)对新建、扩建、改建或大修后的煤气设备，在投产前必须进行气密性试验，合格后方可投产，试验时间为 2 h，泄漏率小于 1％/h。

(7)发现煤气泄漏或带煤气作业时，必须佩戴防毒面罩。

(8)严禁在煤气地区停留、睡觉或取暖。

(9)煤气岗位人员检查时，必须携带 CO 报警器，发现 CO 超标及时处理。

(10)蒸汽管道不能与煤气管道长期联通，防止煤气倒窜造成煤气中毒，水管应装逆止阀，以防断水时倒窜煤气。

(11)煤气地区应悬挂明显的安全警示牌，以防误入造成煤气中毒。

(12)煤气排水器应定期检查溢流情况。冬季要伴随蒸汽保温，避免因亏水造成煤气压力超过水封的安全要求，使水封被压穿。

(13)在煤气放散过程中，放散上风侧 20 m、下风侧 40 m 禁止有人，并设有警示线，防止误入。

(14)高炉出铁口外溢煤气，要用明火点燃。到炉身以上工作时，要两人以上，携带监测仪。

(15)高炉洗涤区域排水沟，是极易发生泄漏煤气的地方，因此禁止在排水沟周围停留，排水沟沿线 10 m 以内，不准搭建房屋或临时板房；煤气管道下严禁有房屋建筑。

(16)热风炉开炉点火前，要按工艺要求进行烘炉和烟道烘烤工作，烟道要有足够负压，避免废气外溢造成煤气中毒。

(17)煤气鼓风机、加压机的轴头密封要严密，防止因泄漏发生煤气中毒。

(18)当空气中一氧化碳的浓度低于 160 ppm 时，作业人员要严格执行国家对一氧化碳浓度作业时间规定：

①一氧化碳浓度达到 160 ppm 可工作 15～20 min。

②一氧化碳浓度达到 80 ppm 可工作 30 min。

③一氧化碳浓度达到 40 ppm 可工作 60 min。

④一氧化碳浓度达到 24 ppm 以下可连续工作。

(19)在生产、操作、施工中,如一氧化碳浓度超过 160 ppm 时,宜采取通风或佩戴防毒面罩的措施。发生煤气中毒事故时,抢救人员须佩戴氧气呼吸器或空气呼吸器。在煤气设备(管网)发生煤气泄漏时,严禁冒险抢救或进入泄漏区域。

(20)采用 V 形水封与隔断装置并用的煤气切断方式,不准单独将 V 型水封作为切断装置使用。使用 V 形水封时,补水量要充足,必须保持高水位溢流,泄水管不准泄水,水封要设专人检查监护,防止水封亏水。

21. 建立煤气中度事故的抢救和急救体制,配备必要的防护器具和急救器材,如 CO 检测仪、防毒口罩等,平时要经常检查,确保器具有效。佩带时,也须认真检查,尤其注意不准在煤气危险区摘掉口罩、鼻夹或面具。进入高浓度一氧化碳环境工作时,一定要戴好防毒面罩,并有足够的监护和抢救措施。

六、煤气中毒事故抢救

煤气中毒事故的现场与一般事故发生后的现场不同,爆炸、坍塌、机械事故等发生后现场不保持原有的危险状态,而中毒事故发生后现场一般保持原有的危险状态。所以,进行中毒事故现场抢救时,救护人员首先应作好个人自身的保护。

(1)将中毒患者迅速救离现场,如在室内应移至室外或通风。

(2)抢救煤气中毒者时,应根据其中毒轻重程度采取相应的处理措施。

(3)对于轻度中毒者,如出现头痛、恶心、眩晕、呕吐等,吸入新鲜空气或进行适当的补氧,其症状即可迅速消除。

(4)对于中度中毒者,如出现意识模糊、失去知觉、口吐白沫等症状,应立即进行现场输氧,待其恢复知觉、呼吸正常后,再送附近卫生站治疗。如用高压氧舱治疗。

(5)重度中毒者,如出现失去知觉、呼吸停止等症状时,应立即实行人工呼吸或强制苏生;在恢复知觉之前,不准用车送往较远医院;中毒者身上没有出现尸斑或未经医务人员允许,不得停止急救。

(6)抢救中毒人员同时,应对事故现场进行控制,严禁火种和其他人员进入,保持现场空气流通,室内应打开门窗通风,将有害气体排出与稀释,难以进行自然通风的场所,应采取人工强制通风。

(7)严格检查事故现场,找出泄漏点进行修复。

进行人工呼吸时,患者常会持续很久才自发呼吸。在停止吸入一氧化碳后,最初 1 h 内约可排出一氧化碳的 50%,但碳氧血红蛋白全部离解则需要几小时,甚至一昼夜以上,所以应让患者有充分的休息时间。一氧化碳中度严重时,会使脑细胞受损害,造成智力减退、轻瘫甚至变为植物人,因此应及时抢救。但一般的中毒不会有遗留症。

七、人工呼吸救护法

1. 做人工呼吸须具备的五个条件

(1)患者呼吸道畅通,空气容易入出。

（2）解开患者衣扣,防止胸部受压,使其肺部伸缩自如。

（3）操作适当,不能造成肋骨损伤。

（4）每次压挤胸或背时,不能少于1/2的正常气体交换量。

（5）必须保持足够时间,只要病人还有一线希望,就不可随意放弃人工呼吸。

2. 进行人工呼吸前应注意事项

（1）清除病人口、鼻内的泥、痰、呕吐物等,如有假牙亦应取出,以免假牙脱落坠入气管。

（2）解开病人衣领、内衣、裤带、乳罩,以免胸廓受压。

（3）仰卧人工呼吸时必须拉出患者舌头,以免舌头后缩阻塞呼吸。

（4）检查患者胸、背部有无外伤和骨折,女性有无身孕,如有,应选择适当姿势,防止造成新的伤害。

（5）除房屋倒塌或患者处于有毒气体环境外,一般应就地做人工呼吸,尽量少搬动。

3. 口对口吹气人工呼吸法

病人应置于空气新鲜的地方,让病人仰卧位,急救者跪在患者身旁(或取合适姿势),先用一手捏住患者的下巴,把下巴提起,另一只手捏住患者的鼻子,不使其漏气。进行人工呼吸者,在进行前先深吸一口气,然后将嘴贴紧病人的嘴,有条件时可盖一层纱布,吹气入口;同时观察病人胸部是否隆起;吹完气后嘴即离开,让病人把肺内的气"呼"出(见图7-1)。最初吹的5~10口气要快些,以后则不必过快,保持每分钟12~16次,只要看到患者隆起的胸部下落,表示肺内的气体已排出时,接着吹下一口气,就可以了。如此往复不止地操作,直到病人恢复自动呼吸或真正确诊死亡为止(死亡应有医生确诊)。每次吹气用力不可过大,以免患者肺泡破裂;也不可过小,以免进气不足,达不到救治目的。

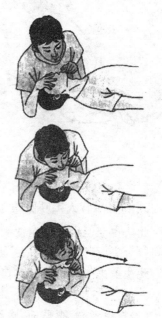

图 7-1　口对口吹气人工呼吸法

4. 口对鼻吹气人工呼吸法

如果碰到伤病患者牙关紧闭,张不开口,无法进行口对口人工呼吸时,可采用口对鼻吹气法。口对鼻吹气法与口对口吹气法相同,但必须将病人的嘴巴用手捏紧,防止气从口内排出。在进行此法时,要先将患者鼻内污物清除,以防阻塞气道。用此法吹气时,应比口对口吹气法用力大些,时间长些。无论用口对口还是用口对鼻吹气方法,最好都用纱布或手帕将病人口、鼻隔一下(但不能影响通气)。吹气次数每分钟成人不少于14~16次,儿童不少于20次,婴儿不少于30次。

5. 仰卧压胸人工呼吸法

此法不适于牙关紧闭舌向后坠的患者,对溺水、胸部创伤、肋骨骨折患者也不宜采用。此法的优点是:便于观察病人表情,气体交换量较大。在进行人工呼吸前应先将病人舌头拉出(最好设法固定,有条件可以使用口咽导气管,以防后缩阻喉)。其操作方法如下:(1)患者取仰卧位,肩部垫高 10~15 min,头后仰且面朝一侧,以利于呼吸道畅通。注意使用此法应将患者双臂拉伸 180°至头部,使患者胸腔扩张。(2)救治者双膝跪在患者大腿两旁,将双手平放于患者乳房稍下部位(相当于第六七对肋骨处),双大拇指向内,靠近患者胸骨下端,其余四指微弯向外,手掌根贴紧患者胸廓肋骨上,用力向前压挤其胸。(3)做此法时,救治者两臂伸直,依靠体重和臂力推压患者胸廓,使其胸腔缩小,迫使气体由其肺内排出(即呼气),在此位置停 2 s;然后再将双手松开,身体向后,略停 3 s,使患者胸扩张,空气进入其肺内(即吸气),如此反复压启,每分钟14~16 次,直到患者恢复正常呼吸为止,仰卧压胸人工呼吸法见图 7-2。

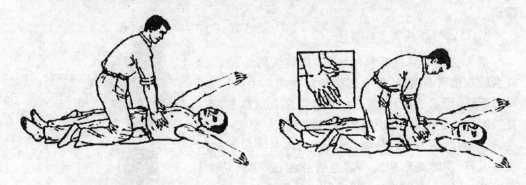

图 7-2 仰卧压胸人工呼吸法

6. 俯卧压背人工呼吸法

此法古老但仍在普遍使用。由于病人俯卧,舌头易向口外坠出,救治者不必另花时间拉舌头,可赢得更多的抢救时间。此法简单易行,在救治触电、溺水、自缢者时常用。此法虽进气量不及口对口和口对鼻大,但仍为效果较好的人工呼吸法。其操作方法是:

(1)将患者胸、腹贴地,腹部稍垫高,头偏向一侧,两臂伸过头或一臂枕在头下,使胸廓扩大。

(2)救治者两腿跪地面向患者头部,骑在患者腰臀上,把两手平放在患者背部肩胛下角的脊椎骨两旁,手掌根紧贴患者背部,用力向下压挤。

(3)救治者在压挤患者背部时应俯身向前,慢慢用力下压,用力方向是向下向前推压,这时患者肺内空气已压出(即呼气),然后慢慢放手松回,使空气进入患者肺内(即吸气),如此反复便形成呼吸。每分钟可作 14~16 次,俯卧压背法见图 7-3。

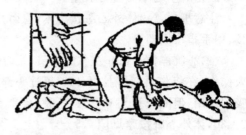

图 7-3　俯卧压背法

7. 举臂压胸人工呼吸法（又称仰卧伸臂压胸法）

如伤员下肢或腰臀部负伤，无法用仰卧压胸法时，可采用此法。此法仍将患者仰卧，救治者双膝跪在患者头顶端，将患者双臂置胸前，握紧患者双手肘部稍下处（双腕上部），用力均匀地将其双臂拉起180°与地平行超过头部，维持 2 s，使其胸廓扩张，引气入肺（即吸气）；接着再将患者两臂收回，把患者双肘向其胸部两侧对着肋骨施加压力压迫，持续 2 s，使其胸廓缩小，挤气出肺（即呼气）。如此往复，直至患者恢复自动呼吸为止。此法每分钟 14～16 次，举臂压胸法见图 7-4。

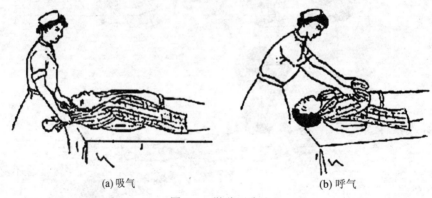

(a) 吸气　　　　　　　　　　(b) 呼气

图 7-4　举臂压胸法

8. 体外心脏按摩术

体外心脏按摩术是在心跳停止时，用以促使心脏复跳的有效方法。煤气中毒伤情严重的伤员，在停止呼吸的同时紧跟着就是心脏停止跳动，如果心脏停止搏动还未超过 5～6 min，在有效的人工呼吸的基础上，施行体外心脏按摩术，仍有可能使伤员复苏。

体外心脏按摩术操作要点：

操作要点一：施行体外心脏按摩术时，宜将伤员安置于平硬的地面或板床上，将伤员双臂拉开 180°水平超过头部，操作者位于伤员一侧，两手伸平互相重叠，两臂伸直，以身体重力下压，其力量足以使胸骨下陷约 3～5 cm。

操作要点二：手掌着力的部位于胸骨剑突以上，胸骨中央下 1/3 处（可略偏左），即乳头连线中点略偏左，即心脏的部位，缓缓压下，急速抬起，保持每分钟 80～100 次，压下或放松时手均不能离开胸壁。

注意事项：(1)体外心脏按摩术,应防止伤员肋骨压断,老年伤员尤应注意,对于小孩,用手指按压即可。

(2)心脏停搏 4 min 左右的伤员,及时体外心脏按摩对伤员复苏尤其重要,如果单人操作,在将伤员双臂拉开 180°超过头部,可只作体外心脏按摩,此时有辅助人工呼吸的作用,但配有口对口人工呼吸,会更有利于伤员复苏。此时通气与按压比率为 2：30,体外心脏按摩见图 7-5。

图 7-5　体外心脏按摩

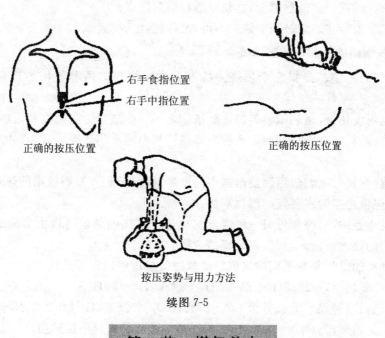

正确的按压位置   正确的按压位置

按压姿势与用力方法

续图 7-5

第二节 煤气着火

一、煤气燃烧机理

1. 燃烧本质

燃烧是可燃物质与氧或氧化剂剧烈化合而放出光和热的物理化学反应。在燃烧过程中,物质会改变原有性质而变成新的物质。

近代用链锁理论来解释燃烧本质,认为燃烧是一种游离基的链锁反应(亦称链式反应),即在瞬间进行的循环连续反应。游离基可能是一种不稳定的原子、分子碎片或其他中间物,活性强,当反应物产生少量的活性中心游离基时,即可发生链锁反应。反应一经开始,就可经过许多链锁步骤自动发展下去,直至反应物全部变完为止。当活性中心由于某种原因全部消失时,链锁反应就会中断,燃烧也就停止。链锁反应机理大致可以分为三步。

(1)链引发:即生成游离基,使链式反应开始。生成方法有热解法、光化法、放射线照射法、氧化还原法、催化及机械法等。

(2)链传递:游离基作用于其他参与反应的化合物,产生新的游离基。

(3)链终止:即游离基消失,链锁反应终止。

2. 燃烧条件

(1)有可燃物质,如木材、汽油、煤气等。

（2）有助燃物质,如空气中的氧或纯氧,或其他氧化剂。

（3）有火源,有一定的热能量,达到可燃物质的燃点。

上述三个条件在燃烧过程中缺一不可,统称燃烧三要素。

3. 煤气燃烧有关的一些基本概念

（1）煤气的热值。是指完全燃烧一标准立方米煤气时所释放出的热量,单位为 kJ/m^3。

热值也叫发热量,是表示燃料的重要指标之一。热值分为高热值和低热值。

高热值:燃料完全燃烧后燃烧产物冷却到使其中的水蒸气凝结成 0 ℃的水时所放出的热量。

低热值:燃料完全燃烧后燃烧产物中的水蒸气冷却到 20 ℃时放出的热量。

高、低热值之差为水蒸气的汽化潜热。

在钢铁企业中,必须知道每一种煤气的热值。煤气的热值可以由实验来测定,或者通过专门的仪表测出,也可以用计算的方法。

不同种类的煤气具有不同的热值。煤气的低热值可以按下式计算:

$$Q_{低} = (30.46CO + 25.8H_2 + 85.9CH_4 + 143C_2H_2 + 60H_2S) \times 4.187 \ kJ/m^3$$

练习:已知某种煤气的成分为 $CO=29\%$,$CO_2=7.5\%$,$O_2=0.2\%$,$N_2=42\%$,$H_2=15\%$,$CH_4=3\%$,$C_2H_2=0.6\%$,$H_2O=2.7\%$,求此种煤气的低热值。

煤气按热值分为高发热值（14 651 kJ/m^3 以上）、中发热值（14 651～6 279 kJ/m^3）和低发热值（6 279 kJ/m^3 以下）三种。焦炉煤气属于高热值煤气,高炉煤气属于低热值煤气。

（2）着火温度。可燃气体只有达到其着火温度时才能点燃。所谓着火,就是可燃气体与空气中的氧由稳定缓慢的氧化反应加速到发热发光的燃烧反应的突破点,突破点的最低温度称为着火温度。实际上,着火温度不是一个固定值,它取决于可燃气体在空气中的浓度及其混合程度、压力和燃烧室的形状与大小,以及是否存在催化物质等。

（3）着火浓度界限。在一定的压力条件下,可燃混合物的浓度小于某一数量或大于某一数量都不能发生自燃着火,这个浓度的范围称为着火浓度的界限。能实现着火的最小浓度,称为着火浓度的下限;能实现着火的最大浓度,称为着火浓度的上限。

副产煤气与空气混合时爆炸浓度的极限（%）:高炉煤气:30.84～89.49;焦炉煤气:4.72～37.59;转炉煤气:18.22～83.22。

（4）燃烧温度。燃料燃烧时燃烧产物所能达到的最高温度称为燃烧温度。

可燃物的种类、成分、燃烧条件和传热条件等都影响到燃烧温度。燃烧产物中所含热量的多少,取决于燃烧过程中热量的收入和支出。

对燃烧温度影响最大的是热损失条件、空气与可燃物的比例以及燃烧的完全程度。为了进行比较,通常规定:

①可燃物与空气进行燃烧温度一致,如规定为 0 ℃;

②空气系数等于1,即等于按化学计算的理论量;

③完全燃烧;

④所有产生的热量都用在增加燃烧产物的温度上。

在这种条件下得出的燃烧温度,称为理论燃烧温度。一般物质的实际燃烧温度,包括火灾中的温度,都低于理论燃烧温度。因为燃烧大都是在过剩的条件下进行的,氧化反应也不完全,并且还有一定的热量损耗在对环境的加热上。

(5)燃烧速度。火焰在火焰锋面法线方向向未燃气体传播的速度称为火焰传播速度,其单位为 m/s。它也是单位时间内在单位火焰面积上所烧掉的气体的体积,其单位可写作 $m^3/(m^2 \cdot s)$,故又称燃烧速度。

燃烧速度的大小,与可燃气体种类、浓度、压力、温度等条件有关。

(6)完全燃烧和不完全燃烧:

当燃料中的可燃物质都和氧进行充分的燃烧反应,即在燃烧产物中不再有可燃物质存在时,称为完全燃烧。若燃烧产物中存在有可燃物质,即燃料中的可燃物质未能和氧进行燃烧反应的,则称为不完全燃烧。

不完全燃烧的两种情况:

①机械不完全燃烧。由于机械带出或漏损等原因所造成的燃料损失,如管道系统漏掉的煤气。

②化学不完全燃烧。由于空气不足或燃料与空气混合得不好,使燃烧反应未能完全进行,在燃烧产物中存有少量的可燃成分。

(7)空气过剩系数(α)。在燃烧过程中,实际供给的空气量(L_n)总是比理论上计算出的所需要的空气量($L_理$)要稍大些,二者之比称为空气过剩系数,即 $\alpha = L_n / L_理$。

(8)煤气燃烧时所需的空气量。根据可燃成分(主要是 CO、H_2、CH_4、C_2H_4)的燃烧反应方程式,可列出单位体积的煤气所需的理论氧气量为:

$$L_{理O2} = 0.01[0.5(CO + H_2) + 2CH_4 + 3C_2H_4] \quad (m^3/m^3 煤气)$$

式中,CO、H_2、CH_4、C_2H_4 代表加热煤气中各可燃成分的体积百分数。

因为空气中含氧量为 21%,所以理论空气量为:

$$L_理 = \frac{100.0_理}{21} \quad (m^3/m^3 煤气)$$

在实际生产过程中,煤气是在过量的空气下燃烧的,所以求实际空气量的公式为:

$$L_实 = \alpha L_理 \quad (m^3/m^3 煤气)$$

此式表示单位体积煤气燃烧时所需的实际空气量,式中的 α 为空气过剩系数。

二、煤气着火事故原因

煤气的着火事故与爆炸事故关系密切,爆炸往往引起着火,相反,着火也可能引起爆炸。其事故原因主要如下:

(1)由于煤气极易发生着火,如果煤气设施附近有火源存在,一旦发生泄漏,就会引发着火；

（2）在带煤气作业或抽堵盲板时，使用铁制工具，由于敲打或摩擦产生火花，也会引起着火；

（3）在运行的煤气管道上不采取安全措施进行动火作业，很容易引起着火事故；煤气设备未设置可靠接地措施，雷击后也容易引起着火事故；

（4）煤气设备停气后，未可靠地切断煤气来源，动火时易发生着火事故；

（5）煤气管道置换合格后，动火部位的杂质清理不净也容易引起管道内部着火。

三、煤气着火事故预防

防止煤气泄漏、防止煤气与空气混合及防止煤气接触火源是预防煤气着火的根本措施。控制了以上三点，也就从根本上防止了煤气着火事故的发生。

在实际工作中，可采取以下办法：

（1）煤气设施投产前必须进行严密性试验，运行的煤气设施必须定期进行检查，防止煤气泄漏。

（2）煤气设备和煤气作业区附近严禁一切火源。

（3）带煤气作业时，要防止出现火花，应使用铜质工具，在特殊情况下使用铁质工具时，要涂黄油，并严禁敲打。

（4）煤气设备的接地装置应定期检查、保持完好、接地电阻应小于 4 Ω。

（5）不准在煤气设备上架设非煤气设备的电气设施，防止电火花引燃煤气。

（6）在堵抽煤气盲板作业中，盲板和一切吊具应有防止摩擦产生火花的措施，煤气作业的照明应在 10 m 以外使用投光器。

（7）穿越高温区域的煤气管道应做隔热处理。带煤气作业地点附近的裸露高温管道应做绝热处理。

（8）在煤气设备上正压动火时，设备压力低于 200 Pa，严禁动火。

（9）在停气的煤气设备上动火时，必须可靠切断煤气来源，清除易燃物，并尽可能地向设备内通入适量的蒸汽。

（10）煤气设施动火时，必须设专人进行监护，备好灭火工具，发现火情立即扑灭。

（11）凡煤气设施动火，必须经设备主管部门同意和保卫部门批准，制订防火措施，并经煤气防护站检测合格后方能施工。

（12）煤气设施附近不准堆放易燃易爆物品。

四、煤气着火事故处理

煤气设施着火时，处理正确，能迅速灭火；若处理不当，则可能造成爆炸事故。灭火时，应设法降低煤气压力或局部停止使用煤气；往着火的设施内通入大量的蒸汽或氮气；保护周围设施不被烧红或烧坏。

发生煤气着火事故后，一般应采取以下措施：

（1）现场应由事故单位、设备部门、公安消防部门、安全部门和煤气防护站人员组成临时指挥机构，统一指挥事故处理工作。

（2）事故单位要立即组织人员进行灭火和抢救工作。有关的煤气闸阀、压力表、蒸汽和氮气吹扫点等应指派专人操作和看管。各单位要保持通信畅通。

（3）设备或管道因轻微泄漏煤气引起着火时，可直接用湿泥或湿麻袋扑灭，还可以用蒸汽直接灭火，然后再制订方案，对漏气点进行处理。

（4）当设备或管道因泄漏严重火势较大时，应采取以下灭火方法：停止该管道有关用户使用煤气，将煤气来源的总阀门关闭 2/3，适当降低煤气压力，同时向管道内通大量蒸汽或氮气进行灭火，应注意煤气压力不得低于 200 Pa，严禁突然关闭煤气总阀门，以防止回火爆炸。同时应注意煤气压力不能过高，因压力过高，火势必然大，火情不容易控制。

（5）直径小于 100 mm（含）的管道着火时，可直接将煤气阀门关严，切断煤气来源，火焰可自行熄灭。

（6）煤气设施烧红时，不得用水骤然冷却，以防煤气设施急剧收缩造成变形和断裂使事故扩大，应用水从两端逐渐向中间冷却直至灭火。

（7）煤气设施附近着火，煤气设备尚未烧坏时，严禁切断煤气，应保持正压，加大煤气使用流量，用水冷却设备直到灭火。

（8）煤气设备内的沉积物，如萘、焦油等着火时，可将设备的人孔、放散阀等关闭，使其隔绝空气自然熄火或通入氮气、蒸汽灭火。

（9）着火事故处理后，应防止煤气中毒事故的发生。

应该注意的是，如果扑灭了火焰，煤气不经过燃烧直接外泄，则危险区域的作业人员可能会发生中毒事故，处理不当还可能发生煤气爆炸事故。所以，处理煤气着火事故，应由事故单位、消防队和煤气防护站共同组成临时指挥机构，以便统一指挥；应设立警戒范围，灭火人员要做好自我保护准备；对已烧伤的病人，不可盲目处理创面，应由医务人员处理，并及时送医院诊治。

第三节　煤气的爆炸

一、煤气爆炸机理

爆炸是系统的一种非常迅速的、物理的、化学的能量释放过程，爆炸过程是系统内物质所含的能量迅速转变为机械能以及热和光的辐射。爆炸具有三大特征，即：放热性、瞬时性和放出大量气体。爆炸时由于爆炸点周围介质的压力发生激烈突变，造成介质一系列不寻常的移动或破坏、震动，发出巨大的声响。

1. 爆炸分类

（1）物理性爆炸。由于物理变化原因所引起，其特点是爆炸前后物质的化学组成及化学性质均不变化。如容器内液体过热汽化而引起的爆炸,锅炉的爆炸,压缩气体、液化气体超压引起的爆炸等都属于物理性爆炸。

若容器内为可燃气体或液体,物理性的爆炸也可以引起可燃气体或蒸汽与空气的爆炸,也就是通常所说的二次爆炸。二次爆炸大多是化学爆炸,其爆炸能量及影响范围往往比一次爆炸大得多。

(2)化学性爆炸。由化学反应造成,其特点是爆炸前后物质和组成发生变化。根据爆炸时所发生的化学变化不同,化学性爆炸分为三类:简单分解爆炸、复杂分解爆炸、爆炸混合物爆炸。

(3)原子爆炸。是某些物质的原子核裂变反应或聚变反应,瞬间放出巨大能量而形成的爆炸现象,如原子弹、氢弹的爆炸。

2. 燃烧与爆炸的区别

(1)燃烧时化学反应区域的能量是通过传导、热辐射以及燃烧产物的扩散作用传入反应物中,而爆炸能量的传播则是借助冲击波对爆炸物质的强烈冲击压缩作用而进行的。

(2)燃烧波与冲击波的速度不同,燃烧波的传播速度通常约为每秒数毫米到数米,而爆炸时冲击波的传播速度总是超过声波,甚至可达每秒数千米。

(3)燃烧过程中燃烧反应区内产物的质量运动方向与燃烧波方向相反,燃烧波面的压力较低,而爆炸反应区内产物的质量运动方向与冲击波的传播方向一致,冲击波的压力也较高。

二、爆炸极限及其在安全工作中的应用

1. 爆炸极限

可燃气体在空气中的浓度低于某一极限时,氧化反应产生的热量不足以弥补散失的热量,则燃烧不能进行;浓度超过某一极限时,由于缺氧也无法燃烧。前一浓度极限称为着火下限,后一浓度极限称为着火上限。着火极限又称爆炸极限。爆炸极限一般用可燃性气体在混合物中的体积百分数来表示。

2. 爆炸极限在安全工作中的应用

(1)爆炸极限可用于评定可燃气体的火灾危险性大小。可燃气体的爆炸下限越低,爆炸浓度范围越大,燃爆危险性越大。

(2)爆炸极限可用于确定可燃气体的火灾危险性类别的标准。爆炸下限<10%的可燃气体,其火灾危险性列为甲类。

(3)爆炸极限还可用于确定建筑物的耐火等级,评定气体生产、贮存的火灾类别及设计厂房通风系统、防爆电器的选型等。

(4)爆炸极限可作为制定安全生产操作规程的依据。在生产和使用可燃气体场所,根据其燃爆危险性及其理化性质,采取相应的防爆措施,如通风、惰性气体稀释、置

换、检测报警等,以保证生产场所可燃气体浓度严格控制在爆炸极限下限以下。

3. 爆炸极限的主要影响因素

(1)初始温度。可燃性混合物气体的初始温度越高,爆炸极限范围就越宽。即下限降低,上限升高。这是因为温度升高,会使反应物分子的活性增大,使爆炸反应容易发生。(见表 7-3)

表 7-3　温度对爆炸极限的影响

混合物温度/℃	爆炸下限/%	爆炸上限/%
20	6.00	13.40
100	5.45	13.50
200	5.05	13.80
300	4.40	14.25
400	4.00	14.70
500	3.65	15.35
600	3.35	16.40
700	3.25	18.75

(2)初始压力。初始压力对爆炸极限有影响,高压下影响比较明显,但情况比较复杂,必须实测。一般说来,压力增高,爆炸极限范围扩大。这是因为系统压力增高,使分子间距缩小,碰撞概率增加,燃烧反应更容易进行。从实验可知,压力增加时,爆炸下限降低不明显,而爆炸上限增加较多。压力降低,爆炸极限范围缩小。当压力降到某值时,下限与上限重合,此时对应的压力成为爆炸的临界压力。若压力降到临界压力以下,则混合气体不会爆炸。因此,在密闭容器进行负压操作,对安全生产是有利的。

(3)点火源。增加点火源的能量,增大火源的表面积和延长火源与混合物的接触时间,都会使可燃气爆炸范围增大。

(4)含氧量。混合气中氧含量增加,一般对爆炸下限影响不大,因为在下限浓度时氧气对可燃气是过量的;在上限浓度时由于氧含量相对不足,所以增加氧含量会使上限显著增高。

(5)惰性气体。在可燃混合气中加入惰性气体,会使爆炸范围缩小。当惰性气体含量达到某一浓度时可使混合气不爆炸。这是因为加入的惰性气体,可在可燃气分子与氧分子之间形成一道屏障,当活化分子撞击惰性气体分子时,会减少或失去活化能,使反应链中断;若已经着火,惰性气体还可吸收放出的热量,对燃烧起到抑制作用。

(6)容器。若容器材质的导热性好,尺寸又小到一定程度,器壁的热损失较大,自然就降低了混合气分子的活性,导致爆炸范围缩小。有文献报道,当散出热量等于火焰放出热量的 23% 时,火焰即会熄灭。实验证明,容器尺寸越小,爆炸范围越窄。这可从器壁效应得到解释:燃烧持续不断的条件是新生的游离基的数量必须等于或大于消失的游离基。可是随着容器尺寸的缩小,游离基与反应分子之间的碰撞概率不断减少,而游离基与器壁的碰撞概率不断增大,当器壁间距降至某一数值时,燃烧就无法继续。有时容器材质对爆炸极限也有影响。有些材料对可燃气爆炸有催化作用,有些材料则有钝化作用。

(7)湿度。一般来说,随着湿度的增加,爆炸范围会缩小。这是因为湿气会蒸发吸热和吸收辐射能量,并部分地阻止燃烧反应,而且爆炸性混合气加上水蒸气,就像加入稀释剂,会影响燃烧特性。但也有例外,如当一氧化碳与空气的混合物经过仔细干燥点火不会发生爆炸,而加入很小的含湿量后,点火就会产生移动的火焰面;随着含湿量增加,火焰蔓延速度也增加,大约在6%附近,火焰速度达到最大值;再增加含湿量,速度就会下降。这是因为水中OH基参加了一氧化碳燃烧链反应。这种变化可由化学平衡关系来解释。水蒸气是各种燃烧反应的产物,根据盖吕萨克定律,多增加反应物的浓度时,平衡必然向反应物的方向移动。因此,增加含湿量,必然影响爆炸的可能性。

(8)火焰传播方向。火焰由下而上传播时爆炸下限最小,由上而下传播时最大,水平方向时在二者之间。为安全起见,在实际应用中一般都采用最小的爆炸下限和最大的爆炸上限。掌握有关爆炸极限影响因素的知识,可帮助人们分析爆炸极限测试结果,不同的测试条件下所测得的爆炸极限的数据是有差异的,在引用数据时应注明来源;一般表中所列爆炸极限都是在际准条件下测得的,在采用这些数据时,应根据实际条件进行适当修正。

三、爆炸的破坏作用

破坏作用通常有直接爆炸破坏作用、冲击波破坏作用和火灾三种。

1. 直接破坏作用

爆炸物质爆炸后直接对周围设备和建筑物产生的破坏作用,可以直接造成机械设备、装置、容器和建筑物毁坏和人员伤亡。

2. 冲击波破坏作用

爆炸物质爆炸时,产生的高温高压气体以极快速度膨胀,它像活塞一样挤压周围的空气,把爆炸能量传给空气层,空气受冲击而发生扰动,其压力、密度等产生突跃变化,这种扰动在空气中的传播就称为冲击波。冲击波的传播速度极快,可以在周围环境中的固体、液体、气体介质中传播;在传播过程中,可以对周围环境中的机械设备和建筑物产生破坏作用和人员伤亡;在冲击波的作用区域产生振荡作用,可使物体变得松散,甚至被破坏。

3. 火灾

爆炸发生以后,设备往往因爆炸而破坏,造成可热气体泄漏,又有爆炸火花而往往引起着火,使设备被烧红、烧坏而造成事故。

四、煤气爆炸事故预防

1. 煤气爆炸

煤气爆炸是煤气的瞬时燃烧并产生高温、高压的冲击波,从而造成强大的破坏力,称为煤气爆炸。

2. 煤气爆炸基本要素(条件)

煤气爆炸必须同时具备三个要素,即:煤气、空气(氧气)和火源(或高温)。以上三个条件缺一不可,是互相制约的,同时也是互相联系的。"缺一不可"是指相互制约的一面;"三个条件同时具备"就有可能发生爆炸,是指相互联系的一面。

3. 发生煤气爆炸事故的原因

(1)煤气设备停气后,没有吹扫干净残存气体,就盲目动火检修,造成残余煤气爆炸。

(2)停气的设备与运行的设备只用闸阀或水封断开。没有用盲板或水封与闸阀联合切断,造成煤气窜入停气设备,动火时引起煤气爆炸。

(3)煤气设备在送气前未按规定进行吹扫,管道内的空气与煤气形成混合气体,在未做爆发试验的情况下,冒险点火造成煤气爆炸。

(4)强制送风的加热炉,由于故障或停电,致使煤气窜入风管道,造成煤气爆炸。

(5)加热炉、窑炉、烘烤炉在正压情况下点火时,易产生爆炸。

(6)违章操作,先送煤气后点火。

(7)由于烧嘴不严,煤气泄漏炉内,或烧嘴点不着火时,点火前未对炉膛进行通风处理。二次点火时易发生爆炸。

(8)在停送煤气时没有把煤气彻底切断,由于热源倒流或没有检测就动火作业。

(9)煤气管道引煤气后,未做爆发试验急于点火。

(10)使用不符合要求的、腐蚀的、不同厚度的钢板焊接拼凑的盲板,使煤气渗漏,动火时易发生爆炸。

(11)对于新建、改建、扩建的煤气管道未进行检查验收就违规引气,在施工过程中容易发生爆炸。

4. 煤气爆炸事故预防

煤气发生爆炸除了煤气与空气混合必须到达一定浓度(爆炸极限范围)外,还必须有一定的温度(着火温度)。因此,杜绝这两个条件同时出现,即可防止爆炸事故。

(1)煤气设备和管道要保持严密,防止煤气漏出或空气渗入在一定空间(或管道)内形成爆炸性混合气体。

(2)煤气设施送气前要用蒸汽或氮气置换设施内的空气。待末端放散见蒸汽或氮气后,方可引送煤气。

(3)停产、检修的煤气设施必须用盲板或闸阀与水封联合切断的形式,可靠切断煤气来源,并彻底进行置换。还应打开足量的人孔,使设施内部与大气沟通。

(4)长时间停用的煤气设施在动火前,必须重新处理残存煤气,经检测合格后方可动火。

(5)在距煤气设备和煤气作业区 10 m 范围内,严禁火源,煤气设备上的电气开关、照明均应采用防爆式的。

(6)在煤气回收工艺中必须严格控制煤气中的氧含量,一旦超过规定时,应停止回收。

(7)煤气回收和燃烧设备应设置泄爆装置,以防止发生爆炸事故时,造成设备损坏。煤气用户应装有低压报警器和自动切断阀以防止回火爆炸。

(8)工业炉窑点火时,应严格执行先点火后给煤气的原则。如一次点火不成功,应排尽炉膛内残存气体,然后再按点火程序操作。

(9)煤气检修动火是一项危险工作,各施工单位在动火前必须按规定提前办理《危险工作申请书》,不论是停气动火或正压动火都应由专业部门取样分析,符合动火要求,取得保卫部门的《动火证》后方能施工,施工中应有防毒措施,施工后要清理火种。

5. 预防煤气爆炸的四项原则

(1)严格执行技术操作规程、设备使用维护规程和安全规程,一切按照规章制度办事;

(2)停、送煤气必须经过吹扫置换,经检测合格后再操作;

(3)停气后必须用盲板可靠的切断煤气来源。如有 V 形水封,必须与切断阀并用,并保持水封溢流管溢流;

(4)凡是煤气设备(管道)动火,必须经过专业人员检测,批准后方可作业。

五、煤气爆炸事故的处理

煤气设施一旦发生爆炸,不仅损坏设施本身,还有可能伤人,而且可能发生煤气中毒、着火事故,或者产生第二次爆炸。抢救爆炸事故应首先救人,救护人员进入有残余煤气区域时应戴防毒面具,抢救组织者应采取有效措施防止事故扩大。

(1)组织现有人员投入事故抢救,并立即向生产指挥部门报告,尽快通知设备、安全、保卫、医院、煤气防护站等部门前来救援。

(2)煤气爆炸后未引起煤气管道着火时,应立即切断煤气来源,向设备内通入大量蒸汽或氮气以防止二次爆炸和着火,在彻底切断煤气来源前,有关用户必须停用煤气。

(3)煤气爆炸后引发煤气管道着火时,严禁切断煤气来源,应按着火事故处理。

(4)煤气爆炸事故后造成煤气大量泄漏时,应指挥无关人员撤离现场,以防止煤气中毒事故发生,同时组织切断煤气来源,进行设备吹扫和处理工作。

(5)处理煤气爆炸事故的人员要做好个人防护,备有检测和通信器材,做好互保以防止煤气中毒事故的发生。

(6)在爆炸地点 40 m 内严禁有火源和高温存在。

（7）煤气爆炸事故在未查明原因前不得引送煤气恢复生产。

第四节　煤气事故应急救援预案

一、应急救援预案的建立基础

1. 主要依据

（1）中华人民共和国安全生产法；

（2）中华人民共和国职业病防治法；

（3）中华人民共和国消防法；

（4）中华人民共和国工会法；

（5）危险化学品安全管理条例（国务院令第 344 号）；

（6）国务院关于特大安全事故行政责任追究的规定（国务院令第 302 号）；

（7）工业企业煤气安全规程（GB 6222—2005）。

2. 指导思想和原则

明确职责，针对可能发生的事故，做到安全第一，预防为主；在事故应急救援中，做到有组织的应急，保护员工的安全与健康，将事故损失和对社会的危害减至最小。

3. 单位概况

了解单位的设备、制度、人员、组织结构等情况。根据单位实际情况出发，制度适合本单位操作实行的应急救援预案。

二、针对主要事故类型及危害因素的应急救援措施

事故类型：煤气泄漏、中毒、着火、爆炸事故。

危害因素：煤气泄漏，一氧化碳中毒；煤气着火烧伤；爆炸造成物体坠落砸伤、煤气管网和储存设备设施损坏及其他二次伤害。

1. 煤气事故现场应急救援措施

（1）发生煤气大量泄漏、着火、爆炸、中毒等事故时，发生事故区域的岗位人员立即汇报生产科调度室和车间负责人，发生着火事故岗位人员应立即拨打火警电话报警，报出着火地点、着火介质、火势情况等，同时迅速汇报生产科调度室和车间负责人，组织义务消防队员到现场灭火，并派专人引导消防车到现场灭火。

（2）调度室接到煤气事故的通知后，应立即通知相关人员采取应急措施。如：设置安全标识牌、警戒线、煤气事故现场的紧急疏散等。根据现场煤气事故的严重程度，应及时通知相关部门、科室、车间，联系、协调，对现场进行戒严和救护。

（3）生产科长立即组织成立应急领导小组，抢救事故的所有人员都必须服从统一领导和指挥。

（4）事故现场应划出危险区域，由武保科负责协调组织布置岗哨，阻止非抢救人员进入。进入煤气危险区域的抢救人员必须佩戴氧气或空气呼吸器，严禁用纱布口罩或其他不适合防止煤气中毒的器具。

（5）煤气大面积泄漏时，应立即设立警戒范围，所有人员依据"逆风（煤气）而逃"的原则，迅速疏散到安全地带，防止中毒人员扩大。

（6）未查明事故原因和采取必要安全措施，不得向煤气设施恢复送气。

2. 煤气泄漏的应急救援措施

（1）燃气区域内发现煤气泄漏后，岗位人员应立即向燃气调度室汇报。

（2）燃气调度室接到煤气泄漏的通知后，应立即通知相关人员采取应急措施。根据现场煤气泄漏的严重程度，应及时通知相关部门、科室、车间，联系、协调，对现场进行戒严和救护。

（3）相关科室、车间在接到调度通知后，应立即赶赴现场，由生产科、机动科、安全科、武保科和相关车间共同协商处理煤气漏点的方案，在确保安全的前提下，用最短的时间予以恢复，减少对生产造成的损失。同时，把因煤气泄漏对环境造成的污染降到最低。

（4）少量的煤气泄漏，进行修理时可以采用堵缝（用堵漏胶剂、木塞）或者打补的方法来实现；如果是为螺栓打补而钻孔，可以采用手动钻或压缩空气钻床；如果补丁需要焊接，那么在焊补前必须设法阻止漏气。

大量煤气泄漏且修理难度较大的情况下，应预先分步详细讨论并制定缜密方案，采取停煤气处理后进行整体包焊或设计制作煤气堵漏专用夹具进行整体包扎的方法。

（5）在进行上述修理操作前，必须对泄漏部位进行检查确认，一般采取用铜制或木质工具轻敲的办法，查看泄漏点的形状和大小，检查泄漏部位（设备外壳或者管壁）是否适合于不停产焊补和粘接，检查人应富有实践经验并必须佩戴呼吸器或其他防毒器具。

（6）如果堵漏工作需要停煤气方可进行，生产科应根据煤气泄漏区域、管线、设备的损坏程度，根据实际情况和制定的堵漏方案联系协调该管线系统的停运工作，并组织实施煤气处理、置换方案。

（7）发生煤气泄漏后，由到场的行政级别最高者现场指挥，由安全处煤气防护站和厂安全科取煤气泄漏区域周围空间空气样做 CO 含量分析，根据测定的 CO 含量结果，当 CO 含量超过 50 mg/m³（40 ppm）时，需厂武保科与公安处一起进行人员的疏散或戒严，由厂安全科、办公室协助险区内人员的撤离、布岗，疏通抢险通道。

（8）进入煤气泄漏区域工作的安全许可时间按照如下标准进行：

CO 含量不超过 30 mg/m³（24 ppm）时，可较长时间工作；

CO 含量不超过 50 mg/m³（40 ppm）时，连续工作时间不得超过 1 h；

CO 含量不超过 100 mg/m³（80 ppm）时，连续工作时间不得超过 0.5 h；

CO 含量不超过 200 mg/m³（160 ppm）时，连续工作时间不超过 15～20 min；

工作人员每次进入煤气泄漏区域工作的时间间隔至少在 2 h 以上。

（9）带煤气作业的要求：

①带煤气作业时应采取防护措施,应有煤气防护站人员在场监护,并有本厂专人监护。按照煤气场所工作的安全标准,靠近煤气泄漏部位或进行带煤气操作的人员必须佩戴呼吸器(如:氧气、空气呼吸器)或其他防毒器具,负责监护的人员不得随意离开现场。

②煤气泄漏现场应划出危险区域,布置岗哨进行警戒,距煤气泄漏现场40 m内,禁止有火源并应采取防止着火的措施,配备足够的灭火器具、降温器材(如黄泥、湿麻袋等),有风力吹向的下风侧,应根据实际情况延长禁区范围。与带煤气堵漏工作无关的人员必须离开现场40 m外。

③带煤气作业所采用的工具必须是不发火星的工具,如木质、铜制工具或涂有一厚层润滑油、甘油的钢制工具。

④带煤气作业不宜在雷、雨天气,低气压、雾天进行。

⑤工作场所应备有必要的联系信号、煤气压力表及风向标志等。

⑥距作业点10 m以外才可安设投光器。

⑦不得在具有高温源的炉窑、建、构筑物内进行煤气作业,如需作业,必须采取可靠的安全措施。

⑧精神不佳,身体不好,不懂煤气知识,技术不熟练者不得参加带煤气操作。

⑨带煤气作业不准穿钉子鞋,不准携带火种、打火机等引火物品。

⑩进行带煤气作业时应对现场作业地点的平台、斜梯、围栏等安全防护设施进行检查确认,预先设置好安全逃生通道。

⑪凡是在室内或设备内进行的带煤气作业,必须降低或维持压力,减少煤气泄漏量,尽最大努力减少CO含量。室内带煤气作业应打开门窗使空气对流,所采用的排风设备必须为防爆形式,室内外严禁火源及高温。

3. 着火事故应急救援措施

(1)发生煤气着火后,岗位人员应立即拨打火警电话报警,报出着火地点、着火介质、火势情况等,同时迅速汇报生产科调度室和车间负责人,组织义务消防队员到现场灭火,并派专人引导消防车到现场灭火。

(2)如果煤气着火后伤及人身,生产科当班调度人员应迅速通知煤气防护站、医院、消防队及时赶赴现场救人。

(3)事故现场由武保科负责配合消防队设立警戒线,由厂安全科、办公室协助险区内人员的撤离、布岗,疏通抢险通道。

(4)由生产科长根据煤气着火的现场情况和施工抢险方案来决定是否需停煤气处理,并迅速做相应安排。

(5)使用湿草(麻)袋、黄泥、专用灭火器灭火,涉及或危及电器着火,应立即切断电源。

(6)若煤气着火导致设备烧红,应逐步喷水降温,切忌大量喷水骤然冷却,以防设备变形,加大恢复难度,遗留后患。

(7)煤气设施着火时,应逐渐降低煤气压力,通入大量蒸汽或氮气,但设施内煤气压力最低不得低于 100 Pa,严禁突然关闭煤气阀门,以防回火爆炸。

(8)直径小于或等于 100 mm 的煤气管道着火,可直接关闭煤气阀门,轻微着火可用湿麻袋或黄泥堵住火口灭火。

(9)事故发生后,煤气隔断装置、压力表或蒸汽、氮气接头应安排专人控制操作。

(10)未查明原因前,严禁送煤气恢复正常生产。

4. 煤气爆炸事故应急救援措施

(1)应立即通知调度室及相关单位,生产科长立即组织成立应急领导小组,发生煤气爆炸事故后,部分设施破坏,大量煤气泄漏可能发生煤气中毒,着火事故或产生二次爆炸,这时应立即切断煤气来源,迅速将残余煤气处理干净,如因爆炸引起着火应按着火应急处理,事故区域严禁通行,以防煤气中毒,如有人员煤气中毒时按煤气中毒组织处理。

(2)事故现场由生产科长负责组织临时抢险指挥机构,由现场最高行政负责人担任指挥,指挥机构设在便于观察和指挥的安全区域,以调度室为信息枢纽,始终保持应急抢险内、外通信联系。

(3)煤气爆炸事故发生后的第一任务是救人,发生煤气爆炸后,发现受伤人员应迅速拨打火警 119,煤气防护站、医院、120 前来救人。同时报告生产科调度室,并由生产科负责信息的传递。

(4)事故现场由武保科负责配合消防队设立警戒线,由厂安全科、办公室协助险区内人员的撤离、布岗,疏通抢险通道。

(5)发生煤气爆炸事故后,一般是煤气设备被炸损坏,冒煤气或冒出的煤气产生着火,因此煤气爆炸事故发生后,可能发生煤气中毒、着火事故,或者发生二次爆炸,所以发生煤气爆炸事故后应立即采取如下措施:

①应立即切断煤气来源,同时立即通知后续工序,并迅速充入氮气、蒸汽等惰性气体把煤气处理干净;

②对出事地点严加警戒,绝对禁止通行;

③在爆炸地点 40 m 内禁止火源,以防事故的蔓延和重复发生,如果在风向的下风侧,范围应适当扩大和延长;

④迅速查明爆炸原因,在未查明原因之前,绝不允许送煤气;

⑤组织人员抢修,尽快恢复正常生产。

(6)根据煤气爆炸的现场情况,由机动科立即组织相关科室、车间商讨抢救和修复设备方案,生产科安排好生产协调工作,各部门共同协作,积极抢修,争取以最快速度、最大程度地消除危险因素,降低环境污染。

(7)发生煤气爆炸事故后,煤气隔断装置、压力表或蒸汽、氮气接头应安排专人控制操作。

5. 煤气中毒的现场应急救援措施

(1)发生煤气中毒事故区域的有关人员,立即通知调度室及有关单位并进行现场急救(进入煤气区域,必须佩戴呼吸器,未有防护措施者严禁进入煤气泄漏区域,严禁用纱布口罩或其他不适合防止煤气中毒的器具)。

(2)值班调度接现场报告后,立即通知厂各相关科室和人员迅速赶往事故现场,同时应立即报告生产部、安全处煤气防护站和医院,报告事发现场详细地点、行车路线,快速抢救中毒人员。

(3)生产科长到达现场后,立即成立临时性机构,指挥机构设在上风侧便于观察和指挥的安全区域,通信联系以调度室为信息枢纽。

(4)中毒区域岗位负责人清点本岗位人数。

(5)现场指挥人员负责组织查明泄漏点及泄漏原因,并对泄漏点进行处理。

(6)中毒人员的抢救。

①设备泄漏,引起人员轻微煤气中毒。煤气岗位因设备泄漏,引发人员轻微煤气中毒,中毒者可自行或在他人帮助下先尽快离开室内到空气新鲜处,喝热浓茶,促进血液循环。或在他人护送下到煤气防护站或医院吸氧,消除症状。在做好轻度中毒者保护性措施后,其他值班人员应迅速全开轴流风机,排空室内泄漏煤气,然后用便携式 CO 报警仪确定煤气泄漏部位,通知本车间领导,由车间领导负责安排设备泄漏点的处理。

②煤气容器设备内检修作业时,人员轻微煤气中毒。轻度中毒者应在他人保护下撤出煤气容器设备,到空气新鲜处,或在他人护送下到煤气防护站或医院吸氧,消除症状。在保护轻度中毒者撤出煤气容器设备的同时,其他参与作业的人员应同时撤出作业容器。由安全监护人员监测煤气容器内一氧化碳浓度,确定是否需要重新进行处理和是否需要佩戴氧气呼吸器重新投入作业。

③作业现场发生人员中、重度煤气中毒。由作业现场安全员负责配合医院或煤气防护人员将中毒人员迅速脱离作业现场,至通风干燥处,由医院或煤气防护站工作人员进行紧急救护。若因大量煤气泄漏引发煤气中毒事故发生,应急小组在指挥对中毒人员抢救的同时还应迅速指挥切断煤气来源,修复泄漏设备,尽可能减少泄漏煤气对大气环境的污染。中毒者已停止呼吸,应在现场立即做人工呼吸,同时报告煤气防护站和医院赶到现场抢救。中毒者未恢复知觉前,不得用急救车送往较远医院急救。就近送往医院时,在途中应采取有效的急救措施,并应有医务人员护送。

三、应急救援组织指挥机构

1. 应急指挥部的组成

由厂长、副厂长、厂长助理,生产科、安全科、机动科、武保科、工会及办公室、相关车间负责人组成应急救援指挥部。生产科调度室是应急救援指挥部的常设机构。

2. 指挥中心

厂生产调度室(视发生事故的地点及情况定)。

指挥小组组长:调度主任、生产科长(厂领导赶到现场后任组长)。

指挥中心电话。

3. 指挥人员

分管副厂长,负责应急救援的组织及救护。

办公电话,手机。

生产科长(调度主任),负责应急救援的组织及协调。

办公电话,手机。

4. 相关部门

(1) 生产科:

①负责人,办公电话,手机。

②职责:

a. 负责成立事故应急处理小组;

b. 以调度室为信息枢纽,负责对内、对外联系,协调人员、车辆;

c. 负责组织事故现场的应急处理;

d. 负责组织人员清理事故现场,恢复生产;

e. 负责煤气泄漏、着火、爆炸等事故应急预案与响应计划的演习及文件的修订。

(2) 安全科:

①负责人,办公电话,手机。

②职责:

a. 负责组织对伤员进行急救;

b. 负责组织协调煤气防护站对煤气中毒人员的现场抢救;配合医务部门将伤者送往医院;

c. 负责中毒事故应急预案与响应计划的演习及文件的修订。

(3)武保科:

①负责人,办公电话,手机。

②职责:

a. 发生事故现场的警戒和治安保卫协调管理工作;

b. 负责消防着火事故应急预案与响应计划的演习及文件的修订。

(4) 机动科:

①负责人。

②职责:

a. 发生事故后,协助有关人员处理水、电、风、气;

b. 负责组织人员查明设备、设施损坏情况,组织人员抢修,恢复生产条件;

c. 负责相关材料、物资的协调。

(5) 综合办公室:

①负责人,办公电话,手机。

②职责:负责组织事故应急计划的培训,必要时配合医务部门将伤者送往医院。

5. 应急服务部门及联系电话

急救中心：120(社会)；火警：119(社会)；报警服务：110(社会)；生产部指挥中心；安全环保处(煤气防护站)。

6. 应急救援组织

煤气泄漏、中毒、着火、爆炸事故以及其他事故应急救援组织由生产科、安全科、武保科、机动科、办公室、车间及其他相关单位人员组成。

四、事故报告和现场保护

(1)事故发生后，现场人员立即汇报生产科调度，简要汇报事故发生的地点、事故发生的原因、人员伤亡情况、着火类别和火势情况，生产科调度室立即向总调(如发生人员伤亡，并向安全处、医院报告；如发生煤气泄漏、人员中毒，并向安全处煤气救护站报告；如发生火灾，并向消防队报告)及相关领导、有关科室报告。

(2)各单位接到事故报告后，立即赶赴现场组织抢救伤员和保护财产，采取措施防止事故扩大。在进行抢救工作时应注意保护事故现场，防止无关人员进入危险区域，保障整个应急处理过程的有序进行；未经主管部门允许，事故现场不得清理。因抢险救护必须移动现场物件时，要做好标记，移动前妥善保留影像资料。

(3)发生单位能够控制的事故时，积极采取必要的措施防止事故扩大。

五、应急救援预案的落实

(1)应急救援物资储备：着火应急设备清单。
(2)应急救援预案的演习。
(3)应急救援预案的培训。
(4)应急救援预案的编制、批准。

第八章

煤气管网操作、维护和检修

在冶金企业中,生产是整体连续进行的,然而单一部门的检修、新建、改建及扩建又是经常会有的。因此在冶金企业内,煤气的危险作业可分为两大方面:一是操作人员直接接触煤气,须佩戴呼吸器在煤气外泄环境中作业,如抽堵盲板、关开眼镜阀、插板阀、带煤气设施上堵漏、煤气接管等作业;二是操作人员不直接接触煤气,但有发生煤气三大事故的可能性,如煤气管道及设施停送煤气、在运行的煤气设备区域动火作业和停运的煤气设备上检修、进人等作业。以上两大方面均属于一类煤气危险作业,必须提前办理"煤气危险作业许可证",经车间主管安全领导、各分厂安全科、动力设备环保处和生产安全处审批,重大危险作业必须经公司安全主管领导审批。同时提前做好煤气作业的准备工作,落实完善可靠的作业安全措施。制定的操作步骤,人员组织、施工作业方案,必须经上级主管部门审查批准。所有参加作业人员必须熟知作业内容、安全注意事项,作业时服从统一指挥。对重大煤气危险作业必须要制定相关事故预案。

第一节　煤气安全管理基本要求

(1)煤气工程的设计应做到安全可靠,对于笨重体力劳动及危险作业,应优先采用机械化、自动化措施。

(2)煤气工程设计,应由持有国家或省、自治区、直辖市有关部门颁发的有效的设计许可证的设计单位设计。设计审查应有当地公安消防部门、安全生产监督管理部门和煤气设施使用单位的安全部门参加。设计和制造应有完整的技术文件。煤气工程的设计人员,必须经有关部门考核,不合格者,不得独立进行设计工作。

(3)煤气设施的焊接工作应按国家有关规定由持有合格证的焊工担任,煤气工程的焊接、施工与验收应符合《工业金属管道施工规范》(GB 50235—2010)的规定。

(4)施工应按设计进行,如有修改应经设计单位书面同意。工程的隐藏部分,经煤气使用单位与施工单位共同检查合格后,才能封闭。施工完毕,应由施工单位编制竣工说明书及竣工图,交付使用单位存档。

(5)新建、改建和大修后的煤气设施应经过检查验收,证明符合安全要求并建立、健全安全规章制度后,才能投入运行。煤气设施的验收必须有煤气使用单位的安全部门参加。

(6)若企业的煤气设施达不到本规程的要求,应在改建、扩建、大修或技术改造中解决,在解决前应采取安全措施,并报省、自治区、直辖市安全生产监督管理部门或其授权的安全生产监督管理部门备案。

(7)煤气设施应明确划分管理区域,明确责任。

(8)各种主要的煤气设备、阀门、放散管、管道支架等应编号,号码应编在明显的位置。煤气管理部门应备有煤气工艺流程图,图上标明设备及附属装置的号码。

(9)有煤气设施的单位应建立以下制度:

煤气设施技术档案管理制度,将设备图样、技术文件、设备检验报告、竣工说明书、竣工图等完整资料归档保存;

煤气设施大修、中修及重大故障情况的记录档案管理制度;

煤气设施运行情况的记录档案管理制度;

建立煤气设施的日、季和年度检查制度,对于设备腐蚀情况、管道壁厚、支架标高等每年重点检查一次,并将检查情况记录备查。

(10)煤气危险区(如地下室、加压站、热风炉及各种煤气发生设施附近)的一氧化碳的质量浓度应定期测定,在关键部位应设置一氧化碳检测装置。作业环境一氧化碳允许的质量浓度最高为 30 mg/m³(24 ppm)。

(11)应对煤气工作人员进行安全技术培训,经考试合格的人员才准上岗工作,以后每两年进行一次复审。煤气作业人员应每隔 1～2 年进行一次体检,体检结果记入"职工健康监护卡片",不符合要求者,不应从事煤气作业。

(12)凡有煤气设施的单位应设专职或兼职的技术人员负责本单位的煤气安全管理工作。

(13)煤气的生产、回收及净化区域内,不应设置与本工序无关的设施及建筑物。

(14)剩余煤气放散装置应设有点火装置及蒸汽(或氮气)灭火设施,需要放散时,一般应点燃。

(15)煤气设施的人孔、阀门、仪表等经常有人操作的部位,均应设置固定平台。走梯、栏杆和平台(含检修平台)应符合《固定式钢梯及平台安全要求(第 1 部分:钢直梯)》(GB 4053.1—2009)、《固定式钢梯及平台安全要求(第 2 部分:钢斜梯)》(GB 4053.2—2009)、《固定式钢梯及平台安全要求(第 3 部分:工业防护栏及钢平台)》(GB 4053—2009)的规定。

第二节　煤气设施的操作

一、煤气设施的煤气置换要求

除有特别规定外,任何煤气设备均必须保持正压操作,在设备停止生产而保压又有困难时,则须可靠地切断煤气来源,并将煤气设施内部残余煤气吹净。吹刷和置换煤气设备内部的煤气,用氮气、蒸汽或烟气为置换介质。停、送煤气吹刷过程中,严禁在煤气设施上拴、拉电焊机接地线,煤气设施作业区域周围 40 m 内严禁火源、无关的人员,车辆禁止入内,要有专职防护人员现场监护。

煤气设施内部停、送煤气的置换要求是根据含氧量和可燃成分进行化验分析或爆发试验,合格标准如下:

(1)氮气置换煤气:做可燃成分总含量分析、可燃成分总含量小于 1% 为合格(或检测含氧量,含氧量小于 2% 为合格);

(2)空气置换氮气:检测含氧量,含氧量大于 20% 为合格;

(3)氮气置换空气:检测含氧量小于 2% 为合格;

(4)煤气置换氮气:做爆发试验,连续三次合格为合格;

(5)作可燃成分总含量化验分析,可燃成分含量:高炉煤气≥25%,转炉煤气≥50%,焦炉煤气≥80%(天然气≥95%)为合格。

二、送、停气操作

(一)送气操作

送气操作其实质是将管道内空气替换为生产使用的煤气。这项工作属于煤气的危险作业,应有领导、有组织地在统一指挥、分工负责的情况下有计划、有步骤地进行。

1. 准备工作

(1)组织准备。由设备主管单位负责人提出作业计划、确定人员组织分工,进行思想动员和安全教育。向有关部门申请批办作业手续。

(2)条件准备:

①全面检查管网及设备是否具备投产条件和安全要求,对工作中的要害问题做到心中有数,确信不漏、不堵、不冻、不窜、不冒,不靠近火源放散,不放入室内煤气,不存在吹刷死角和不影响后续工程的进行。

②辅助设施齐备,吹刷用氮准备,专用蒸汽管道,排水器注水,传动电缆供电,碟阀全开,阀门在规定位置,仪表投入运行。

③防护及急救用品,操作工具和试验仪器的准备以及通信联络工具的设置。

2. 送气步骤

(1)临时指挥部的工前动员及安全教育。

(2)全线准备工作及安全保障检查。

(3)按计划打开末端放散,监视四周环境变化。

(4)抽盲板。

(5)通知氮气站从煤气管道始端通入氮气以置换内部空气,在末端放散管附近取样至含氧量低于 2%,关闭末端放散管后停止通氮气。如通蒸汽置换空气,见末端放散管出现白色蒸汽逸出即可,但通煤气前切忌停蒸汽以免造成吸入空气,更不能关闭放散管停蒸汽使煤气管道出现真空抽瘪事故。

（6）通知煤气调度后打开煤气管道阀门，以煤气置换氮气（蒸汽在开阀门后关闭），在管道末端放散并取样做爆发试验至合格后关闭放散。

（7）全线检查安全及工作状况。

（8）通知煤气调度正式投产供气。

3. 送气注意事项

（1）阀门在送气前应认真检查，并应准备好润滑部分防尘、电气部分防雨的盖罩。入冬应做好防寒保温工作。

（2）鼓形补偿器事前要装好防冻油。

（3）排水器事先抽掉试压盲板，注满水。

（4）冬季送气前蒸汽管道应提前送气，保持全线畅通无盲管和死端。

（5）蝶阀在送气前处于全开位置。

（6）管道通蒸汽前必须关闭计器导管。

（7）抽出盲板后应尽快送气，因故拖延时间必须全线监护安全。

（8）炉前煤气支管送气前应先开烟道闸或抽烟机，先置火物后开燃烧器，并应逐个点火，燃烧正常后再陆续点火。

（9）冬季应注意观察放散情况是否冻冰堵塞。

（10）送气后吹刷气源必须断开与管道的连接。

（二）停气操作

停气操作通常是指煤气管道不但停止输气而且要清除内部积存的煤气，使其与气源切断和大气连通，为检修或改造创造正常安全的施工条件。停气操作属于煤气的危险作业，应有组织、有领导、有计划地按步骤进行。

1. 准备工作

（1）组织准备。由设备主管单位负责人提出作业计划、确定人员组织分工、进行思想动员和安全教育，向有关部门申请批办作业手续。

（2）条件准备：

①煤气管道停气后的供气方式及生产安排；

②煤气来源的切断方式及其安全措施，如需要堵盲板作业，应做好准备工作；

③准备吹刷介质（氮气或蒸汽）的连接管及通风机；

④根据停气后的施工内容，准备消防用品和化验仪器设备；

⑤放散管及阀门的功能检查；

⑥防护用具，施工机具及备品、备件的准备。

2. 操作步骤

（1）临时指挥部工前动员与安全教育；

（2）全线工作准备及安全保障检查；

（3）通知煤气调度，具备停气条件后关闭阀门；

（4）堵盲板；

（5）开末端放散管并监护放散；

（6）通氮气或蒸汽；

（7）接通风机鼓风至放散管附近，吹出气体含氧 20.5% 为合格；

（8）排水器由远至近逐个放水驱除内部残余气体；

（9）停止鼓风；

（10）通报煤气调度停止作业结束。

3. 注意事项

（1）停气管道切断煤气的可靠方式包括：插板阀，盲板，眼镜阀，扇形阀和复合式水封阀门装置。单独的水封或单独的其他阀门不能可靠切断煤气来源。

（2）管道通蒸汽前必须关闭计器导管。

（3）开末端放散管前蝶阀处于全开位置。

（4）依靠蒸汽清理煤气时，管道的放散出口必须在管道的上面。依靠空气对流自然通风清除残余气体时，进气口必须在最低处，排出口在最高处。

（5）进入管道内部工作必须取空气样品进行试验，符合卫生标准后发给许可工作证。

（6）煤气管道停气作业时应有计划地安排排水器的清扫、阀门检修和流量孔前清理工作。

（三）煤气设施停、送煤气操作有关事项的安全要求

（1）煤气设施停、送煤气是非常危险的作业，停、送煤气前，必须制定详细的作业方案，其中内容包括：目的、时间、地点、准备工作、操作步骤、安全注意事宜、组织人员机构，并附有停送煤气的管网草图。重大停送煤气危险作业应制定事故应急预案。

（2）所有参加作业人员须经过安全教育，做到技术交底、熟知操作步骤、明确责任、服从指挥并穿戴齐全劳动用品。

（3）煤气设施停煤气作业时应确认炉、窑、灶、烧嘴全部止火。可靠切断煤气来源，打开末端放散管，用氮气或蒸汽置换煤气直到合格为止。

（4）煤气设施送煤气前应确认煤气设施经有关部门验收合格具备送煤气条件。煤气设施应用氮气或蒸汽置换使用合格，使用煤气前必须做爆发试验三次，全部合格方可。

三、煤气设施炉、窑、灶操作安全技术要求

（1）炉、窑、灶送煤气点火时，必须确定烧嘴阀关闭严密，炉膛内有明火，燃烧系统应具有一定的负压。点火程序必须是先点燃火种，然后渐开煤气闸阀，严禁先给煤气后点火。

（2）凡送煤气前已烘炉的炉子，其炉膛温度超过 800 ℃时，可以不点火直接送煤气，但应严密监视其是否燃烧。

（3）送煤气点火时不着火或着火后又熄灭，应立即关闭煤气闸阀，查清原因，排净炉内混合气体后，再按规定程序重新点火。

（4）凡强制送风的炉子，点火时应先开鼓风机但不送风，待点火送煤气燃着后，再逐步增大供风量和煤气量。停煤气时应先关闭所有的烧嘴，然后停鼓风机。

（5）送气点火前做爆发试验合格后应及时关闭放散阀，煤气压力稳定在 5 000 Pa 左右方可进行点火作业。

（6）炉、窑、灶点火时闲杂人员必须撤离现场，操作人员应避开炉门、炉孔和看火孔，点火人员应侧面对着点火孔操作点火。

四、煤气系统的各种塔容器管道等设施操作要求

（1）煤气系统的各种塔容器及管道在停止通蒸汽吹扫煤气合格后，不应关闭放散管，送气时，若用蒸汽置换空气合格后，可送入煤气，待检验煤气合格后才能关闭放散管，但不应在设施内存有蒸汽冷凝水，以免形成真空压损设备。

（2）煤气塔容器、管道等设施送气前应用氮气进行一次检漏，压力控制在不大于 5 000 Pa 时，用肥皂水或洗手液水检验焊缝、法兰等连接部位，看是否有气泡，送煤气后也要再一次全面检查连接部件，看是否泄漏煤气。

（3）在打开煤气加压机、脱硫、净化和贮存等煤气系统的设备时，必须采取防硫化物等自然措施。

第三节　煤气设施的检修

一、煤气设施停煤气检修

（1）煤气设施停煤气检修时，应可靠切断煤气来源并将内部煤气吹扫干净。对长期检修或停用的煤气设施，应打开人孔放散管，保持设施内部的自然通风。

（2）进入煤气设施内工作时，应检测 CO、O_2 合格，进入煤气设施应带 CO、O_2 报警器，采取防护措施，设专职监护人员，作业人员进入设施内部工作时间间隔至少 2 h。

（3）进入煤气设施内检修动火作业，安全分析采样时间不应早于作业前 0.5 h，检修动火作业每两小时应重新分析，工作中断后回复工作前 0.5 h 也要重新分析，取样应有代表性，防止死角。当煤气密度大于空气时，取中、下部各一份气样；煤气密度小于空气时，取中、上部各一份气样。

（4）进入煤气设施内检测空气中 O_2 含量必须达到 20%，空气中 CO 的质量浓度与工作时间的关系为：CO 的质量浓度不超过 24×10^{-6}（10^{-6} 常记为 ppm）（相当于 30 mg/m³），可以较长时间工作；CO 的质量浓度不超过 40 ppm（相当于 50 mg/m³），工作时间 1 h；CO 含量不超过 80 ppm（相当于 100 mg/m³），工作时间 0.5 h；CO 的质量浓度不超过 160 ppm（相当于 200 mg/m³），工作时间 15 min。

(5)进入煤气设施内作业人员,除有防护员监护外,应有与外部联系的工具。

(6)进入电尘器检修前,必须采取安全停电措施,断开电源后,电晕板应接地放电。入内工作前,电尘器应与电晕板连接。

(7)进入煤气设备内部工作,所用照明电压不得超过 12 V。

二、运行状态下煤气管道的补修

1. 煤气管道裂缝的焊补

(1)准备工作:

①施工地点防火安全检查及消防器材准备。办理煤气设备动火申请手续;

②准备电焊机及焊条,并联系好电源;

③安装压力表监视煤气压力,专人看守。

(2)操作要点。在煤气管道裂缝两端的延长线上起焊,利用金属受热使裂缝收敛,接着将收口已不再外喷煤气的一小段逆向施焊。待此段焊完时裂缝又将出现不冒煤气的一小段,可以继续用同样的焊法焊接。如此从两端向裂缝中心逐段逆向施焊直至全部焊完。

(3)注意事项:

①本焊片最适用于管道母材开裂的情况,利用钢材本身的应力使裂缝合拢,避免外喷煤气将熔融金属吹掉,可用于高、低压气体、液体的一般可焊管道及容器。焊补时不降压,不停产进行。

②焊接人员应站在上风侧,以免中毒和烧伤。焊接时允许煤气着火,煤气压力监护人负责监视煤气压力变化,防止突然下降时引起回火爆炸。

③焊接前务须控制煤气外溢,在裂缝中嵌入东西或舰心焊缝进一步扩大,将焊口点焊固定都有碍本焊法的实施。

④由于在焊缝收口后施焊,焊缝的穿透不完全,一般应在全部裂缝焊完后再加焊一遍。

2. 煤气管道上的洞孔补焊

(1)准备工作:

①采取临时措施先将孔堵塞使之不外溢出煤气,以利于工作安全。

②检查空洞附近管壁情况,确定修补范围,准备材料并加工。

③根据具体情况和修补方式做好一切失控准备和安全防护措施。

(2)修补方法:

①属于管道上部或侧面小洞孔,以管壁同厚度同材质钢板,在监护煤气压力下直接贴焊。先将贴补块点焊上,便于手持铁丝,去掉临时堵塞物并清除干净补焊区后,顶煤气压力将钢板焊上。

②在管道下部或其他部位有孔洞和面积较大的穿孔,应将补贴钢板先加工成型,两端做成用螺栓收紧的卡子,待在管道上的贴补处安放收紧达到贴合严密后,在监护

煤气压力的情况下,将贴补钢板四周漏焊上。

③成串腐蚀的管道,可在上部或下部焊补其中心角为 90°的成型钢。在湿交界线用角钢覆盖两肢同时加焊。

④如果煤气管道下部已大面积腐蚀穿孔或管道侧面的气液交界面处腐蚀成线,出现穿孔,这种情况下做局部焊补已无济于事,则应停气更换新管。

3. 托座处管底漏气的处理

(1)钢制固定管托,铰接管托和下滑式管托处的管底漏气时,可采取将托座的弧形衬板四周直接焊接在管壁上来处理。这样既简单又不影响管架功能。

(2)混凝土架和上滑管托处的管底漏气,则应将管道托起衬垫钢板然后将衬垫钢板四周焊上。

三、运行状态下煤气管道上的钻孔

1. 煤气管道在以下情况下需要带气钻孔

(1)需要吹刷无放散管或取样管的管端。

(2)需要临时通气或氮气灭火,通气解冻。

(3)需要增加放水或排水点。

(4)需要放固定稳钉折断的蝶阀。

(5)需要测定管内沉积物厚度。

(6)需要安放橡胶球隔断煤气施工。

(7)需要安装测温、测压、测量等仪表或导管。

(8)需要新添煤气用户等。

2. 准备工作

(1)施工操作平台和斜梯。

(2)检查周围火源,做好消防准备。

(3)钻孔全套机具包括机架、钻头、铁链、抓钩、机垫、搬把等。

(4)施工工具材料如管链、活扳手、手锤、拉绳以及内接头、阀门、木塞、铅油、衬垫、接口材料等,并将内接头一端先安装好阀门。

(5)每人一个防毒面具,并有防护人员在场。

(6)焊好固定搬眼机机座的螺母并准备好锥端固定螺钉。

3. 操作

(1)先将搬眼机用锥端固定螺钉和铁链固定,机底与管壁间以 1 mm 厚胶垫防滑动。

(2)安装好钻头、搬把及拉绳。

(3)摇动搬把开始钻孔,用力要均衡一致。

(4)在漏煤气前佩戴好防毒面具,施工周围进行安全警戒,禁止烟火和通行。

(5)煤气冒出后继续搬钻至套扣完成为止。

(6)卸下搬眼机架。

(7)旋退出钻头,用脚踏堵钻孔。

(8)带煤气旋上带内接头的阀门。

(9)将管头四周焊接,加固与管道的连接。

四、煤气管道附属设备的修理

1. 阀类检修

(1)填料漏气:煤气阀类轴封填料采用一般石棉绳时因失水常引起泄漏,经常吸水易使轴杆腐蚀,油浸填料在水分细菌和氧的作用下长期使用后也会变质,因此,建议煤气阀类填料采用柔性石墨,无变质现象又有自润滑功能,对解决阀门填料漏气大有好处。

(2)阀壳开裂:阀类外壳多数情况是铸铁件,开裂以后先用石棉绳堵漏使之不向外冒气,滴水时在挡风蓬内使用预热的铜镍焊条施焊。

(3)内部零件损坏:如丝杠弯曲,稳钉折断、内部密封填料更换等,一般采取定期检修的办法进行。

2. 补偿器检修

(1)补偿器开裂:

①补偿器在非应力集中区开裂时同一般管壁开裂进行顶压补焊。

②补偿器在非应力集中区开裂时不能焊补,应制作外套将其封闭,套罩上备有吹刷和放水管。待停气后以新备品换上。

(2)补偿器内导管受阻造成失效或变形时,应具体分析是推力方向还是导管在内部焊死或异物卡住,分情况进行处理。属于外力原因应从管网布置上采取措施,属于本身失效就只有停气时处理。

(3)补偿器鼓壁腐蚀穿孔。为满足弹性力要求,一般鼓壁钢板较薄易于腐蚀穿孔,鼓壁腐蚀穿孔后的焊补与焊补一样进行,只是壁薄在焊接时应很好控制电流以免操作中出现烧穿,增加困难,由于腐蚀情况在诸补偿器间差别不会太大,而且由于焊补使局部鼓壁增厚使其功能降低,在这种情况下应及早准备备用品,以备停气时更新。

五、带煤气危险作业的要求

带煤气作业,如带煤气抽堵盲板、带煤气操作眼镜阀、插板阀、带煤气接管等危险工作,不应在雷雨天进行,不宜在夜间进行,作业时应有防护员在场监护,操作人员应佩戴呼吸器或长管通风防毒面具,并应遵守下列规定:

(1)工作场所必须备有对讲机、煤气压力表、方向标志等。

(2)距工作场所40 m内严禁火源,应采取防止着火的措施,配备消防水带、灭火器材。

（3）与工作无关人员应撤离作业点 40 m 以外，路口封道禁止车辆通行。

（4）应使用不发火星的铜制工具，使用钢制工具工作前必须涂上润滑油脂，且严禁敲打撞击。

（5）带煤气抽堵高炉煤气，转炉煤气盲板时，压力应降到 4500 Pa 以下。带焦炉煤气、天然气抽堵盲板时，压力应降到 3500 Pa 以下。

（6）严禁在具有高温、火源的炉窑等建筑物内带煤气作业。

六、煤气设备上动火危险作业安全措施

1. 在运行的煤气设备上动火

在运行的煤气设备上动火，只能用电焊，不许用气焊气割，管道内保持正压 5 000 Pa 以上，严禁在不流动的死煤气管道上动火。设备应无煤气泄漏，如有泄漏先堵，必须堵至不泄漏才能动火。清除周围易燃物，配备消防水带、灭火器。

2. 在煤气设备附近动火危险作业

在煤气设备附近动火应确认无煤气泄漏，如有泄漏必须处理，确保不漏。清除周围易燃物，不准在煤气设备上打火、乱拉接地线。法兰、人孔闸阀、蝶阀、排水器等易漏煤气处动火前应用防火材料隔挡，配备一定数量灭火器材。

3. 在停运煤气设备上动火危险作业

必须采取可靠的措施切断煤气来源，煤气设施用氮气或蒸汽置换合格，打开动火点附件的人孔、手孔、清除设备内动火点的沉积物。（也可根据情况通入一定量氮气，带氮气动火），现场应配备一定的灭火器材及消防水。

第四节　煤气管网维护

煤气管网的维护，目的在于保证输气安全和保持设备经常处于正常工作状态。管网维护的出发点是预防，基本内容是防火、防漏、防冻，防腐蚀，防超载和防失效，管网维护的工作方法是经常巡检与定期专项工作相结合。

一、煤气管网的巡检

企业煤气管网的巡检和操作的基本任务，是操作和监护设备的进行状态，及时发现和处理运行中的故障，排除危险因素，完成日常的保修任务。工作的侧重点在于防火、防冻、防超载、防失效。发现泄漏及时处理，及时汇报，以保证管网的安全运行和正常输气。

（1）煤气管道及附加管道有无漏气、漏水、漏油现象，一经发现应及时分工处理。

（2）架空管道跨间弯曲，支架倾斜，地基下沉及附属装置的完整情况，金属腐蚀和混凝土损坏情况。

(3)地下管道上部回填层有无塌陷、取土、堆重、铺路、埋设、种树和建筑情况。

(4)架空管道上有无架设电线、电缆,增设管道或其他东西,管道下有无存放易燃易爆物品,管线附近有无取土挖坑或设有仓库或建筑物。

(5)煤气管道上及周围明火作业是否符合安全规定;防火措施是否得当;电焊作业是否利用煤气管道导电;气焊作业的气体发生器能否危及煤气管道的安全;废液水如何处理;附近管道漏气及含煤气废水能否危害该处人员。

(6)排水器及水封的水位能否保证;排水能否正常;下水道是否堵塞;与生活下水道是否连通。

(7)冬季管道附属装置的保温情况如何;有无冻结及堵塞情况;有无积水及水瘤及其危害程度如何。

(8)管线附近施工有无利用管道及支架起重或拖拉的情况;吊挂物能否危及管道安全;发现后应立即制止。

(9)架空管道接地装置及线路完好情况;地下管道拐点桩及电防腐设施是否完好。

(10)各处消防,急救通道的堵塞情况。停气检修用户及新建煤气工程对现有管网的影响。

二、煤气管道定期维护工作

定期维护工作是煤气管道中工作量较大的专项工作,主要内容包括:

(1)每五年为煤气管道及附属装置的金属表面涂刷防腐漆;

(2)每两年进行一次管网标识并测量一次标高;

(3)每年进行一次管网壁厚检测并详细记录;

(4)每年进行一次输气压降检测和主要流量孔到管道以及集气主管的沉积物厚度检测;

(5)每年入冬前和解冻后要检查一次泄漏并填写记录限期处理,阀门填料每季度检查一次;

(6)每年夏季到来之前要普遍检测一次接地电阻,检查一次防雷、防雨和防风装置,疏通清理一次下水井和排水道;

(7)每年一季度和三季度普遍进行润滑查补的工作,汽道阀门在停气和送气前加油一次;

(8)每年停气前进行一次防寒设备的检查,制订检修改造计划,三季度完成施工;

(9)每年二季度普遍进行一次排水器清扫,防锈和刷油;

(10)每年三季度进行一次钢支架根部漆和混凝土支架补修;

(11)每年入冬前进行一次放散管开关试验,放掉阀门前管内的积水,检查一次补偿器存油并随即补充。

三、煤气管网的设备管理

(1)煤气管网必须有与实物一致的全部完整图样和资料存库。

（2）企业必须有完整的平面布置管网图。

（3）每条煤气管道必须建立专门技术档案资料，包括以下内容：

① 计单位、时间，设计依据，设计能力与载荷，地质及测绘资料；

② 修建单位、时间，使用材料和选用设备的试验资料，试验及其他有关资料。

第九章

煤气安全防护技术

第一节　煤气防护一般知识

煤气中毒是由一氧化碳通过人的呼吸进入人体内造成的。煤气防护，除了煤气防护员、煤气作业人员自身对呼吸系统进行保护外，还包括对已中毒的人员进行现场急救。由于临场惊慌，救护人员未佩戴防毒面具或防毒面具使用不当等原因，处理煤气事故过程中伤亡人数很多，所以救护人员正确使用防护及救生设备以及现场镇定自若非常重要。

呼吸器官的防护用具按处理空气的方法大体分过滤式、自给式、送气式三种，应根据具体情况选用。当有毒有害气体体积浓度小于 1%，且氧气含量高于 17% 时，可以采用轻防护；当有毒有害气体体积浓度大于 1%，或氧气含量低于 17% 时，应采取重防护。

轻防护的防护范围包括滤尘、滤毒、滤蒸汽、复合过滤，过滤器分为 A、B、C、D 四组。轻防护采用鼻夹式、半面罩、全面罩和逃生器四种防护形式。

（1）鼻夹式：利用鼻夹夹住鼻孔，通过含在嘴中的呼吸器具——过滤罐进行过滤呼吸。

（2）半面罩：将鼻、嘴同时封闭在面罩内，通过过滤罐进行呼吸。它可提供一定的有效过滤防护时间，供使用者撤离现场。

（3）全面罩：将眼、鼻、嘴全部罩在呼吸器内，面罩前部可接过滤罐。

（4）逃生器：它是一种采用特殊材质制作的头套式防护面罩，可折叠在盒内，设在需要使用的位置或随身携带，可提供 15 min 的有效防护时间，用于火灾时的防烟、防毒和防辐射。

重防护是采用全面罩将面部全部封闭，并自带呼吸气源，不使用现场环境的空气呼吸的防护方式。呼吸气源有背负式压缩空气呼吸器、背负式氧气呼吸器、长管式呼吸器。

第二节　煤气安全仪器

近年来，由于煤气设备多，分布操作复杂，危险性大，为了搞好煤气安全防护工作，保障煤气危险作业和煤气事故中操作人员和救护人员的作业顺利和人身安全,煤气设施以惊人的速度不断发展,在煤气安全仪器方面,有空气呼吸器、CO报警仪。抢救煤气中毒的急救装置有自动苏生器等。为了使大家在工作中更好地掌握应用安全仪器,下面讲解仪器的性能、使用方法和注意事项。

一、空气呼吸器

空气呼吸器是隔离式防毒安全仪器的一种,可以在浓烟、毒气和缺氧的环境中安全有效地进行抢险、救灾、检修和救护工作,广泛应用于消防、化工、石油、冶金、矿山等领域中。

1. 空气呼吸器的主要部件

如图9-1所示,空气呼吸器的主要部件有气瓶,背板,皮带,全面罩,减压器,供需阀,压力表,低压声音报警器,中、高压空气管。

图 9-1 空气呼吸器

2. 空气呼吸器的工作原理

空气呼吸器是利用压缩空气的正压自给开放式的仪器。工作人员从肺部呼出的气体通过全面罩上的呼气阀排到大气中,当工作人员吸气时,有适量的新鲜空气由气瓶经气瓶开关、减压器、中压导管、供需阀、吸气阀进入肺部,完成整个呼吸循环过程。在呼吸循环过程中,由于在全面罩内的口鼻罩设有吸气阀和呼气阀,它们在呼吸过程中是单一方向开启的。因此,整个气体流始终沿着一个方向前进,构成整个呼吸循环过程。

空气呼吸器的气体流程如图9-2所示。

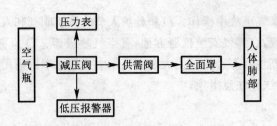

图 9-2 空气呼吸器的气体流程图

4. 空气呼吸器的使用

下面以 Gougar 空气呼吸器为例进行说明。

(1)使用前的检查：

①佩戴前首先要打开气瓶开关,听到警笛声,查看压力指针是否在绿色范围内,压力约为 28～30 MPa。

②关闭气瓶开关,在 5～10 min 内观察压力指针,若下降不到一格(约 2 MPa 左右),则供气系统气密性完好。

③按一下供需阀上的开关,打开气路放出空气,指针到红色范围内停止放气。听一听低压报警器是否发出警笛声,同时也是对报警气路的一次吹洗。

④检查各部件是否完好,背带、腰带、面罩、头带调整到适当位置上。

(2)使用方法：

①将背带、腰带、面带、头带理顺,调整到适当位置上；

②两手抓住背板高举过头部(两手臂位于肩带内),双手抓住肩带,呼吸器自然落于背部；

③双手抓住肩部调整带,身体微向前倾,同时将调整带向下拉紧,再将腰带扣上,然后将调整带向前拉紧,以合身舒适为好；

④右手伸至背后握住气瓶开关,向逆时针方向旋转,此时会听到短暂的报警声响,检查胸前压力表指针是否在绿色范围内；

⑤带好面罩,先收紧下方两条颈带,再收紧上方三条头带,用手掌堵住面罩进气口,并深吸气,验证面罩与脸部的严密性；

⑥将供需阀与面罩接合上,同时立即深吸气打开供需阀的气阀,呼吸正常且面部感觉舒适,方可进入作业现场。

(3)脱卸方法：

①确认带煤气作业完毕后,按下供需阀上的释放按钮使之与面罩分离,然后速将供需阀上的开关关闭,再将供需阀扣入腰带的固定位置上。

②脱下面罩,松下腰带、背带,取下呼吸器,关闭气瓶开关。

(4)使用和保管注意事项：

①使用中,当气瓶压力降至报警器发出声响时,应立即撤离作业现场；

②使用中,突然感到气流不畅,呼吸困难,速将供需阀上的红色旋钮反时针转动,

打开旁通阀,并立即离开作业区域到安全地方,再卸下呼吸器全面检查;

③气瓶禁止高温、日晒,不得碰撞和划伤表面;

④面罩与人体面部有良好贴合的气密性,必须妥善保管以免损坏;

⑤呼吸器严禁接触油污,使用完毕必须及时清洗、消毒、更换气瓶;

⑥呼吸器应摆放橱柜内,室内温度应保持在 5～30 ℃。

二、CO 报警仪

CO 报警仪有便携式和固定式两大类,只是外形不相同,但工作原理基本一致。便携式 CO 报警仪是操作人员随身佩戴进入煤气区域作业时使用的,用于测定空气中 CO 含量的安全仪器。固定式 CO 报警仪,安装在煤气设施易泄漏的区域,能对作业环境中的 CO 气体含量进行实时监测,具有现场检测、控制和可同步输出信号进行远程集中控制的功能。

(一)CO 报警仪工作原理

CO 报警仪由电化学传感器取样电路、检测信号显示电路、电流/电压转换电路、报警点调节电路、两级报警器驱动电路、控制接点驱动电路以及声光报警器等组成。

电化学传感器采用控制电解法原理,其构造是在电解池内安置三个电极,即工作电极、对电极和参比电极,并施以一定的偏置电压,以薄膜同外界隔开,内有电解液。被测气体透过薄膜到达工作电极,发生氧化还原反应,此时产生的电流与被测气体浓度成正比。

传感器采样的电流信号经过电流/电压转换电路,电压放大电路后得到一个电压信号,此信号的电压大小与被测气体浓度线性关系。同时,单片机对此信号进行高频率的采样、数据处理、报警点对比,最后控制显示电路显示出对应的浓度值,同时并对设置好的报警点进行对比以控制报警电路进行声、光报警两种方式。

(二)便携式 SK103 型报警仪

1. 主要部件

如图 9-3 所示,便携式 SK103 型报警仪由传感器、蜂鸣器、显示器、报警灯、电路板、电源开关、电位器、电池、外壳组成。

2. 主要技术参数

(1)检测范围:0～2 000×10^{-6}(常写做 ppm)。

(2)报警值:根据国家规定设定报警值为 50×10^{-6}(常写做 ppm)。

(3)报警方式:蜂鸣器断续急促声音,红色发光二极管闪亮。

(4)电源电压:9 V,积层碱性电池。

(5)报警误差:±5%。

3. 使用方法

(1)打开开关,此时传感器进入极化状态显示板数字逐步下降,逐渐恢复到显示为零位。

图 9-3　便携式 SK103 型报警仪

（2）发光二极管每 10 s 闪亮一次说明该仪器进入正常使用状态。

（3）现场使用时，勿将脏物堵塞传感器窗口。

（4）仪器用完后要关闭电源开关，以节省电池能量，延长传感器的寿命。

（三）便携式 K60 型报警仪

1. 主要技术参数

（1）检测范围：0～2 000 ppm。

（2）报警方式：高、低两级声光报警，震动。

（3）工作温度：-10～40 ℃。

（4）工作电压：3.6 V。

（5）报警误差：±5％。

2. 操作方法

（1）该仪器有 4 个功能键按钮，最下面的为 $K_1 \odot$；K_1 上面的为 $K_2 \triangledown$；$K_2 \triangledown$ 上面的为 $K_4 \triangledown$；K_4 右面的为 $K_3 C$。

（2）开机操作：轻按 K_1 按键，滴滴声后，屏幕出现零为数字，立即松放按键，仪表进入正常工作。

（3）关机操作：长按 K_1 三秒，响三声后屏幕数字显示消失，立即松放按键，仪表正常关机。

（4）其他 K_2、K_3、K_4 按键是专业人员用于调试、调零、标定时使用的，其他人员不得擅自使用这些按键。否则会造成仪表工作不正常。

图 9-4　便携式 K60 型报警仪

(四)便携式CO报警仪使用注意事项

(1)仪器必须定期进行标定校验,贴有计量确认合格证,才能投入使用。

(2)使用前应对仪器充分了解,按使用方法规定操作。

(3)打开开关,显示器中显示的数字无异常,同时,仪器在处于自己呼吸的空气范围内不能被衣物裹住。

(4)测定时应由低浓度区域逐渐向高浓度区域进行,当接近 2 000 ppm 时,必须立即停止检测并离开该区域。

(5)报警仪检测结束应及时关闭电源开关,严禁非专业人员自行拆卸。

(五)便携式CO报警仪日常维护

(1)仪器应建立健全管理台账,落实负责使用保管人员。

(2)检测仪表是用来测定空气中 CO 气体含量的仪器,不能用于测定空气中可燃气体的含量,特别是天然气的含量。

(3)严禁用烟雾试验仪器的传感器,也不得将仪器长时间内放在高浓度 CO 区域内,以免影响灵敏度,损坏传感器。

图 9-5　SP-1005 型单点壁挂式
CO 固定式报警器

(4)仪器发生故障或更换电池时,应送到防护站检查处理,严禁私自拆卸仪器。

(六)SP-1005 型单点壁挂式 CO 报警仪

主要技术参数:

(1)检测范围:0~1 000 ppm。

(2)报警方式:两级报警连续可调。具有 50 ppm(低)至 100 ppm(高)连续可调的报警性能。

(3)工作环境:-20~45 ℃。

(4)相对湿度:<95%RH。

(5)检测误差:±5%。

(6)工作电源:220 V AC/50 Hz。

(七)K500 型 CO 检测报警器

主要技术参数:

(1)检测范围:0~1 000 ppm.

(2)报警方式:高、低两级声光报警(带消声功能)。

(3)工作环境:-5~40 ℃。

(4)检测误差:设定值±10%

(5)工作电源:187~242 V(AC)/(50±0.5 Hz)。

图 9-6　K500 型 CO 检测报警器

（八）固定式报警器使用注意事项

（1）报警仪的使用及维护，应建立健全台账由专人负责。

（2）仪器必须定期进行标定，计量确认合格才能正常使用。

（3）该仪器使用 220 V/50 Hz 电源，电源插座应有良好的接地电阻（<0.5 Ω）。

（4）为了防止灰尘杂质堵塞传感器防护孔，导致检测灵敏度下降。传感器组件中的防虫网要定期清理，更换时首先要切断电源，将传感器组建内施紧螺母从下侧旋出，然后取出防虫网清理后，再按原顺序装回。

（5）传感器内有酸性溶液，用户不得自行拆卸。

（6）安装位置应尽可能选在室内门、窗或煤气设施易泄漏的点位。安装时根据情况，如果操作人员经常坐着，则建议安装在 1～1.2 m 高度范围。如果操作人员经常走动，则建议安装在 1.5～1.8 m 高度范围。

三、自动苏生器

自动苏生器是一种自动进行正负压人工呼吸的急救装置，能把含有氧气的新鲜空气连续、自动输入伤员肺部，又能自动将肺部内气体抽除并连续工作。自动苏生器装置充装医用氧气，在有氧情况下进行口腔、气道异物的吸除和实行人工呼吸。既可用于呼吸麻痹、抑制人员的抢救，又可用于缺氧人员的单纯吸氧。对于因胸外伤、CO 或其他有毒气体中毒及溺水、触电等原因造成的呼吸抑制和窒息人员，通过该装置的负压引射功能可吸出伤者呼吸道内的分泌物、异物等，并通过肺动机构有规律地向伤者输氧和排出肺内气体而使伤者自动复苏，是智能化的急救产品，特别适用于有群众人员遇险的抢救场合。单纯吸氧功能适用于一切因缺氧引起的症候群，如高原缺氧、心脑血管疾病，呼吸系统疾病，脑力劳动者的保健吸氧及家庭氧吧等。该仪器重量轻、操作简单、性能可靠，适合石化、冶金、矿山等企业的抢救、救护伤员现场使用。

1. 自动苏生器的主要部件

自动苏生器主要部件包括氧气瓶、引射器、吸痰瓶、减压器、压力表、配气阀、自动肺、呼吸阀、面罩、压舌器、校验囊、开口器、头带、括舌器、高压导管、输气导管、活动扳手、外壳等，如图 9-7 所示。

2. 自动苏生器工作原理

氧气瓶内的高压氧气经减压后到配气阀，根据伤员的不同需要，使用接在配气阀的自动肺、自动呼吸阀或引射口。当伤员不能自己呼吸时用自动肺向伤员的肺部充气或抽气。当伤员能自主呼吸时用呼吸阀吸氧，当伤员的呼吸道有分泌物时，可用引射器将分泌物吸出。

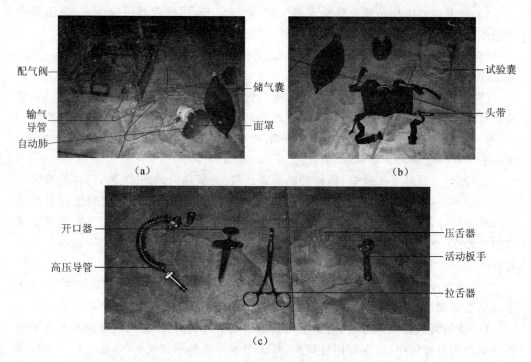

图 9-7　自动苏生器主要部件

自动苏生器的气体流程如图 9-8 所示。

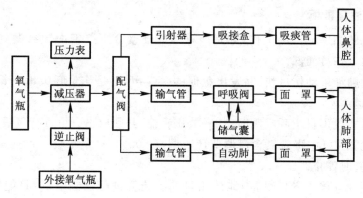

图 9-8　自动苏生器的气体流程图

3. 使用方法

（1）安置伤员。将伤员安置在空气新鲜的场所，仰卧在担架上或平整的地方，解开紧身衣物，适当覆盖保持体温，肩部垫高 100～150 mm，头部尽量后仰，面部转向一侧，以利于呼吸畅通，如伤员有其他外伤，及时联系医务人员到现场抢救，必要时经医生同意送往医院途中必须对伤员进行输氧。

（2）检查中毒伤员的知觉、呼吸、心跳、血色、瞳孔，判断其中毒程度。

(3)将开口器由伤员嘴角处插入前齿间,将口启开,用拉舌器拉出舌头,再用药布或毛巾裹住食指,清除口腔中的分泌物和异物。

(4)清理口腔后根据情况选择适当的压舌器放入伤员的口腔内,防止伤员舌后坠,堵塞呼吸道。

(5)清理伤员喉腔,从伤员鼻腔插入吸引管,打开气路将吸引管往复移动,污物、黏液水等异物则被吸至吸痰瓶。若吸痰瓶内积污已满,可拔开连接管,半堵引射器喷孔(注意:全堵则吸痰瓶易炸),积物即可排除,接好连接管再次使用。吸引管根据成人、少年的不同一般插入 250~350 mm。

(6)操作自动肺人工输氧:将自动肺与导气管、面罩连接,打开气路,再将面罩紧压在伤员面部,自动肺便自动地交替进行充气与抽气。与此同时,用手指轻压伤员的喉头的环状软骨,借以闭塞食道,防止气体充入胃内,导致人工呼吸失败。伤员胸部有明显起伏动作,此时可停止压喉,用头带将面罩固定。自动肺出现瞬时紊乱,说明伤员已有呼吸,应改用呼吸阀自主呼吸。

(7)操作呼吸阀自主吸氧:将呼吸阀与导管、储气囊、面罩连接,打开气路将面罩紧压在伤员面部,使储气囊不经常膨胀和空瘪,伤员自主呼吸时,用头带将面罩固定。

(8)使用氧气的操作方法,为了不间断地抢救中毒伤员,在使用仪器内氧气瓶中的氧气抢救伤员过程中,应立即用外接头、高压导管连接外用氧气瓶,方法是打开外接氧气瓶开关,同时关闭仪器内氧气瓶开关。仪器内氧气瓶的氧气应作为更换外接氧气时使用。更换外接氧气时,应先打开仪器内氧气瓶开关,再关闭外接氧气瓶开关。

4. 使用注意事项

(1)自动肺如果不自动工作,则是面罩与面部接合不严密而导致漏气,应重新调整,使面罩紧压伤员面部。

(2)自动肺如果动作过快,并发出急促的喋喋声,则是伤员呼吸道不畅,应马上重新清理呼吸道。

(3)伤员在改用自主呼吸阀时,如安放压舌器,必须取出方可进行氧吸入。

(4)对抢救 CO 中毒者氧含量调节环应调至 100%,自主呼吸不可过早终止,应在伤员完全恢复时停止。

(5)对腐蚀气体中毒伤员,不能使用自动肺装置进行强制输氧,只能用呼吸阀装置,进行自主吸氧

四、氧气呼吸器

氧气呼吸器是一种与外界隔绝的再生器。受过专门训练的工作人员佩戴着它,可以在窒息性的或有毒气体中进行复杂的工作。随着煤气发生量和使用量的增大,由于煤气设备多、分布广、操作复杂、危险性大,在厂区和市区煤气能源是生产及生活中不可缺少的部分。因此,为适应带煤气作业、处理煤气事故、处理其他有毒气体事故的需要,保障煤气岗位操作人员、煤气检修人员或救护人员工作的顺利完成与生命安全,防止煤气中

毒或其他有毒气体中毒事故的发生,氧气呼吸器成为钢铁企业中必备的安全仪器。

下面着重介绍常见的氧气呼吸器:四小时氧气呼吸器和二小时氧气呼吸器。

(一)四小时氧气呼吸器

1. 四小时氧气呼吸器主要部件

氧气呼吸器是由 17 个主要部件组成,外形尺寸为 410 mm×360 mm×120 mm,总质量为 11.5 kg。

(1)口具:是放在口内的一种高级橡胶制成品,通过它与唾液盒连接作为呼吸通道。

(2)唾液盒:带有三个管头而密封的铜制镀锌盒,两端的管头分别接到呼吸软管上,中间管头接到口具上。盒中间有隔板,把唾液盒分成两部分,上半部作为呼吸通道,下半部分装入药棉,用来收集口中吐出的唾液,下侧有螺钉,把它拧开后,更换药棉。

(3)鼻夹:是用 1.5 mm 钢丝围成的弹簧,夹住两橡胶瓣(称作鼻夹瓣)。作用是用来夹鼻子而用口呼吸。

(4)呼气阀:是具有单项导气性的自动阀门,一端接在清净罐的上端,另一端接在呼气软管上,当呼气时,由于气流压力的作用,弹簧被压缩,云母片离开阀座,气流经过出气口进入清净罐中。

(5)吸气阀:是一种具有单项导气性的阀门,一端接在气囊上,另一端接在吸气软管上,当吸气时,阀内弹簧受到负压作用,云母片离开阀座,气囊内的气体经吸气软管吸入人体。

(6)水分吸收器:是将清净罐与气囊连接起来的一个椭圆形铜制盒子,中部有隔板,上半部用来做清净罐出来的气体进入气囊通道,下半部装有药棉 12~15 g,用以收集气囊中流出来的水分。药棉用过一次必须更换新的,更换时将堵头螺钉拧开即可。

(7)气囊:是用一种高级夹线橡胶制成的,在气囊上部有接头管和吸气阀连接;有活动螺帽的接头与减压器连接;下端中间的橡胶管与水分吸收器连接;气囊前部硬壁上有孔,孔内装排气阀;硬壁下部有杠杆架,用螺钉与杠杆连接;右侧带有活动螺帽与分路器连接。气囊的作用是贮存一定量的氧气,当从清净罐出来的气体进入以后,与氧气瓶通过减压器供给的氧气混合,又重新组成了新鲜气体,供人体吸入肺部,气囊有效容量为 3.7 L。

(8)自动排气阀:是一种具有单向导气性的阀门,使外界空气不能进入气囊。当减压器供给气囊的氧气量超过工作人员需用量时,或者需要排出积聚在整个系统内的废气的一种自动装置。当气囊内压力上升到 196.294 Pa 时,气体充满气囊,使之前后壁膨胀,锁母顶着杠杆,气囊中多余的气体自动排出,当气囊内压力降至 196.294 Pa 以下时,借弹簧的作用,排气阀又恢复正常闭合状态。

(9)氧气瓶:是由铬锰矽合金无缝钢管制成的,公称容量为 2 L,在 20 MPa 时,氧气贮存量为 400 L,氧气瓶上有开关,向顺时针方向即关闭,反之向逆时针方向即开启。

(10)减压器:是由两个部分所组成,即减压室和自动补给器。减压器是整个呼吸器中最重要的部分,由 34 个零件组成。它的作用是把高压氧气的压力降低 0.25～0.3 MPa,使氧气通过定量孔不断送至气囊中,无论氧气瓶内的压力大小,这一供给量应保持在 1.1～1.3 L/min。减压器的上半部分称为自动补给器,作用是当定量孔供给气囊的氧气不能满足工作人员使用时,从减压器室内直接自动向气囊输送氧气,当气囊内的气体足够呼吸时,阀门即保持关闭状态。

(11)杠杆:一端连接减压器三棱架上,另一端连接气囊后部硬壁上,当气囊内压力降至 147～255 Pa 的负压时,气囊外壁下沉,杠杆借螺丝杆的支点作用,将三棱片提起,弹簧被压缩,阀门离开阀座,氧气经过气孔以 5～6 L/min 的流量进入气囊,杠杆随着人体肺部呼吸而上下移动。

(12)氧气分路器:是把氧气经高压导管一路供减压器、一路送至压力表,同时附有手动补给器的一种机构。在氧气通往压力表及手动补给器之间有一开关,当工作时发现压力表与手动补给器之间有漏气现象时,可转动把手阀门使氧气停止送往压力表和手动补给器,专供减压器。手动补给器的用途是当减压器的定量孔遭到堵塞,同时自动补给器动作失效,或气囊中废气积存量过多,呼吸感到不适时,可用手动补给来供给氧气,清除废气。

(13)清净罐:是用薄壁铁板制成的。上端有接头螺钉与呼吸阀连接,下侧端接头与水分吸收器连接,堵头螺钉用以装卸吸收剂,它的作用是吸收人体呼出的二氧化碳。质量 1 800 g,可以安全使用 4 h。

(14)压力表:是氧气贮存量的指示仪器,表针指示压力的数值,就是表示氧气瓶中氧气的贮量。

(15)呼气软管:是一条包纱的形波橡胶管,一端连接于唾液盒的接头管,另一端连接在吸气阀上。

(16)吸气软管:同呼气软管一样,端连接于唾液盒的另一头接头管,另一端连接在吸气阀上。

(17)外壳及盖子:氧气呼吸器的外壳是用来安装其全部的零件,同时保护它们不因受到意外的碰撞而遭受损坏,延长使用寿命。

2. 氧气呼吸器工作原理

工作人员呼出的气体,经口具、唾液盒、呼气软管、呼气阀、清净罐、水分吸收器进入气囊,在这一过程中,气体中的 CO_2 在清净罐内被氢氧化钙吸收,其反应式为 $Ca(OH)_2 + CO_2 = CaCO_3 \downarrow + H_2O$。另外,氧气呼吸器气瓶中氧气经高压导管减压器进入气囊中,与气囊中的气体混合成新鲜气体。当工作人员吸入气体时,气体由气囊吸气阀、吸气软管、口具进入体内。

3. 氧气呼吸器的使用方法及维护保管

(1)使用前的检查

①背带,腰带是否齐备,鼻夹松紧是否适宜;

②打开氧气呼吸器盖子,各部是否连接牢固,有无漏气的现象;

③打开氧气瓶,氧气压力是否在 10 MPa 以上;

④打开氧气瓶,听一听减压器的定量供氧的声音,丝丝的声音为好使;

⑤将口具戴好,鼻夹夹好,做深呼吸,检查自动补给是否好使;

⑥左手堵住口具,右手按手动补给阀,气囊充满后,将氧气瓶关止,用右手去按气囊硬壁,检查整个呼吸器的严密程度;

⑦检查自动补给阀,用手动补气满气囊,用口具呼吸不深时,应毫不费力地往外排气。

(2)使用方法:

①经认真检查后,将氧气呼吸器背好,呼吸软管放在左右肩上;

②打开氧气开关,并按手动补给阀,将气囊中废气排出;

③带好口具,夹好鼻夹;

④做深呼吸数次,无异常感觉后,方可进入煤气区域。

(3)使用中的注意事项:

①在有毒气体区域内,严禁摘口具讲话;

②经常注意氧气压力,低于 3 MPa 时,应立即离开有毒气体区域;

③严禁用肩扛东西,呼吸软管不能挤压;

④严禁与油类接触以免着火或爆炸;

⑤吸气阀、吸气阀上的云母片,冬天易冻,夏天易粘住。

(4)氧气呼吸器的维护:

①氧气呼吸器的放置地点必须固定,应放在固定箱内;

②氧气呼吸器使用后,必须恢复到百分之百完好状态;

③氧气压力低于 10 MPa 要重新更换;

④清净罐使用时间累计 4 h 要更换氢氧化钙;

⑤对气囊、呼吸软管要进行清洗、消毒。

(5)氧气呼吸器保管:

①氧气呼吸器避免日光直射,以免橡胶件硬化或高压部分降低安全度;

②呼吸部分要保持清洁干净。

③氧气呼吸器室内,要清洁卫生,严禁油脂类;

④保管室内温度应保持在 5~30 ℃之间,不应过于干燥或潮湿;

⑤各厂矿保管使用的氧气呼吸器,发生故障时,应立即送往动力厂煤气防护站检修,并定期送防护站检查。

(二)二小时氧气呼吸器

二小时氧气呼吸器是由 16 个主要部件组成,外形尺寸为 320 mm×320 mm×154 mm,总质量为 7.5 kg。

二小时氧气呼吸器主要部件有：口具、唾液盒、呼吸软管、吸气软管、呼气阀、吸气阀、气囊、自动排气阀、氧气瓶、减压器、压力表、清净罐、外壳、杠杆、鼻夹、按钮。

(1)口具、唾液盒、鼻夹、呼气阀、吸气阀、自动排气阀、压力表、呼吸软管和四小时呼吸器完全相同。

(2)氧气瓶构造及作用与四小时呼吸器相同，只是大小不同，二小时氧气呼吸器的氧气瓶容积为 1 L，在 20 MPa 时，氧气贮存量为 200 L。

(3)气囊的构造及作用与四小时呼吸器完全相同，只是大小不同，连接的地方不同；二小时气囊的有效容量为 2.3 L。

(4)清净罐的构造及作用与四小时呼吸器完全相同，只是大小不同，可装吸收剂 1 200 g，连接的地方不同，清净罐的下侧接头与气囊相连接。

(5)减压器构造及作用与四小时呼吸器基本一样，不同的是二小时减压器，压力表直接与减压器相连，多出手动补给按钮及接头。

(6)外壳及盖子的作用与四小时呼吸器相同，只是比四小时呼吸器规格小。

二小时氧气呼吸器工作原理、使用方法、维护保管与四小时氧气呼吸器完全相同。

五、高压氧舱

高压氧舱是指医疗上给病人进行氧气治疗用的高压密封舱。将病人放入富氧空气的舱内，逐渐增加舱内气压到 2～3 个绝对大气压，然后让病人吸入并渗入氧气。在高压下给氧，可以迅速提高血液氧含量、血氧张力和氧弥散率，从而改善全身细胞和组织的氧合情况。对中毒的人员进行高压氧治疗，特别是对煤气中毒人员的抢救，治愈率高达 97.6%。高压氧舱可同时供给七八人使用。

六、安全仪器管理规定

关于煤气安全仪器的管理有关规定如下：

(1)空气呼吸器、CO 报警仪、氧气和可燃气体报警仪等安全仪器全部归煤气防护站管理，统一配置。

(2)新建项目配置和原部门新增防护仪器需向公司主管领导书面申请，经批准、防护站到现场核实所需防护仪器的类型、数量、安装位置后，统一编制计划表，上报生产安全处审核，经公司主管安全领导审批后供应部门进行外购。

(3)外购入库的防护仪器必须由防护站负责领取，并建立台账，核实情况，配备到使用部门。

(4)各使用部门领用的防护仪器均要建立台账，落实专人保管和使用。未经防护站同意，任何部门和个人不得擅自将防护仪器移位。变更使用人员，如需更换必须经防护站同意，使用及管理部门要做好变更登记。

(5)防护仪器发生故障及调零、更换电池、空气呼吸器修理等均由防护站负责，各部门和个人严禁擅自拆卸。

(6)各部门要明确专人负责防护仪器的管理,定期检查并在使用前进行检查,如因保管和使用不当而造成遗失或损坏的,均要按规定填写防护仪器损坏遗失登记表,查明原因,分清责任,并按损失情况落实考核。

(7)CO、O_2可燃气报警仪属国家规定强检仪表,由张家港计量测试所每年进行一次标定校验,粘贴"计量确认合格"标签方可使用。

(8)空气呼吸器使用后,需要更换空气瓶的空气,应及时到防护站充气更换。

(9)安全部门定期和不定期对各部门的仪器管理及使用情况进行检查,发现不按规定管理和不能正常使用的仪器均要出具整改通知单,督促使用部门落实整改。

六、其他重防护设备

1. 长管式呼吸器

(1)长管式呼吸器的特点。长管式呼吸器可以长时间向使用者供气,而且可以免去背负钢瓶的负担,更有利于操作。其供气方式有钢瓶供气和现场压缩空气系统供气,也可由带滤毒装置的气泵直接供气,而且可供二人或三人以上同时作业。

(2)TROLLEY 8000/2型多用途长管呼吸器。D. P. I. 公司的SEKUR系列防护呼吸器有TROLLEY 8000/2型多用途长管呼吸器,其与1800/1型背负式呼吸器的工作原理完全相同,但8000/2型多用途长管呼吸器不用背负钢瓶,且可以更长时间地向用户供气,更有利于使用者操作。其配置如下:手推车,由圆钢管制成,带两个橡胶轮子;两个钢瓶[220 bar(220×10^5 Pa),18 L];钢瓶支架;阀门;减压阀;压力表;声报警器;两钢瓶间的连接气管;第二个使用者的三接头;50 m的长管及轮毂;储存箱内有一正压全面罩和一正/负压供需阀。

(3)设备日常维护及人员培训。D. P. I. 公司的SEKUR 1800/1型背负式压缩空气呼吸器和TROULLEY 8000/2型多用途长管呼吸器整套装置无须日常维护和保养,但呼吸器用过后为防止震动、污染及强光照射,应该保存在有保护措施的装置内。不要在呼吸器上放重物,以防被损坏。呼吸器应该保存在干燥的室温环境中,以防高温、寒冷、湿度、强光污染或其他的放射物的损害。

呼吸器整套装置的带、接口均为快速设计,如培训40 min就可穿戴完毕,对于使用呼吸器的用户,为了充分发挥其先进的功能,需对使用人员进行专门培训和定期强制常规培训。

2. 逃生呼吸器

适用于现场紧急情况下使用,使用者把呼吸面罩套在头上,其附带的小气瓶将自动连续提供10~15 min的新鲜空气,可有效地在5~10 min内使现场人员得到保护,以便逃离有毒气的现场。逃生式呼吸器的供气方式有过滤式和压缩空气式两种。

3. 防护服

在石油、化工等有酸碱溶液、有机化合物、毒气和有辐射,需要防火、耐酸的场合,穿戴防护服可以有效地防止化学物质对皮肤的侵蚀和浸透,防止蒸汽、毒气的渗透,防止射线伤害,救火时还可以隔热和防烧伤。穿防护服再佩戴呼吸器,可以进行现场急救、抢救而不致受到伤害。

第十章

典型事故案例分析

案例 1　某 1 号高炉煤气管道爆破事故

1986 年 1 月 7 日 21 时 25 分,某 1 号锅炉煤气室内发生了一起母管爆破事故。

1. 事故经过

1986 年 1 月 7 日 20 时 25 分,某 1 号炉煤粉烧净准备停炉,20 时 35 分关闭高炉、焦炉煤气火嘴分闸门,此时炉膛灭火 1 号炉并关闭高炉煤气室处总闸门,20 时 40 分往煤气管道内通蒸汽,先开启各蒸汽阀门,然后到炉顶将室内外放散门开启,再开室内母管放散门,在检查蒸汽门是否开启时,发现蒸汽管道没有蒸汽,立即汇报班长,班长立即向当值值长汇报并要求开汽机总门,8 时 55 分检查仍没有蒸汽,当值长联系,值长回答"门是开的,并亲自检查过"。21 时 20 分突然一声巨响,1 号炉室内母管道爆破,当时值班人员无法接触爆破处,爆破发生后 20 min 以后又发现爆破管道处往外冒蒸汽。

2. 事故原因

造成这起事故的主要原因是高炉煤气室外总闸门关不严,1 号锅炉各个火嘴的分门也关不严,当时锅炉处在紧急冷炉状态,吸风机负压保持在 100 MPa。由于高炉煤气总门不严,各火嘴分门不严,煤气漏入母管($\Phi=1.2$ m),蒸汽未通上,放散门开启,煤气与空气混为一体,达到爆炸浓度,管道近火嘴处温度过高或有明火,引起爆炸。

3. 预防措施

(1)对煤气管道内,确认没进蒸汽时禁止开启入散门,以防空气漏入管道。严格检修工艺质量把关,确保设备完好程度,作到点检到位,消缺及时,以保证闸门严密,为安全生产创造条件。

(2)加强煤气防护知识及有关规程的学习,提高运行人员在异常工况中的判断能力。

案例 2　某供热电站水平烟道煤气爆炸事故

1989 年 4 月 18 日 13∶55 左右,某电站 74 t/h 锅炉出口水平烟道发生了煤气爆炸事故,这起事故造成水平烟道右侧墙塌,直接经济损失 1.53 万元。

1. 事故经过

1989 年 4 月 18 日 13：50，机炉车间维护班张某到 4 号炉引风机室内后，看到一照明灯亮着，并且窗户旁有一个按钮，认为是照明灯的开关，就按下了此开关，（其实此开关是引风机电动机事故停机按钮）一按下开关，4 号炉引风机突然停运，联锁装置动作，导致送风停止运行，当班网位人员按规程重投运引风机，该引风机启动不到 30 s，水平烟道即发生爆炸。

2. 事故原因

这起事故的直接原因是张某乱动电气按钮违反了公司《职工安全准则》关于"不准非网位人员触动或开关机电设备仪器、仪表和各种阀门"的规定，导致了这次较大事故的发生；其次送风机同各种煤气阀门没有装置联锁及快速切断装置，不能及时快速切断煤气，在送风机停运后，煤气仍不断地送进炉膛上锁，事故按钮装置没有加罩和挂警示牌，导致张某错将引风机电机事故按钮开关认为是照明灯开关。

3. 防范措施

（1）以这次事故为案例，对职工进行《职工安全准则》和煤气安全知识教育，严格执行非岗位人员不得随意触动开关按钮、阀门及其设置的规定，提高职工对煤气爆炸、中毒、着火等险情的认识、判断及应变处理能力。

（2）为了彻底避免类似事故的发生，尽快安装关风风机同各种煤矿气阀门的联锁及快速切断装置。

（3）加强主要部门的防范和管理，四间引风机室要上锁，事故按钮重新加罩和挂警示牌。

（4）加强劳动纪律检查考核，对职工进行遵章守纪教育。

案例 3　某煤气公司煤气储罐爆炸事故

1998 年 3 月 5 日 18 时 40 分，某煤气公司液化石油器管理所煤气储罐发生泄漏爆炸，10 min 后发生第二次爆炸，19 时 12 分和 20 时 01 分又发生两次猛烈爆炸，两次形成的时长 10 余秒的火柱——蘑菇云高达 200 m。特别是最后一次爆炸最为猛烈，周围街市被照得亮如白昼，附近 10 万居民慌乱不堪，匆忙逃离家门。爆炸事故造成 11 人死亡（消防人员 7 人、4 名气站人员），1 人失踪，34 人受伤，其中伤者大多数终身残废，经济损失巨大。

1. 事故经过

1998 年 3 月 5 日 15 时许，某煤气公司液化石油器管理所临时工的妻子，突然发现装储液化气 11 号大球形罐底部漏气，马上跑去值班室报警。

管理所迅速组织人抢修，漏气的 11 号大球罐容积为 400 m³，强大的压力使罐内液化气从受损的球阀冲出来，工作人员先后用 30 条棉被包裹球阀，并用消防水龙头朝被子上喷水，喷上的水很快结冰，泄漏有所减弱，但强大压强不时冲开棉被包压的冰冻处,工作人员一时束手无策,只能用水枪稀释泄漏出来的液化气。

16时51分该煤气公司液化石油器管理所的工作人员打"119"报警求助,6 min后一台消防车赶到,消防队长带领人冲入现场,这时11号罐底已破裂,杨某让在场的所有人员交出通信工具,切断电源,清除火源,禁止现场行使车辆。几分钟后,杨某发现局势很难控制,便请求支援。

液化气喷出后温度极低,消防人员下到罐底池中,一二十秒后裤脚上就结满了冷凝冰,几名消防战士中毒倒下,被后来者抬出。

18时40分许,在抢救过程中储罐突然爆炸起火,周围火海一片,大部分人员在此次爆炸中伤亡。从火海中跑出了30多人,很多人身上已没有衣服。

大约过了10 min,第二次爆炸发生了,19时12分、20时01分,分别发生第三、第四次爆炸。

爆炸发生后,附近10万居民开始恐慌大逃亡,场面非常混乱。该市调动了所有的消防力量,邻近地区市县的增援车也赶到现场。

第二天上午观察,事故现场2个400 m³的球罐已经爆裂,球罐的顶部裂开了一道大裂口,气体从裂口直冲而出,大火冲天而起。东邻有一排队10个100 m³的小罐,距爆裂的11号、12号大球罐六七米远,靠近球罐的4个罐顶部猛烈燃烧,两个炸裂的400 m³球罐斜向罐东侧,另6个罐和还有2个更大的1 000 m³的大球罐处于烈火之中,随时可能继续爆炸。

抢险救灾指挥部决定立即组织力量进入事故现场,对未爆炸的储气实施喷水保护,控制火势蔓延。

大火又持续烧了37 h,至3月7日19时05分大火完全熄灭,其中10号、7号罐的火一个燃气烧尽自灭,一个被风吹灭;8号、9号罐的火为人工灭掉。

2. 事故分析

(1)从排污阀外形基本完好及其外表颜色,可判断此阀未经受严重烧灼,而液相阀已扭曲变形,属经历严重高温烧灼、碰撞所致。液化石油气液相泄漏时出现吸热汽化现象,阀体要降温,排污阀及相连的法兰盘在火场中仍能保持一般铁锈颜色系自身泄漏的必然结果。

(2)排污阀上法兰密封垫片上,下表面与接管法兰,上法兰密封均在同一方位存在无贴合部位,且未贴合面积大致相同,具备泄漏的必要条件。

(3)发生液化石油气泄漏的无贴合部位,处于正南方向,正对着液相阀下部连接管段炸开严重烧灼的位置,液化石油气喷射处着火就形成液相阀及其下部接管严重烧灼的火源环境,与目击者所说"漏气方位在南边"的证词相符。

(4)排污阀上法兰密封垫片距地约650 mm,表明泄漏位置与抢修人员的证词"由膝盖以上至大腿77 cm处冻伤,有明显的冻伤红肿,膝盖以下没有冻伤"相近。

综上所述,排污阀上法兰密封垫片由于长期运行导致的受力不均匀,使得与法兰密封面不能完全粘合,局部丧失密封功能(失效),从而引导液化石油气泄漏。

3. 事故教训与防范措施

这起事故有两个教训值得吸取。教训之一是未能及时发现排污阀存在的问题，没有及时更换法兰垫片。没有及时更换有几种可能，一种是法兰垫片质量不合格，未达到使用年限从而麻痹大意；另一种可能是管理混乱，达到使用年限未更换。

教训之二是液化气泄漏之后的堵漏形式存在问题。发现液化气泄漏之后，管理所采取冷冻方法进行堵漏，冷冻方法适用于低压情况，不适用高压情况，事实也证明了这一点。那么在高压情况下采取何种方法堵漏，管理所事先未制定相应的救援预案，由此而造成重大人员伤亡。因此，在防范措施上，要加强安全管理，对于容易造成泄漏事故的磨损件要注意及时更换，不能舍不得；在所制定的救援预案中，一定要有高压情况下堵漏方法的内容，并且要周密细致，切合实际。

应采取的主要防范措施是：密封垫片物理性能退化，与球罐连接的阀体、管道处于悬挂状态，以及阀体开关操作的周期性冲击、振动都会造成法兰密封面各部位及螺栓受力状态的变化。为此，一是改进法兰密封面、密封垫片结构；二是定期更换法兰密封垫片并检查紧固螺纹表面裂纹；三是注意球罐底部管道等附件的相对稳定性；四是避免周期性冲击、振动。

案例 4 重视不够酿祸端

一起事故的发生是多种原因造成的，但重视不够，掉以轻心，不能慎重对待是一切事故的主要原因。

1. 事故经过

1999 年 1 月 29 日，位于某厂区 11 号公路通往热电厂的直径为 1.5 m 的煤气管道突然发生爆炸，引起火灾，之后又连续发生了 14 次爆炸。燃烧的大火将管道烧红，冷却后泄漏的煤气造成 8 名岗位工中毒。

2. 事故原因

后经调查这起事故是热电厂为抢时间在高炉煤气管道放散口未见蒸汽的情况下，即指令抽堵盲板，使锅炉反窜的火源引燃管道内煤气，造成回火爆炸。供气厂煤气调度忽略了系统检修时煤气柜处于保压状态不能增加泄点的要求，盲目签署工作票，造成大量煤气泄入管道。

从"1.29"事故中可看到，热电厂为抢时间、抢生产，忽视管道内有残余的煤气，忽视残余煤气带来的严重后果，指令抽堵盲板。而供气厂煤气调度也犯了掉以轻心的错误，把一些安全规章制度抛之脑后，在没有进一步确认的情况下，盲目签署工作票，造成煤气管道泄漏，发生爆炸。

案例 5 锅炉炉膛爆炸事故

1. 事故经过

2001 年 2 月 21 日，由于某地区电网故障，某厂厂区内全部停电。热力厂 35 t 锅炉 3 号炉风机停运。在关闭锅炉煤气烧嘴过程中,前 3 个无任何异常,但关闭第 4 个(共 4 个浇嘴)时,炉膛突然发生爆炸,防爆门被冲开,周围墙壁泥皮崩落。

2. 事故原因

在关闭第 4 个烧嘴时,当班工人同时将煤气管道放散阀打开,其意是想把管道内的煤气尽快放散,以免进入炉膛发生爆炸,但却没有意识到,锅炉房烟囱高度远远高于煤气放散管高度,由于烟囱抽力,煤气管道内残存煤气非但没有从放散管排出,反而将空气从放散管口吸入,与管道内残存煤气形成混合爆炸性气体,该混合气体在通过刚刚熄火的炉膛时,引起爆炸。

3. 预防措施

发生上述情况时,应该用氮气或水蒸气作为置换介质对煤气进行置换,而不要直接打开煤气放散管阀门放散煤气。

从上述两个事故可以看出,安全生产管理人员必须具备与本单位所从事生产经营活动相适应的安全生产知识和管理能力。对安全生产管理人员的考核不应仅注重对文件的学习,更要强调解决生产中重大安全问题的能力。

案例 6　煤气柜爆炸事故

2003 年 9 月 15 日 17 时 20 分,某钢铁企业 10 000 m^3 煤气发生爆炸,造成 5 人当场死亡,1 人抢救无效死亡,3 人受伤的重大生产安全事故,直接经济损失 50 多万元。

1. 事故经过

2003 年 9 月 14 日 14 时 30 分左右,某公司机动厂煤气站职工在例行检查时发现煤气柜顶部距离中心放空管 1 m 处有 1 条 3 m 多长的裂缝,沿径向分布,煤气泄漏严重,立即进行了报告。公司接到报告后,非常重视,研究确定了以胶粘方法进行检修补漏的方案。当晚 11 时 50 分,煤气站做完了检修前的准备工作,将煤气柜中节Ⅰ、Ⅱ和钟罩部分高度降至零位;给煤气柜煤气入口管道加了盲板;进出口进行了水封;打开了旁路,使煤气不再进入煤气柜,直接供给用户;打开了煤气柜顶部的放空阀门;连接了蒸汽管道,打开了蒸汽阀门,通入蒸汽进行吹扫。9 月 15 日 9 时多,公司有关领导及职能部门、机动厂的领导再次到现场进行了查看,又发现了几处小漏点。之后,由机动厂负责补漏检修工作。机动厂安全科负责同志用袖珍式 CO 监测仪检测了小漏点处的 CO 含量,公司安全环保部的技术人员在放空口处取样用防爆筒做了爆发试验,均未发现超标现象。检修人员即用角向磨光机对泄漏点表面做打磨清理,另 1 人用强力胶加玻璃纤维布在清理后的金属表面进行粘接。这样修补了 3 个漏点后,已是 11 时多,上午工作结束。

下午上班后,大约 14 时 30 分,机动厂检修车间副主任安排六个人分成 3 组,按照上午的方法进行打磨粘接修补,检修工作进展正常。17 时左右,分厂领导带领 2 名车间领导上到柜顶进行检查。17 时 20 分,爆炸事故发生。爆炸将煤气柜钟罩顶板近 1/

3部分炸翻,造成6人落入气柜内5 m多深的水中,3个被冲击波和气浪冲到气柜顶部周边致伤。6名落水人员中5人溺水死亡,1人受伤。另3人中,1人因烧伤医治无效死亡,2人受伤。

2. 设备基本情况

设备名称:10 000 m³煤气柜　　　　型式:湿式螺旋升起式

设计压力:3 924 Pa　　　　　　　设计温度:40 ℃

介质:焦炉煤气　　　　　　　　　有效容积:12 000 m³

检修时煤气柜内部空间容积约:1 200 m³

主要部件尺寸:水槽部分32 000 mm×6 740 mm;中节 II-31 000 mm×5 650mm;中节 I-30 000mm×5 650 mm;罩29 000 mm×5 650 mm

升起总高度:27 630 mm

煤气进口管径:450 mm

煤气出口管径:450 mm

放空口管径:150 mm

蒸汽接口管径:50 mm

1995年建成并投入使用,2002年进行了大检修,更换了中节Ⅰ、Ⅱ以及钟罩的大部分钢板。

3. 事故原因

(1)技术方面原因:

焦炉煤气主要成分(体积干成分):氢气(H_2)56%～60%,甲烷(CH_4)22%～60%,一氧化碳(CO)6%～9%,氨气(NH_3)2.2%～2.6%,乙烷(C_2H_6)1.6%～2.3%,还有氮气(N_2)、二氧化碳(CO_2)、硫化氢(H_2S)等。

各成分爆炸极限:焦炉煤气为4.72%～37.59%,氢气为4.0%～75.6%,甲烷为5.0%～15.0%,一氧化碳为12.5%～74.0%,氨气为15.0%～28.0%,乙烷为3.0%～15.0%。

众所周知,爆炸性混合物爆炸的产生需要同时具备两个条件,即爆炸性混合物的形成条件和着火源。由上面可以看出,焦炉煤气的爆炸下限值很小,而且,焦炉煤气内含有较多的易燃易爆物质,其主要成分,如氢气、甲烷、乙烷等气体的爆炸下限值也很小,极易与空气混合形成爆炸性混合物。由此可见,本次事故的发生是由于煤气柜内的易燃易爆气体与空气混合形成爆炸性混合气体,遇角向磨光机打磨金属表面产生的火花(即着火源),发生爆炸。

经过现场调查和查阅有关技术资料,分析认为爆炸性混合物的形成有以下两种情况:

①蒸汽吹扫不彻底,残留下来的焦炉煤气与空气混合;用于蒸汽吹扫的蒸气管道直径为50 mm,此处的蒸汽压力约为0.1～0.2 MPa。如此小流量的蒸汽,对于容积为1 200 m³的空间来讲可谓是杯水车薪,再加上水槽内尚有4 000多m³的水,根本起不到蒸汽吹扫的作用。况且,在蒸汽阀门打开之前,直径150 mm的放空阀已经打

开,这样的做法不但使蒸汽吹扫毫无意义,反而给空气进入煤气柜内部创造了条件,使煤气柜内部的易燃易爆气体与空气混合形成了爆炸性混合气体。

②煤气柜内通入蒸汽后,柜壁温度就会升高,加上当天气温较高(36 ℃),这样,气柜内壁吸附的固体残渣,水面漂浮的煤焦油等物质内吸收的易燃易爆气体挥发析出,与空气混合形成爆炸性混合气体。

(2)管理方面原因。近几年来,该企业在生产安全方面做了大量较有成效的工作,从集团公司到分厂、班组,各级都成立了安全机构,公司还专门成立了安全稽查队伍,进行现场监督管理,并建立了一整套较为完善的安全管理规章制度。那么,怎么还会发生事故呢?通过调查分析,认为管理工作不到位和制度执行不到位以及员工在安全文化素质方面存在一定的不足,是酿成本次事故的重要原因,主要体现在以下几个方面:

①思想认识不到位,重视度不够。接到泄漏情况报告后,从公司领导到分厂、部门领导都对煤气泄漏很重视,但对检修工作中可能出现的情况分析不透、认识不足、重视不够。虽然研究了方案,制定了措施,但方案和措施制定粗略。在煤气柜这类非常危险的区域进行检修作业,没有制定详细、全面的检修方案,暴露出了该公司在安全检修工作管理方面的不足,而且在调查中还发现该方案的审批程序也不完善。

②检修过程中,又犯了经验主义的错误。上午,试做了,没有发生问题。下午继续按原方法做,没有考虑到上午没有发生问题,是在一定的条件和环境下进行的。到了下午,由于清洗置换不彻底,煤气柜内的情况随着时间、温度的变化而发生了变化。即条件和环境发生了变化,煤气柜内部的介质情况也发生了变化。

③采取措施不到位。进行了蒸汽吹扫,但使用的蒸汽压力和流量,不具备吹扫能力;采取了工艺隔绝措施,但不彻底,仅给煤气柜煤气进口管道加了盲板,而未给煤气柜煤气出口管道加盲板;采取了检测、监测措施,其取样监测间隔时间、次数不够,取样位置和方法不足以反映煤气柜内易燃易爆物质的真实情况。

④制度执行不到位。违反了《工业企业煤气安全规程》以及本企业有关煤气检修操作方面的规程,在禁火区内使用角向磨光机打磨钢材表面,而且未按规定办理动火手续;虽然对煤气柜内气体情况进行了监测,但未执行《工业企业煤气规程》中"每两小时检测一次,停止工作,重新工作前半个小时应重新检测"的规定。

⑤对员工的安全培训教育不到位。员工安全生产意识和安全防范意识不强,安全文化素质尚有待于进一步提高,企业在对员工的安全生产基础知识和基本技能的教育上还应进一步加强。在事故调查中发现,有关员工对焦炉煤气的知识及其安全防范知识等方面存在不足,对规章制度的学习和领会不够深刻。以至于在本次事故发生前,对于检修作业过程中的违章行为未能及时发现和制止。

4. 预防措施

(1)公司应该在安全管理方面狠下工夫,扎扎实实,认认真真地查找安全管理工作中的漏洞。要把各级管理人员严格按程序办事、全体员工严格遵守各项安全操作规程,将其当作安全工作的重中之重来抓,努力营造人人遵章守纪、事事注重安全的良好氛围。

(2)加强对全体员工的安全教育培训工作,着重抓好对员工的安全生产基础知识和基本技能的教育,进一步提高员工的安全文化素质、安全防范意识和能力。

(3)在对重大危险设备进行检修前必须制定详细的检修方案和紧急处理预案,严格执行审批程序。同时,在检修期间采取必要的安全防范措施。

这是一起完全可以避免的事故,但就这样在不经意间发生了,非常令人心痛,值得每位从事安全生产监督管理工作人员的深思。

案例 7　煤气水封水位低造成中毒事故

1. 事故经过

1991 年 8 月 7 日下午,某炼钢厂净化回收车间钳工温某在检修风机房 1 号三通阀时,由于动力厂所管辖的大水封水位低,气柜余压煤气回串,将温某熏倒,造成煤气中毒事故。

2. 事故原因

煤气水封水位低,气柜余压煤气回串。安全措施不全,未按公司有关规定办理工作票。

3. 预防措施

按检修安全措施要求,办理工作票,认真进行施工项目的安全交底和现场安全确认。加强煤气系统的监控,并对全厂人员进行煤气知识培训。

案例 8　停炉检修造成煤气中毒死亡事故

1. 事故经过

1993 年 12 月 7 日,某热电厂 1 号炉停炉 72 h,处理汽包两侧水面计失灵等三项缺陷消缺任务,停炉前后,锅炉车间未向厂里提出堵煤气盲板这项安全措施。(因未安排 1 号炉内有作业和检查任务)。10 日,三班人员将 1 号炉甲吸风机停止运行,挡板全关冷炉工作结束,副主任马某进入控制室叫柴某随曹某同志上 1 号炉。两人到 20 m 平台,发现该处人孔门全开,走近人孔约 1 m 时均用手电照了照,曹某说"味很大,不能进去"。而后两人分开走,曹某向 24 m 汽包平台检查,柴某到甲测 20 m 平台发现人孔门全开,就用手电照了照,一会便感到头昏等不适症状,扶栏杆下到 18 m 平台对马某说:"我已煤气中毒,别检查了。"但马某却又第二次伸头进入人孔门察看过热器情况,马某也煤气中毒了。郭某同副司炉权某想将 18 m 平台人孔门关上,两人走到 20 m 平台,发现甲侧人孔门外躺着李某,又发现人孔门上有一只脚在外,走近一看正是曹某在里边躺着,10 时 30 分将曹某、李某送往医院,10 时 45 分又将马送往医院。曹某经抢救无效当日死亡,李某、马某脱险。

2. 事故原因

巡检之前,没有采取必要的措施,致使炉内残存大量煤气。没有监测炉内的 CO 含量,头伸入人孔检查时也没有佩戴任何个人防护用具,盲目习惯性违章作业。发现有煤气泄漏后,未能采取应急措施,导致了事故扩大。基层干部带头违章作业,暴露出了安全工作存在的不足。

3. 预防措施

加强安全教育,提高安全意识,严格执行停炉后的规定。加强现场检查,加强管理,杜绝违章作业,修改补充安全规程,规定危险源安全措施。

案例 9　不办理工作票违章作业酿事故

1. 事故经过

1994 年 3 月 28 日,某热电厂锅炉车间安排辅机班处理室外 6 号炉处水管漏水缺陷,车间主任助理同班长一同查看了现场。29 日班长安排两名同志去消除缺陷,在拆卸旧阀门更换新阀门的过程中,一人骑在管子上(距地面 3.2 m)往上装阀门,一人站在梯子上搬着管子,刚卸几扣,上部作业者突然身体后仰,倒挂在管子上,下部一人立即去拉没拉动,此时她也感到头晕从梯子上掉下来,从地上爬起呼叫救人,此时正在植树的锅炉车间职工闻讯赶来,随后,在厂、车间安排下将两名同志送往医院治疗。

2. 事故原因

由于水封在室外,保温不好,当煤气罐积水后上盖冻裂,大量煤气外溢,进入煤气作业区;没有进行安全交底,没办理工作票及采取相应的措施,监护、监督措施不力。

3. 预防措施

严格遵守工作票制度、安全确认制度、作业前安全交底制度、安全监护制度等安全规章制度。对现场安全标志进行检查整改。加强全厂职工煤气知识的教育,增强自我防范能力。

案例 10　不戴防护仪器造成中毒事故

1. 事故经过

1995 年 8 月 10 日,某动力厂转炉煤气大处理,一万立转炉煤气柜停气检修,按操作程序将 1 号、2 号、3 号大水封,气柜进、出口水封,1 号 2 号加压机前后水封,出站防爆水封等水封溢流,均符合要求;开站内放散,通蒸汽 40 min。处理完毕后,9 时 45 分刘某等四名同志在防护站测定沉积物,清扫完毕后于 10 时 15 分开始清扫 2 号加压机后水封沉积物时,发生四人不同程度的煤气中毒,随即送往医院治疗,刘经及时抢救后脱险。

2. 事故原因

设备内残余煤气未处理干净,安全措施执行不严。操作人员进入水封没有佩戴便携式 CO 报警仪,未按安全技术操作规程作业,监护措施不到位,未按要求进行及时监测。自我防护意识不强,当发现有人中毒后,监护及救护人员未按规定要求佩戴防护面具便进入设施内实施救助,结果造成多人煤气中毒,扩大了事故。

3. 预防措施

强化安全管理,严格落实安全措施,确保监护、确认及时,在危险场所、煤气区域施工作业必须做到严格遵守安全技术操作规程,认真开展有效监护,即定时监测,随时提醒、询问、通报、观察。必要时必须佩戴防护面具方可工作,并采取强制通风,多点监测确认,防止类似事故的发生。

案例 11 冒险作业自吃苦果

1. 事故经过

1996 年 12 月 11 日晚,某动力厂 2 号高炉二洗涤岗位职工吴某、陈某正常工作,22 时 40 分,二洗涤系统在没有指令的情况下,高炉煤气忽然由常压操作转为高压操作(143 kPa),值班人员吴某当时正在进行设备点检,当点检到一文锥体时发现锥体下部直径 80 mm 的阀门被疏通后,瞬间大量洗涤水及高炉煤气顺阀门外流,致使吴某煤气中毒晕倒在排水沟旁。当班人员发现后立即汇报煤气高度并请求防护站救护人员进行现场救护,及时将吴某送往医院进行治疗.

2. 事故原因

个人防护意识不强,点检时未按规定要求携带 CO 检测报警仪,习惯性违章作业,预防措施不当,当发现一文锥体阀门有堵塞现象时未能按相关规定,即"煤气区域作业必须二人以上,在有人监护的条件下方可作业"和"带煤气作业时必须佩戴氧气呼吸器"等要求,便忙于疏通处理。

3. 预防措施

认真学习《安全技术操作规程》及相关安全规定,增强自我防护意识和安全意识,杜绝习惯性作业、冒险作业。严格煤气作业标准和作业程序,完善监护机制和制约机制。正确使用防护仪器,在煤气区域工作必须先监测,后进入。

案例 12 现场不明盲目作业

1. 事故经过

1998 年 4 月 6 日,某设备队起重班司机沈某、周某等同志在某钢厂 1 号高炉八角平台处设置 75 马力卷扬机的吊装扣件,因工作需要必须在西侧切割一个圆孔以固定绳扣,当圆孔切割完后,沈某帮助收拾气割工具,周某突然昏倒在平台,经诊断为煤气中毒。

2. 事故原因

高炉炉腰部位有裂缝,发生煤气泄漏是事故的主要原因。现场无专人监护,对现场环境确认不够。在没有与生产岗位人员联系和没有监测手段的情况下,冒险在煤气区域进行作业。

3. 预防措施

加强煤气系统的检测和监控,并对检修人员进行煤气知识培训。高炉煤气区域装设对流风机。加强职工安全教育,进一步提高职工对煤气危害性和煤气防护安全知识的认识,严禁违章、冒险作业。

案例 13　施工缺陷丧生命

1. 事故经过

1999 年 11 月 8 日上午 8 时 50 分许,某动力厂氩气充填站班长张某与 6000 制氧主控室联系送氩气,准备充填作业。经管道置换与预压后开始装瓶工作。朱某去车间检查氩气充填工作记录台账。9 时 30 分,朱某、张某、侯某三人同行至充填站前,侯某随即回充填间工作,朱某、张某二人进氩气收发室。9 时 35 分,班长张某听到充填室外有汽车鸣笛声,即出门去看。这时,张某的爱人开车至充填站门前找张某,二人随手推开收发室的门,发现张某、朱某二人倒在地上,他们立即喊人用车将二人送往医院抢救,经治疗无效死亡。

2. 事故原因

施工单位没有严格按照设计图纸要求施工,任意变动管道位置,施工质量差,地下氩气管道严重腐蚀使氩气泄漏,设计文件不完善,缺少必要的相关程序,对管道设计的技术要求不明确。管道防腐未按标准规定进行,外观检查无资料依据可查。设备点检不到位。自我防范能力与意识不强。

3. 预防措施

认真加强安全检查、定期检测与隐患整改的力度。将原来与热力管道同沟敷设的氩气管道改为沟外敷设并加保护装置,采取直埋的方式来防止因泄漏串入其他管沟。不符合工程质量要求和"安环"标准的坚决不验收、不签字。在易燃易爆及危险源(点)等要害岗位,增设相关检测仪器,增设通风换气设施以改善室内空气质量,防止窒息和火灾爆炸事故发生。加强职工安全教育,增强职工的自我防范能力。

案例 14　自我保护意识差

1. 事故经过

2001 年 3 月 10 日 9 时 30 分,在某焦化厂 3 号纯苯槽区处理阀门掉陀,在拆卸开阀门大盖螺栓时,造成大量苯泄漏(出口管残留液倒流所致),郝某吸入大量苯,致使苯中毒较深,抢救无效造成死亡。

2. 事故原因

个人违章作业。自我保护意识差,发现苯泄漏没有及时撤离现场。现场监护作用发挥不利。各级领导对苯类产品的防毒知识教育重视不够。

3. 预防措施

严格按本工种安全操作过程进行操作,加强责任心。提高自身的安全机能、安全意识及自我防护能力。在现场关键部位设置必要的苯监测报警装置。加强对职工苯类产品的防毒知识的教育。修订和完善化产区域防毒规程。

案例 15　缺乏经验、防护能力差

1. 事故经过

2001 年 9 月 15 日,某动力厂燃气车间净化加压站根据厂计划安排实施对高炉煤气系统性进行煤气大处理,8 时 30 分,煤气调度通知高炉煤气管道打开主管系统放散。9 时许,主管网放散全部打开。9 时 30 分左右,燃气调度通知管道班可以打开人孔。10 时左右,杨某在打完人孔后,下梯子时晕倒在梯子围栏边,晕倒时跌伤造成右侧一根肋骨骨折,同班监护人意识到杨某为高炉煤气中毒。

2. 事故原因

操作人员对打人孔时的注意事项未认真执行,煤气管道操作规程不够完善,自我防范意识不强,缺乏具体操作经验,环境因素认识不足。操作平台作业区域狭小,也是造成此次事故的原因之一。

3. 预防措施

要强化职工尤其是特种作业人员安全知识、防护知识的培训教育,提高自我安全意识和防护能力,严格考核和制止冒险作业、违章违纪等现象。修订并完善煤气安全技术操作规程,煤气作业时必须佩戴防护用具,在有人监护的条件下方可作业,确保人身安全。对煤气管网区域的梯子,操作平台及防护设施做定期检查,发现问题要及时处理。

案例 16　缺乏安全意识盲目作业

1. 事故经过

2002 年 6 月 12 日 19 时 10 分左右,某列检组列检工王某与列检工陆某去某车站 13 道油罐车刮汽油。王某下到罐内约 10 min,陆某见王还未出来,便回到站内喊人。与王某同班的段某知道后就喊上夜班的列检工夏某到车站找绳子,车站谢某、刘某等人当即拿上电焊机线随其赶到现场,将王从罐内吊出,王某当时已口吐白沫,处于昏迷状态。

2. 事故原因

王某与陆某违章作业,对作业环境有毒、有害了解不清,缺乏安全知识,盲目作业。

3. 预防措施

加强安全操作规程和相关知识的学习教育,杜绝习惯作业和违章作业。同时要增强自我保护意识。严禁无预防措施在有毒、有害的环境中作业。

案例 17　思想麻痹冒险作业

1. 事故经过

2004 年 3 月 24 日 18 时,某机电作业区管工二班在 2 号高炉为 25 日系统检修做准备工作时,班长康某、赫某在热风围管西侧平台上,用麻绳将电焊机二次线和氧气、乙炔带拽到平台,沿平台两侧作业点铺开,此时,康某感觉到有点头晕,立即叫赫某离开平台并沿热风主管桥架向下走,这时,赫某感觉浑身无力,由康某搀扶走到一半时,被组员发现,及时上来将两人搀扶到高架桥上,并送往医院治疗。

2. 事故原因

康某没有认真落实检修安全措施,在没有与生产岗位人员联系和监测手段的情况下,冒险在煤气区域进行作业,赫某对现场环境确认不够,对煤气区域作业的危害认识不足,思想麻痹、违章冒险作业,同时也未对违章作业行为进行制止。

3. 预防措施

认真落实检修作业前期准备工作的安全措施,做好危险区域危害因素的辨识和确认工作,并采取有效的预防措施。加强职工安全教育,进一步提高职工对煤气危害性和煤气防护安全知识的认识,严禁违章、冒险作业。

案例 18　抢险班违章作业导致煤气中毒事故

1995 年 3 月 20 日,某钢铁公司煤气车间抢险班在煤气管道搭头作业中,由于安全措施不到位,防护不周密,造成严重的煤气中毒事故——10 人中毒、1 人死亡。

1. 事故经过

在事故发生的前两天,即 3 月 18 日,煤气车间召开生产调度会,对 20 000 m³ 气柜进出煤气管道搭头施工方案作生产任务布置,要求抢险班必须在 3 月 23~24 日完成搭头连接配合工作。车间助理工程师提出,3 月 23 日前要把临时管道的盲板抽掉一块,一边为新管搭头用气争取时间。调度会指定抢险班班长马某负责组织施工。

3 月 20 日 8 时上班后,马某按照调度会的要求,带领抢险班到起压站(阴井)抽取盲板。起压站(阴井)长 3 m,宽 1.8 m,深 2 m。到达作业点后,马某指挥人掀开盖板,未戴氧气呼吸器就直接下井拆煤气管上的法兰盘螺栓。当大部分螺栓卸完,还剩下两三颗时,已有小部分煤气泄漏,此时人们才意识到煤气压力高,马某对站在井口的陶某说:“你去机房,告诉机房的人降压。”陶某打不通电话,就直接到车间办公室告诉值班人员说:“煤气压力太大,要求停用二次加压机。”办公室值班人员忙打电话通知净化站停机。此时抢险班安全员夏某也已给净化站打电话通知停机。夏某返回后告诉抢险班班长马某,净化站正准备停机。马某没有确认停机就返回井下作业处,继续拆螺栓。由于螺栓长时间没有动过已锈死,难以拆卸,有人提议用千斤顶顶开。马某说:“不用了，用撬杠一撬就开了。"安全员夏某某说："这地方煤气还是有点大，是不是去拿呼吸器?"此时另一边的螺栓已拆卸完毕，马某这边最后一个螺栓只剩下几道螺纹，只听"嘣"的一声，螺栓弹飞，盲板上方管道被顶开，煤气"吱吱"喷出来。马某还想乘势去抽盲板，但已身不由己，歪歪斜斜往下倒，其他站在井内的人员因煤气中毒纷纷倒下，当煤气车间主任带领其他人员，带着氧气呼吸器将井内中毒人员救上来时，一人因严重中毒抢救无效死亡，马某等 3 人严重中毒，经及时送附近职工医院抢救得以生还。车间主任等 7 名抢救人员因抢救中误吸 CO 中毒，也被送进职工医院。

2. 防范措施

事故发生后，有关部门组成事故调查组对事故进行调查分析，一致确认这是一起严重的违章作业事故。在公司煤气车间指定的安全管理规章制度中明确规定，煤气抢修检修工作必须减压，携带氧气呼吸器。抢修班在实施抽取盲板工作中，事先未制订安全施工方案，只凭以往快动作抽取盲板得逞的经验代替遵章守纪，事到临头才想起减压、戴氧气呼吸器，而氧气呼吸器又被锁在工具箱里，平时不作保养，临危之时用不上。十分侥幸的是，在抽取盲板和抢救过程中没有发生火花，避免了煤气燃烧、爆炸事故，否则将会造成更大的损失，更为严重的后果。

案例 19　炼钢厂值班人员煤气中毒事故

1997 年 1 月 31 日，某钢厂炼钢车间发生一起煤气中毒事故，3 名值班的煤气巡检工和前来抢救的 3 名值班人员中毒，幸亏发现和救治及时，没有酿成重大人员伤亡事故。

1. 事故经过

1 月 31 日，某钢厂炼钢车间 40 m 平台煤气回收巡检值班室 3 名值班人员正在值班。6 点 05 分，3 名值班人员中的冯某，说肚子饿了，想吃点东西，于是站起身准备到食堂买饭。另一位准备人员汪某感觉憋闷难受，也想到食堂买点东西，站起身也准备走。二人站起身后感觉头重脚轻，迈不开步。到了此时准备的 3 人还没意识到什么异常，因为新购进的德国德尔格一氧化碳报警仪没有发出报警，一点动静也没有。另一位 40 多岁的巡检工章某敏感些，于是抓起对讲机大喊："快来救我们，40 m 平台的人都煤气中毒了!"当班巡检班长和两名工人听到了呼救，40 m 平台煤气回收巡检值班室救援；同时炼钢厂调度室也听到了呼救，通知驻厂煤气防护站人员迅速组织救险。

煤气回收巡检值班室方圆几十米区域煤气弥漫，值班室内的 3 个人都被熏倒在值班室外，前来救援的 3 个人因未佩戴氧气呼吸器，也被熏倒。就在此时，驻厂煤气防护站人员接到厂调度站的紧急通知，佩戴氧气呼吸器及时前来救援，将煤气中毒人员迅速送到医院救护，经急救后 6 名煤气中毒人员全部脱险，未酿成重大伤亡事故。

2. 事故分析

事故发生后，炼钢厂立刻组织事故调查，调查的主要内容就是煤气究竟是从哪来的。回收炼钢过程产生的一氧化碳(煤气),是该厂10年前从国外引进的一项技术,旨在减少环境污染,提高经济效益。事故之后,煤气防护站专业人员迅速对40m平台值班室周围进行检测。测试显示,该区域煤气含量严重超标。煤气严重超标的原因,是由于这两天全厂3座转炉只有两座生产,另一座进行检修。防煤气泄漏的逆止阀由于进行检修,仅靠V形水封阀一道屏障防漏气。在正常的煤气管道压力下,只要保证V形水封阀的水呈溢流状态,定时巡检就不会有任何问题。这天后半夜恰逢厂区供水系统压力出现变化,V形水封阀出现亏水,失去封挡的作用,煤气顺着回收管钻过水封管,通过逆止阀的检修孔渐渐弥散开来,造成煤气泄漏。

3. 防范措施

值班的三名工人的主要任务是每两小时巡检一次工艺设备,发现异常情况随时报告厂调度室并联系处理。在值班室周围粗大的煤气回收管、回水管、回水阀、风机阀、氧枪泵、罩裙泵等大型设备纵横交错,是炼钢附属设备的重要区域。冯某等3名值班工人接班后,打着手电巡检了一遍设备,便再没走出值班室,没有按照规章制度按时巡检,放弃了巡检责任。煤气泄漏后,竟丝毫没有察觉。

为了预防煤气泄漏,该厂专门为巡检人员配备有高效微型煤气报警仪。煤气报警仪是从德国进口的新一代德尔格产品,属国内灵敏度最高的报警仪。由于有先进的报警仪保驾护航,还从来没发生一起纰漏。在煤气严重超标的情况下,为什么煤气报警器没有报警?结果是因为电池没电,而且没人报告,没人发现。该厂交接班制度规定:接班人员必须首先察看煤气报警器灵敏度。由于值班人员的麻痹大意,一直未能发现。规章制度和报警器都形同虚设。报警器没电没有及时发现,应执行的巡检制度不落实,是导致事故的主要原因。

案例20 检修公司员工煤气中毒事故

1. 事故经过

2005年3月6日,检修公司设备安装作业区检修三班班长杨某接到抢修3号高炉遮断阀的通知,安排检修一组负责此项工作。组长才某先办理好了β角减速机检修动火手续,待炼铁放散阀打开并通蒸汽进行放散后,检修人员根据施工指令开始拆除减速机螺栓,中途出现区域煤气含量达到7 080 ppm的情况时,炼铁点检员打开气密箱氮气管进行吹扫,在吹扫过程中,在此区域的才某出现不适症状,并发现煤气检测仪已无显示(超量程),即向杨某汇报煤气超标问题,杨某马上安排人员全部撤离到平台北侧,交代才某注意风向,等煤气含量降低后安排人员继续作业。约10 min后,检修人员测试β角减速机区域煤气含量合格后,才某和钳工王某等人二次进入检修区域工作,片刻才某又感到不适,就让王某迅速撤离,王某上到第七层平台,才某下到第六层平台,还在现场工作的黄某就与史某继续检修,几分钟后史某感到不适并从气密箱上撤离,黄某看到正搬运灭火器的铆工蒋某,就喊蒋某一起协同作业。当杨某上到气密箱β角平台时,先发现点检员黄某情况不对,将其扶出,转到平台东侧又发现蒋某倒在

β角减速机上，立即组织人员将蒋某抬离β角减速机的检修区，并向单位领导汇报，单位领导即组织参检人员到医院吸氧、救治。

2. 事故原因分析

(1)热风炉倒流休风放散阀排放的煤气随风飘至4号高炉六七层平台处，同时停炉后气煤箱内有残余煤气泄漏，导致在此区域内的检修作业人员煤气中毒是此次事故的直接原因。

(2)杨某、才某执行安全措施不力，对现场环境煤气含量超标未进行认真确认，冒险安排人员进行作业，典型的重生产、轻安全，安全意识淡薄。

(3)煤气防护站在抢修情况下未履行现场监护的职责。

(4)检修作业人员群体安全防护意识淡薄，对因风向转变造成煤气中毒的危险源辨识不足。

(5)检修公司检修准备不充分，空气呼吸器现场不适用。

案例21　某焦化厂员工煤气中毒事故

1. 事故经过

2005年4月27日，运行保障作业区3号焦炉调火班根据生产要求恢复3号焦炉高炉煤气加热系统，班长韩某与王某、张某三人负责打开3号焦炉房地下室高炉煤气考克，张某、朱某、李某三人负责打开3号焦炉房地下室高炉煤气考克，当焦炉机房地下室作业完毕后，所有人员均已撤离地下室，此时，韩某发现烟道走廊内烟雾较大，高炉煤气管压力偏高，达12 kPa，5号CO报警280 ppm，韩某与王某持手持式CO报警仪保持3 m距离立即去机房烟道走廊确认，未发现有泄漏点，在要走出机侧烟道走廊大门时，韩某发现调火工初某一人走出地下室楼梯后晕倒，即与王某将其救出，并送医院救治。(后经了解，初某是调火班3号焦炉小组长张某打电话从家叫来的，其本人到现场后未与班组人员取得联系，直接到地下室寻找本班人员时被煤气熏倒。)

2. 事故原因

初某违反《焦化厂调火工安全技术规程》"进入地下室前必须确认CO报警仪是否良好，必须两人以上，前后保持一定距离(3 m)方可进入，必要时戴好空气呼吸器"的规定，是造成事故的主要原因。

案例22　某动力厂三人煤气中毒事故

1. 事故经过

2006年8月29日，某电热公司热电厂1号TRT准备启动时，岗位职工发现其冷却水压不足，值长电话向总调报告，要求协调恢复冷却水。经协调后，动力与热电厂检查认为可能是冷却水供水阀门有问题。动力厂给排水部安排机械维检班史某、何某、张某、赫某四人去检修TRT的DN 150阀门。何某、张某、赫某三人到现场后，何某先下到井中卸螺钉,当卸到还剩两个螺钉时,感觉到闷热,即上到阀门井上,这时已经到现场的史某问何某:"卸完没有?"何某说:"还没有,下面特别热,特别闷"。史某说:"我下去卸。"史某刚下到阀门井内就倒在阀门旁边,阀门井上的张某、赫某看到后,先后下去准备施救,也分别倒在了阀门井内。井上的何某看到后,感觉井内有有害气体,立即让1号站岗位人员打电话求援,井内三人被先后赶到的给排水部领导及现场职工救出后,送往医院进行救治。

2. 事故原因

(1)生产指挥控制中心总调度室能源调度李某,接到动力厂孙某"准备修冷却水阀门,让热电关闭内部水源阀门"的请示后,没有将动力厂检修冷却水阀门工作和动力厂有关检修要求的信息传达给电热公司,也没有安排动力厂进行系统安全性和可靠性确认,致使电热公司没有及时采取有效措施对1号TRT系统中的高炉煤气进行处理。

(2)某电热公司值长张某得到生产指挥控制中心电力调度杨某同意1号TRT启机的指令后,在未办理引用高炉煤气工作票的情况下,安排1号TRT岗位职工引高炉煤气驱赶TRT煤气系统中的空气,作启机准备。高炉煤气引入TRT系统后,透平机汽缸内即充满高炉煤气。当TRT岗位人员报告冷却水压低于0.2 MPa,且不断降压的情况时,仅向总调能源调度李某报告1号TRT冷却水压力不足的问题,张某及TRT操作人员都没有考虑到冷却水水压继续下降时可能造成高炉煤气沿冷却水管网扩散的危险,没有及时对TRT系统中的高炉煤气进行处理。

(3)动力厂给排水部控制室主操孙某,接到总调能源调度李某关于查看TRT冷却水压力不足问题后,安排人员检查并确认阀门有问题后,向李某提出了"准备处理阀门,请热电厂关闭内部冷却水阀门"的要求,没有和电热公司有关人员进行检修前的工作联系与系统安全性确认,在不清楚冷却水系统安全状况,也无井下作业安全措施的情况下,安排检修作业。

(4)检修人员发现热水(汽)从阀门处溢出且井内闷热时,没有采取可靠的通风措施;当史某晕倒在井内时,一同检修的职工盲目施救。

(5)动力厂对供至TRT的冷却水的工艺用途不清,缺乏对冷却水相关联系统中潜在的危险识别;缺少特殊环境作业安全措施和安全交底。

(6)总调度室调度员对动力厂、电热公司落实《动力能源产品停送联系制度》的情况监督管理不到位;能源调度不了解《TRT机组运行规程》有关TRT启动前的准备工作内容,没有及时纠正电热公司不规范的引用煤气行为。

案例 23 某动力厂员工煤气中毒事故

1. 事故经过

2007年11月14日,总调通知燃气部焦化厂内部粗苯塔爆炸,立即到现场组织处理焦炉煤气系统。燃气部管道班班长王某派煤气输送工杨某和刘某打开焦炉煤气管道西 DN 1000 蝶阀平台处放散,操作时杨某发现刘某中毒,即向地面人员呼救。地面防护站人员等听到呼救声,急忙上到平台,发现杨某和刘某都倒在平台上,立即组织施救,并送医院救治。

2. 事故原因

(1)杨某、刘某在打开放散时,焦化粗苯塔发生第三次爆炸,爆炸所产生的冲击波将管道中的残余煤气夹杂着蒸汽和焦油、萘等杂物从眼镜阀裂口处冲出,造成杨某、刘某煤气中毒,是受到事故的次生灾害所致。

(2)作业人员在平台操作放散时没有按照要求佩戴空(氧)气呼吸器作业,是造成煤气中毒的主要原因。

案例 24　某炼铁二工序员工窒息死亡事故

1. 事故经过

2008 年 2 月 22 日,某炼铁二工序一作业区热风炉班长单某接到热风炉控制工"3号高炉热风炉区域 2 号下水井堵塞"的报告后,带领热风炉操作工刘某前去进行疏通。因井内蒸汽大,便将用于冷却的氮气管接长后插入下水井内吹扫蒸汽;在没有对充满氮气的下水井进行足够通风的情况下,冒险进入井内进行疏通,造成窒息。刘某发现单某倒在井底后,在没有通知其他人员也没有采取防护措施的情况下,盲目进入井内施救,也中毒倒下。某厂一名职工到 3 号高炉热风炉区域清扫卫生时看到下水井井盖打开,便走过去察看,发现下水井内有人倒在里面,急忙叫人抢救,一作业区部分人员及煤气防护站人员赶到现场后,立即将井下的两人救出,两人在医院抢救无效死亡。

2. 事故原因

(1)单某在得知下水井溢水后,未经作业区同意,擅自带领刘某去疏通下水井;因井内蒸汽大,便将用于冷却的氮气管接长后插入下水井内吹扫蒸汽;在没有对充满氮气的下水井进行足够通风的情况下,冒险进入井内进行疏通,造成窒息;刘某发现单某倒在井底后,在没有通知其他人员也没有采取防护措施的情况下,盲目进入井内施救,导致事故扩大。

(2)炼铁二工序对动力能源介质的使用管理存在不足,对职工作业行为监督不到位。

(3)职工对氮气危害认识不足,缺乏危险应急处置能力。

案例 25　某钢铁公司"8.24"高炉煤气中毒事故

1. 事故概况

2009 年 8 月 24 日,1 号高炉烘炉由 2 号高炉供煤气转为 3 号高炉供煤气,2 号高炉休风以后,3 号高炉煤气管道须打开向 1 号高炉供煤气。在关闭 3 号高炉煤气管道的煤气蝶阀后,打开其后的眼镜阀的作业过程中,4 个作业人员中毒,监护人和赶来救援的值班工长也中毒 。其中 3 人死亡,1 人重度中毒。

2. 事故要点

(1)4 号煤气蝶阀关闭以后,煤气压力表显示 2 kPa,技师顺手将煤气压力表下面的排污阀开了一下(煤气压力表、排污阀通过三通连接),然后再关闭,此时煤气压力显示为零,就开始组织热风工上高位平台,进行翻 3 号眼镜阀操作。

(2)4 名热风工带上煤气报警器、两套防毒面具上到了 3 号眼镜阀平台(平台距地面 7.2 m,面积约 4 m²),现场测试煤气报警仪没报警,带着防毒面具工作不方便,就摘掉了防毒面具。

(3)控制眼镜阀的两根丝杠松开,大锤砸管钳拧不动丝杠眼睛阀松动了 10 cm 左右,突然一股煤气从松动的法兰处喷出。

(4)1 人叫"快撤",但为时已晚,没有地方躲,此人就趴到了平台的西边,另 3 人中毒倒在了平台的东面。

(5)在下监护的人发现情况不正常,便爬上无护笼的直梯去抢救,中毒摔在地上。

(6)值班工长带领人到现场抢救,在系绳子(用绳子将中毒者放下来)过程中也中毒,从约 6 m 的高度掉了下来。

3. 事故原因分析

(1)违反"冒煤气作业,操作人员应佩戴呼吸器或通风式防毒面具 "的规定。

(2)眼镜阀没有完全切断,错误地判断煤气管道内没有压力。

(3)作业场所没有逃生及救援通道。

案例 26　某铁合金厂"9.18"煤气中毒

1. 事故概况

2009 年 9 月 18 日某铁合金临时停产检修,要检修东烧结阀盖密封箱体盖板等。10 时许高炉休风,16 时 25 分后高炉复风,此时烧结平台下阀盖密封箱体内进行焊接作业的 3 人中毒,1 人焊好盖板爬出人孔时中毒,平台上配合检修者立即去关煤气阀门,将阀门关闭后自己即晕倒在阀门平台区 。此次,造成 4 人死亡,1 人轻微中毒。

2. 事故要点

(1)10 时 05 分高炉休风。11 时甲班开始检修,当班作业者没有按规程要求关闭煤气阀门和打开煤气放散阀。

(2)16 时 30 分,乙班 4 人在没有确认煤气阀门是否关闭、放散阀是否打开,没有办理进入箱体内作业工作票证,也没有检测箱体内煤气浓度的情况下,先后进入阀盖密封箱体内进行焊接作业。

(3)18 时 25 分高炉复风,高炉技术员电话告知厂长说高炉要引煤气,厂长回复说行。

(4)1人已从箱体内出来得到厂长通知高炉已引煤气,又进入箱体催促另3名作业人员说快点干。

(5)1人在人孔处正在焊接最后一个盖板,当其焊好爬出人孔时,感觉头晕、眼花、说不出话,即晕倒在平台西侧。

(6)1人在平台上配合检修,发现人孔处中毒者,立即去关煤气阀门,将阀门关闭后自己即晕倒在阀门平台区。

(7)东烧结平台下的人感觉到有煤气,上去关阀门时,发现阀门区的中毒者,便大声喊叫"快救人"。该厂人员听到喊叫相继赶到东烧结平台,立即开展抢救。

(8)人孔处中毒者清醒后告知抢救者说箱体内还有3人,箱体内的3人救出后和阀门区中毒者送往医院经抢救无效死亡。

3. 事故原因分析

(1)在检修前,甲班没有按规定关闭煤气阀门、打开放散阀,违反安全操作规程作业。

(2)乙班在没有办理工作票、没有确认煤气阀门的状态、没有进行箱体内煤气浓度检测、没有准备安全防护设施、没有指派专门的安全监护人员的情况下,安排组织人员进入箱体内违章作业。

(3)在得知已经输送煤气,没有采取关闭煤气阀门、打开放散阀等措施的情况下,未能及时组织撤出人员,导致事故发生。

(4)在没有采取任何安全防护措施的情况下,发现煤气泄漏,盲目冒险去关煤气阀门,导致中毒死亡,造成事故扩大。

案例 27　某钢铁公司"12.6"中毒事故

1. 事故概况

2009年12月6日,某钢铁公司焦化厂2号干熄焦的旋转密封阀出现故障,3名协助处理故障的焦炉当班工人中毒死亡;1人未佩戴呼吸器进行施救,中毒死亡;最终共导致4人死亡、1人受伤。

2. 事故要点

(1) 2009年12月6日4时28分,某公司焦化厂2号干熄焦的旋转密封阀的故障;安排焦炉当班工人协助2名巡检人员进行处理。

(2)因系统内可燃气体浓度较高,干熄焦主控人员要1名巡检人员先去打开氮气阀稀释系统内的可燃气体浓度。

(3)另1名巡检人员在已打开的2号干熄焦旋转密封阀人孔旁与3名焦炉当班工人会合。

(4)该名巡检人员要去找个钩子处理旋转密封阀里面的异物,走前说:在他未返回之前不能进行作业,并提醒此处危险要他们离开。

(5)当他找来钩子时发现他们三人都不见了,经寻找看到他们三人均倒在人孔内,就连忙往外拉人,但他感到呼吸困难手脚无力,就立即离开现场,同时用对讲机向主控室呼救。

(6)干熄焦主控人员及前1名巡检人员等人听到呼叫后就从不同岗位迅速赶到现场进行抢救;还同时通知了调度室、120、公司消防队等单位。

(7)在施救过程中干熄焦主控人员不听他人劝阻且未佩戴防护器具而中毒倒在人孔内。

(8)其他人佩戴好空气呼吸器后与赶来的消防人员将中毒人员救出并送到医院抢救。

3. 事故原因分析

(1)3名焦炉当班工人在巡检工还未关闭平板阀门的情况下打开2号干熄焦旋转密封阀人孔进行故障处理,导致有毒有害气体(气体主要成分为 CO、CO_2、H_2 等)从打开的人孔处冒出,造成中毒事故,违反该厂有关的规定。

(2)巡检人员在发现2号干熄焦旋转密封阀人孔打开后未及时确认平板阀门是否关闭而离开现场找工具,也没有采取有效措施使三名焦炉当班工人离开危险场所;另一巡检人员在发生事故到达现场后也未及时关闭平板阀门。两名巡检人员作为处理故障的主要人员,未切实履行工作职责。

(3)在未佩戴空气呼吸器的情况下冒然进入危险区域,导致事故扩大。

案例28 某冶炼公司"1.18"煤气中毒事故

1. 事故概况

2010年1月18日上午8时30分左右,6名检修施工人员进入冶炼公司2号高炉(440 m^3)炉缸内搭设脚手架,拆除冷却壁时,6名施工人员煤气中毒死亡。

2. 事故要点

(1)2009年11月22日2号高炉因炉凉造成高炉停产检修。

(2)2010年1月6日15时30分竖炉因生产需要开始恢复生产,冶炼公司将2号高炉净煤气总管出口的电动蝶阀和盲板阀(眼镜阀)打开,由1号高炉产生的煤气向竖炉提供燃料供应。

(3)2010年1月16日17时56分,竖炉停止生产,将2号高炉的电动蝶阀关闭,而未将盲板阀关闭。

(4)在2号高炉检修期间干式除尘器箱体的进、出口盲板阀处于未关闭状态,箱顶放散管处于关闭状态,2号高炉重力除尘器放散管处于关闭状态。

(5)高炉检修施工人员在进入炉内作业前,也未按规定对炉内是否存在煤气等有害气体进行检测,在煤气浓度超标的情况下,盲目进入炉内进行作业。

3. 事故原因分析

(1)停产检修的 2 号高炉与生产运行的 1 号高炉连通的煤气管道仅电动蝶阀关闭,而未将盲板阀关闭,未进行可靠的隔断。

(2)检修期间 2 号高炉煤气净化系统处于连通状态,各装置放散管处于关闭状态;1 号高炉的煤气经 2 号高炉干式除尘器箱体与重力除尘器到达 2 号高炉炉内。

(3)2 号高炉检修前,施工单位与生产单位双方均未对 2 号高炉净煤气总管的盲板阀是否可靠切断进行有效的安全确认。

(4)检修施工人员在进入炉内作业前,未按规定对炉内是否存在煤气等有害气进行检测。

(5)双方未制定检修方案及安全技术措施,均未明确专职安全人员对检修现场进行监护作业。

案例 29　某钢铁公司"1.4"煤气中毒事故

1. 事故概况

2010 年 1 月 4 日,某钢铁公司炼钢分厂的 2 号转炉与 1 号转炉的煤气管道完成了连接后,未采取可靠的煤气切断措施,使转炉气柜煤气泄漏到 2 号转炉系统中,造成正在 2 号转炉进行砌炉作业的人员中毒。事故造成 21 人死亡、9 人受伤。

2. 事故要点

(1)运行中的 1 号转炉煤气回收系统与在建的 2 号转炉煤气回收系统共用一个煤气柜。

(2)与在建的 2 号转炉连通的水封逆止阀、三通阀、电动蝶阀、电动插板阀(眼镜阀)仍处于安装调试状态。

(3)1 月 3 日上午,1 号转炉停产,为使 2 号转炉煤气回收系统与现系统实现工程连通,约 10 时 30 分,公司在将 3 号风机和 2 号风机煤气入柜总管间的盲板起隔断作用的盲板切割出约 500 mm×500 mm 的方孔时,发生 2 人中毒死亡事故,施工人员随即停工。

(4)事故现场处置后,当班维修工封焊 3 号风机入柜煤气管道上的人孔(未对盲板上切开的方孔进行焊补)。

(5)当班风机房操作工给 3 号风机管道 U 形水封进行注水,见溢流口流出水后,关闭上水阀门。

(6)1 月 3 日 13 时左右 1 号转炉重新开炉生产;1 月 4 日上午,2 号转炉同时进行砌炉作业。

(7)1 月 4 日约 10 时 50 分,应炉内砌砖人员要求,到炉外提升机小平台来取炉砖尺寸人员突然晕倒,小平台上一起工作的两名人员去拉但未拉动,并感到头晕,同时意识到可能是煤气中毒,马上呼救。

3. 事故原因分析

(1)在 2 号转炉回收系统不具备使用条件的情况下,割除煤气管道中的盲板,煤气柜内(事故时 1 号转炉未回收)煤气通过盲板上新切割 500 mm×500 mm 的方孔击穿 U 形水封,经仍处于安装调试状态的水封逆止阀、三通阀、电动蝶阀、电动插板阀充满 2 号转炉(正在砌炉作业)煤气回收管道,约 10 时 50 分,煤气从 3 号风机入口人孔、2 号转炉-文溢流水封和斜烟道口等多个部位逸出。

(2)U 形水封排水阀门封闭不严,水封失效,导致此次事故的发生,从 1 月 3 日 13 时注水完毕至 1 月 4 日 10 时 20 分左右,经过约 21 h 的持续漏水,U 形水封内水位下降,水位差小于 27.5 cm(煤气柜柜内压力为 2.75 kPa),失去阻断煤气的作用。

(3)U 形水封未按图纸施工,未装补水管道,存在事故隐患。

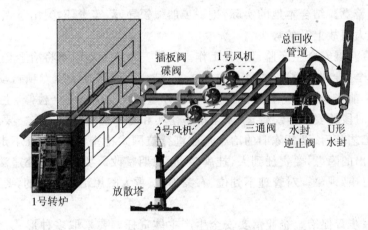

图 10-1　事故图示

案例 30　某钢铁公司"12.24"重大煤气泄漏事故

2008 年 12 月 24 日上午 9 时左右,某钢铁公司 2 号高炉重力除尘器泄爆板发生崩裂,导致 44 人煤气中毒,其中 17 人死亡、27 人受伤。

1. 事故基本情况及原因分析

据了解,事故发生前 4 个班的作业日志表明,炉顶温度波动较大(最高 610 ℃,最低 109 ℃),炉顶压力维持在 54~68 kPa 之间。24 日零点班该炉曾多次发生滑尺(轻微崩料),至事故发生时,炉内发生严重崩料,带有冰雪的料柱与炉缸高温燃气团产生较强的化学反应,气流反冲,沿下降管进入除尘器内,造成除尘器内瞬时超压,导致泄爆板破裂,大量煤气溢出(煤气浓度 45%~60%)。因除尘器位于高炉炉前平台北侧,时季风北向,大量煤气漂移至高炉作业区域,作业区没有安装监测报警系统,导致高炉平台作业人员煤气中毒。没有采取有效的救援措施,当班的其他作业人员贸然进入此区域施救,造成事故扩大。

据初步分析,造成事故的原因:一是在高炉工况较差的情况下,加入了含有冰雪的落地料,导致崩料时出现爆燃,除尘器瞬时超压,泄爆板破裂,造成大量煤气泄漏。二是生产工艺落后,设备陈旧,作业现场缺乏必要的煤气监测报警设施,没有及时发现煤气泄漏,盲目施救导致事故扩大。三是隐患排查治理不认真。事故发生前,炉顶温度波动已经较大,多次出现滑尺现象,但没有进行有效治理,仍然进行生产,导致事故发生。

2. 预防措施

(1)要深入学习和坚决贯彻落实安全生产工作的一系列重要指示,把加强安全生产工作的重要性提高到新的高度,切实抓紧、抓实、抓细、抓好。

(2)深刻吸取该起事故教训,坚决遏制冶金行业事故多发势头。形势非常严峻,必须引起高度警觉。结合本地的实际,进一步加强领导,落实责任,突出重点,狠抓落实,坚决遏制较大事故上升的势头。

(3)认真开展安全生产监督检查工作。各级安全监管部门要将冶金企业安全生产工作列入安全生产监督检查的重点内容之一,结合隐患排查治理专项行动、冬季安全检查、"两节"前安全检查等,督促企业着力做好重要设备设施停产检修、生产与基建技改同时作业时段的安全组织管理、安全措施落实和复产检查验收工作。要组织专业技术人员,对工艺落后、设备陈旧的冶金企业进行拉网式检查,确保检查不走过场,不留死角。对查出的隐患,要责任到人,挂牌督办,限期整改。要严格查处违法违规行为,严肃查处"三违"现象。对管理不到位、有案不查、重大隐患治理不力的,要追究相关人员责任。

(4)进一步督促冶金企业落实安全生产主体责任。要采取多种形式,督促各类企业按照《安全生产法》等法律法规的规定,建立健全安全生产责任制,制定和修改完善符合现行法律法规及标准要求的安全生产管理制度、岗位操作规程和技术规程;强化安全教育,特别是外来务工人员的安全教育培训,开展典型案例事故分析讨论,深刻吸取事故教训,切实增强职工的安全意识,逐步减少和消除"三违"行为。要加大安全生产投入,配备与工作相适应的安全管理人员。

(5)完善应急救援预案,提高事故防控能力。冶金企业危险、有害因素多,属于风险性较大的行业,要制定完善重点部位和关键工艺环节的应急救援预案,并定期组织演练,配足防护面具,提高应对各类事故的处置能力;进一步做好危险源辨识工作,加强对煤气管网、煤气柜、制氧等危险源(点)的监控,特别要加强对在用时间长、即将报废又对安全生产影响较大的重要设备、关键设施的检修维护工作。

(6)严肃查处事故,认真吸取事故教训。严格按照"四不放过"的原则和"实事求是、依法依规、注重实效"的三条基本要求,查清事故原因,对不依法履行安全生产责任、存在隐患不及时采取治理措施的相关责任单位和人员，要严肃处理和追究责任，总结事故经验教训，提出防范措施并加强监督检查，防范同类事故的再次发生。

案例 31　煤气中毒死亡 11 人的重大事故

1. 事故经过

某钢铁公司 1953 年 3 月 11 日发生中毒死亡 11 人的重大事故。该企业 8 号高炉恢复工程，由于重主体轻辅助，煤气洗涤系统工程仓促进行，在许多条件还不具备的情况下投产接收煤气，新中国成立初期，无论技术水平、装置水平、人员素质、组织工作各方面水平较低，当 8 号高炉于晚间提高冶炼强度、增加风量时，半净总管上的放散管在操作室不能开启。两台洗涤机只有一台处于运行状态，通过能力仅 80 000 m³/h，而另一台尚未进行置换空气，且出口调节碟阀由于尚未拆卸的脚手架绑缚住而无法开打，煤气压力剧升，首先击穿洗涤机前水封器的排水水封，此水封有效高度为 1 000 mm，但实际插入管上有缺口，有效高度仅约 850 mm，使途经此处前往现场操作开启放散管的该班班长沈某首先中毒倒下，煤气压力继续上升，管理室全部 U 形压力计击穿泄出煤气，管理室值班人员在向调度室报告事故时也中毒倒下。获悉事故信息后，该厂未能有效组织抢救处理，致使事故扩大。对事故现场情况不明，将救出的中毒人员正好置于煤气严重污染区域，致使中毒 30 多人中有 11 人抢救无效死亡。

2. 预防措施

（1）抓工程必须主辅并重，甚至能源动力应予超前。

（2）要重视人员培训，提高生产、施工乃至设计队伍素质。

（3）按照辅助保主体原则，应具有较大的备用（通过）能力，即当时应将第二台洗涤机列为备用车，但由于当时指挥人员思想上存在经验主义，认为高炉达到正常、强化冶炼、增加风量还要有很长一段时间，因而未能考虑备用通过能力。

（4）在安全前提下应适当提高装置水平，如室内全部压力表均为 U 形水柱表，是个极不安全的因素。

（5）生产、施工、设计单位人员都要主动搞好关系，互相支持。

（6）生产人员要把好验收关，未按设计完成施工，决不能投产引入煤气。

（7）健全防护组织，要有一支半军事化的，有一定权利和威信的煤气防护队伍，这是煤气系统尤其是高炉煤气系统所必需的。

（8）组织煤气事故抢救，首先应摸清情况，有组织，听指挥进行。

（9）上下生产工序要密切联系，如高炉增减风量应与净化系统取得联系，而且一般不应该选择晚间突然增加风量。

最后，对此事故的处理简述如下：8 号炉停产，关闭与另一系统间的直径为 2 900 mm 的煤气阀门并安装盲板，在处理残余煤气后，解决施工、设计存在问题，如普遍提高水封的有效高度，实现电动放散管在管理操作室操作，去除未拆的脚手架、第二台洗涤机投入备用……

案例 32　洗涤塔后文氏管检修轻微中毒事故

1968 年 12 月某钢厂 2 号洗涤塔后文氏管处，在安装盲板并经自然通风后，有 78 人在文氏管清扫、检修时发生轻微中毒。后经查明，是由于所装盲板采用了错误的石棉绳固定法，用的是在盲板边沿钻许多直径为 3 mm 的小孔，利用这些小孔将石棉绳钉在盲板周边。在安装过程中已有部分石棉绳被卡掉，煤气从这些小孔泄漏入工作场所而引起中毒。鉴于这种事故已是重复发生，决定今后不采用这种方法。同时，在进行此类作业时必须按规程进行鸽子试验或取样分析，证明合格后才允许进入工作；再者，在法兰不易撑开足够距离以塞下盲板和垫圈的地方，应改用在盲板周边每隔 50～60 mm 平行点焊两圈 8 号铁丝来固定石棉绳这种比较安全的方法。

案例 33　某公司焦化厂轻伤事故

1. 事故经过

2005 年 1 月 27 日，焦化点检发现烘炉用液化石油气管道焊口处有泄漏，焦化生产班值班长马某遂与液化气站站长付某商定 28 日处理液化气管道。28 日 9 时，炼焦班班长张某 1 与熄焦车司机张某 2、炉门工张某 3 三人在 1 号焦炉炉台东侧拆除盲板阀时引发火灾事故，致使张某 1、张某 2、张某 3 三人手腕、面部被烧伤。

2. 事故原因

(1)液化石油气泄漏，其密度大于空气，从而流向低处的熄焦车，致使引燃液化石油气，导致火灾事故的直接发生。

(2) 泄漏隐患发现及处理不及时，是导致事故发生的主要原因。

案例 34　某炼轧厂炼钢工序员工轻伤事故

1. 事故经过

2009 年 6 月 25 日，连铸切割煤气送气后，点检班长王某通知钳工徐某对 2 号机切割能源柜内煤气总管滤芯进行拆除检查，同时放散煤气吹扫能源柜总管到进气截止阀间的管道。徐某在实施过程中，放散位置产生大量尘雾，由于无法看清能源柜情况，在摸索去关闭放散铜球阀时，放散口着火，急忙关闭总管泄水壶旁进气截止阀后火熄灭，着火造成许某双手烧伤。

2. 事故原因

(1)许某违反《能源介质管网点检危险源辨识》中"管道阀门操作必须在泄压或无压状态下操作以及煤气管道吹扫必须使用蒸汽吹扫，且蒸汽管道捆扎牢固"的控制措施要求，用煤气放散吹扫管道，且不开启轴流风机通风，是造成事故的主要原因。

(2)炼轧厂能源管理混乱，对习惯性违章作业监督检查不到位，安全作业标准中也没有对此项作业活动制定可行的作业程序，是造成事故发生的主要管理原因。

(3)制度可操作性不强,现场只有氮气管道,而制度中规定用蒸汽吹扫,无法执行。

案例 35 脱水器爆炸

1970 年 10 月某厂在 4 号高炉短期休风后复风送煤气,经联系净化方面同意送煤气约 2 min 后,即发生脱水器爆炸,6 人中毒,其中 1 人死亡,高炉停产 4 天。

事故原因:爆炸事故的发生是高炉短期休风时有空气进入高炉炉顶或重力除尘系统形成爆炸气体,而在湿法净化系统之前的区域内发生爆炸,致使只能承受常压的设备脱水器炸破。

防范措施:高炉短期休风时,一定要不间断地通入蒸汽保持炉顶、大小料钟间、重力除尘器内的正压,严防空气混入;复风与送煤气之间要有一段间隔时间,以确保送出煤气无爆炸性;并要注意送出煤气含氢量的情况,含氢量较高时不应送入净化系统。

处理过程:抢救中毒人员,高炉休风,可靠隔断煤气,处理净残存煤气,将脱水器修复。

案例 36 煤气净化系统发生煤气中毒死亡事故

1979 年 2 月某厂在处理 3 号高炉煤气净化系统时,采用传统的自然通风方法,由于过早打开碟阀组出入孔,而此处尚有正压煤气、蒸汽外泄造成彭、曹两人中毒,又由于抢救者未佩戴氧气呼吸器而造成多人中毒,后经防护人员赶到抢出危险区,但彭某因中毒较严重死亡。

防范措施:如有条件应采用氮气置换煤气的方法;如采用自然通风,则应先停喷淋水,再开塔顶放散管泄压;开人孔时应先只卸螺栓并留一个使松动,而不准开启人孔,应由两人佩戴氧气呼吸器最后从上而下开启,至后才允许放掉底部水封的水;抢救人员必须佩戴氧气呼吸器防止事故扩大;指挥人员应掌握全盘,要正确细致布置任务,并进行检查、协调。

案例 37 高炉煤气洗涤塔严重晃动

1982 年 9 月某厂 2 号高炉顶压力由 0.13 MPa 升至 0.16 MPa,2 号洗涤塔严重晃动,并造成部分塔壁出现破洞,煤气外泄,使高炉被迫休风。

事故原因:由于排水碟阀排水失常,使塔内水位上升超过允许范围,造成煤气冲击水层、水层晃动,重心迅速摆动而行成塔体摇晃,并使炉顶压力迫升。

防范措施:值班人员必须严格执行设备巡检制度,发现碟阀卡水位过高等类似情况应及时处理。

处理过程:高炉休风后可靠隔断煤气,处理残余煤气,将损坏处补焊,消除排水阀碟卡的故障,并在以后严格执行制度。

案例 38 高炉净化系统全封液压插板阀损坏事故

1994 年 8 月某厂 4 号高炉在开启全封液压插板阀时,阀"开"信号灯亮,操作人员查看半导体接近式行程开关极限,"开"极限被定出,于是认为插板已开,但实际上开只是假象,是由于插板端头极限推杆而动作不畅,但不能自动复位所致。在该阀误判为"开"(实际上是关)的情况下,四号高炉煤气无法送出,致使减压阀组后煤气压力升到满刻度(25 000 MPa),炉顶压力升到 0.16 MPa,高炉炉顶放散阀自动开启后,高炉紧急休风。由于该全封闭液压插板阀受压过大,造成板体变形,根本不能起到可靠隔断煤气的作用,而且修复困难,造成了很大的经济损失,且该阀已不能使用,每次停煤气都要进行抽堵盲板作业。

防范措施:判断该阀插板是否到位,不能光凭电器信号,而要到现场仔细检查才能确认,当插板到位时,有一端极限推杆被明显撞出不能复位,而另一端极限杆推杆可以复位(当用小锤向箱体内部敲击时);若两端极限推杆可以复位则插板没有到位,且流散管有煤气漏出。

处理过程:该厂拟待机改为水封加严密碟阀的隔断煤气方式。如能在设计上稍作改进,避免极限误显示,并能精心操作认真维护,该类阀仍不失为一种好的选择。

案例 39　干式电除尘器窒息死亡一人事故

1994 年 12 月某厂 5 号高炉煤气干式电除尘器处,两名设计部门实习人员自行开启正在充氮保护中的电除尘器,先进去的一人因氮气窒息死亡。

事故原因:对两名实习人员而言,不应自行操作开启人孔进入器内;对于岗位人员而言,现场管理存在问题,以致有人误操作设备,却无人知道。

防范措施:实行外来人员安全责任制度,进入现场必须有岗位人员带领。

案例 40　高炉煤气倒窜引起中毒

1989 年 3 月某厂净化配水站中毒事故。对该水站过滤器进行检修时,先有一名检修工晕倒,接着又有四名工人头痛,当时由于大家意识到是煤气中毒,立即撤离现场,因此事故没有扩大。中毒人员经治疗、休息,完全恢复了健康。造成中毒原因是停水后高炉煤气倒窜至水过滤器所致。

防范措施:停水作业,检修水过滤器时也必须可靠隔离煤气来源,防止煤气倒窜。

案例 41　处理煤气过程中发生煤气燃爆伤人事故

1974 年 2 月某厂 1 号高炉净化区域尚未处理完残余煤气时,炼铁厂提前打开切断阀使具有爆炸性的气体引起燃爆,造成洗涤塔部分人孔崩开,3 人被打伤并轻度中毒。

事故原因:有条件时应改用氮气置换煤气;采用旧法时,应加强联系,未经净化方面同意,决不允许打开切断阀。

防范措施:只有在净化系统煤气处理好之后,才允许打开切断阀。

案例 42 风机下部排水大量冒烟气

1986 年 3 月 1 日,某厂 1 号 50 吨转炉烟罩处风机下部排水大量冒烟气。

事故原因:新改装的带冲洗水的联锁碟阀冲洗时,水流入水封逆止阀,该器原始水量过大,造成该器水位过高,煤气不能送入气柜。

案例 43 排水器冒煤气

1989 年 1 月 16 日 18 时 30 分,某厂转炉气柜柜位 12.3 m,用户未用,次日晨 5 时发现柜位下降至 9.5 m,经查因用户入口处排水器冒煤气所致。

案例 44 空气进柜事故

1986 年 3 月 3 日某厂发生一次空气进柜事故。8 时 57 分,气柜进口含氧量达到 11.6%;9 时 40 分,柜顶含氧量达 4%。其后又在同年 4 月 11 日和 11 月 2 日,1987 年 8 月 14 日和 8 月 16 日,先后发生 4 次空气进柜险肇事件。

事故原因:钢厂在水封逆止器水层仅 100 mm 的情况下试验联锁碟阀(开启回收后),而风机高速运转。后来规定,水封要保持 550 mm 以上,风机转速≤550 r/min 方可试联锁碟阀;并规定试验时要通知气柜,柜前应加煤气含氧量表等措施。1988 年 7 月又发生的一次空气进柜事件,是由于回收碟阀未到位而信号反映到位所致。

案例 45 输往气柜的煤气管严重摇晃

1986 年 3 月 6 日,某厂 1 号 50 吨转炉风机转速在 2 247 r/min 时,发现输往气柜的煤气管严重摇晃。后又发现多次。

事故原因:改造过程中仅 1 号机出口管支撑出口总管不稳定,支撑管刚度又较差,在转速升高,水封逆止器内逆止水层经煤气剧烈搅动时,水流急剧变化,使重心迅速改变而造成摇晃。后来加固了出口管,并在另两炉完成改建,增加稳定性后,问题得到根本解决。

案例 46 煤气倒流入柜前管道

某厂柜内煤气倒流入柜前管道,经柜前放散管放散,使柜位多次下降。

事故原因:柜入口水封有效高度太小,当三塔升起时,即出现倒流现象。后采取不停煤气改造该水封,提高水封有效高度来解决。

案例 47 转炉气柜位下降

1987 年 1 月 23 日,某厂转炉气柜位低至 1.5 m。

事故原因:经查系用户停用煤气,未关眼镜阀,煤气继续入炉燃用所致。

案例 48　柜顶被大气压瘪

某厂一气柜在关闭柜顶放散管的情况下,排放柜下贮水,致使柜内产生负压,柜顶被大气压瘪。

案例 49　未吹炼时降罩操作造成蒸汽爆炸

某厂未吹炼时降罩操作,罩内产生较大负压,降烟罩水封内水吸入炉内,造成蒸汽爆炸,铁水溅出伤人。

案例 50　转炉风机后水封逆止阀溢流管阀门破裂中毒事故

1986 年 1 月 17 日,某厂 1 号 50 吨转炉风机后水封逆止阀溢流管阀门破裂,煤气处理,检修过程中四人中毒。

事故原因:该水封逆止阀与气柜间水封有效高度不够,且未封,无其他可靠隔断装置,检修时煤气自气柜方向倒流,检修人员又未做好个人防护,造成中毒事故。

案例 51　未可靠隔断煤气造成中毒事故

1986 年 3 月 18 日,某厂 1 号 50 吨转炉风机联锁碟阀回收阀进人检查,一人中毒。

事故原因:未可靠隔断煤气。虽有水封逆止器封隔煤气,但因该器喇叭形管上有孔洞,漏过煤气,进入前又未做鸽子试验或 CO 微量分析,造成中毒事故。

案例 52　带煤气抽盲板作业时煤气从气柜方向倒流中毒事故

1986 年 4 月 4 日,某厂 1 号 50 吨转炉水封逆止阀检修完毕,进行带煤气抽盲板作业时,煤气从气柜方向倒流,外泄量过大,造成风机房内三人中毒。

事故原因:盲板虽可用作可靠隔断煤气装置,但堵抽作业时会大量外泄煤气,加上未采取加强通风和撤出人员等安全措施,造成中毒事故。

案例 53　水封逆止阀溢流排水带煤气到井内

1987 年 8 月 28 日,某厂 1 号 50 吨转炉冷却端分析仪水房后排水井上,一外来务工人员中毒死亡。

事故原因:水封逆止阀溢流排水带煤气到水井内析出,对外来务工人员教育不够误入危险区域造成中毒死亡。

案例 54　煤气逸入室内造成中毒

1988 年 1 月 30 日,某厂 1 号 50 吨转炉的风机房值班室三人中毒。

事故原因:水封逆止阀溢流排水带煤气到水井内析出,值班室楼板有孔洞未堵塞,煤气逸入室内造成中毒。

案例 55　流量计破损导致煤气泄漏

1986 年 6 月 30 日,某厂 1 号 50 吨转炉热端仪表室两名计控厂工人中毒。

事故原因:柜内转子流量计玻璃破损漏出煤气,工作人员无 CO 微量测定仪,小房无新鲜空气补充造成中毒。

案例 56　放散管底座煤气外泄导致着火

1986 年夏,某厂 1 号 50 吨转炉新放散管底座两次煤气外泄着火。

事故原因:放散管底部无钢板封盖,结合不严密,煤气外泄,动火前未进行仔细检查,未采取堵漏措施,造成着火。

案例 57　入轨转炉煤气含氧量超标引起爆炸

1967 年 4 月 8 日某厂入轨转炉煤气含氧量超标,钢包烘烤继续使用,引起回火造成气柜爆炸。

事故原因:无自动连续烟气成分分析仪,无回收程控装置,不能自动回收,致使柜内含氧量达到爆炸范围仍继续使用,造成回火引爆。

案例 58　转炉煤气加压站泄压水封冒煤气事故

1976 年 2 月 13 日晨,某厂转炉煤气加压站泄压水封冒煤气,10 人中毒,5 人死亡。

事故原因:调整煤气加压机进气量时误操作,全开了风机入口碟阀,压力增大,泄压水封击穿,排除事故时未佩戴氧气呼吸器,泄压水封有效高度不符合安全规定,造成中毒,死亡事故。

案例 59　转炉环水井取样中毒

1977 年 3 月,某钢铁公司两人去转炉环水井取样,先下去 2 人中毒,又有 3 人去救助,也先后中毒,结果两人严重中毒死亡。

事故原因:转炉环水井内有一氧化碳,下人前未做监测试验,未通风,也未佩戴氧气呼吸器,造成中毒死亡事故。

案例 60　水封未能可靠隔断煤气

1979 年 4 月某日下午 4 时,某厂转炉煤气柜准备投产,煤气加压机管道正在改造安装施工,煤气通过水封逆止器进入施工现场,造成 5 人中毒,一头羊死亡。

事故原因:长期停止回收,只靠一道水封,未能可靠隔断煤气。

案例 61　水封逆止器切割水管动火引起爆炸

1983 年 10 月 31 日,某钢二炼钢厂 2 号转炉水封逆止器切割水管动火引起爆炸,因中毒、烧伤、外伤死亡 4 人,中毒 31 人。

事故原因:未防寒逆切割该器分水箱上 5 根水管,当切割进水管下部剩 1/3 时发生爆炸,该公司认为:"只作了鸽子试验,未进行该器气体置换,对该器结构不了解,未办动火手续,属违章动火。"分析基本正确,但未指出爆炸后为何有大量煤气外泄,经推测可能系爆炸冲击产生高压击穿气柜下有效高度仅为 500 mm 的水封,使柜内煤气倒流、事故扩大。推测事故扩大原因在于,仅靠水封隔断煤气不可靠,无可靠隔断装置。

案例 62　水封底部漏水被击穿后造成中毒死亡

1987 年 6 月 30 日,某钢厂转炉煤气柜后加压站某号机检修后,机前紧靠水封隔断煤气,且水封与风机间的人孔未盖,当水封底部漏水水位下降至被击穿后,煤气自气柜流来并从未盖的人孔外泄,造成 4 人中毒死亡。

事故原因:原有切断装置系水封在前,闸门在后,设计不当,不能达到可靠隔断煤气的目的;且闸门未关,水封又漏水,平时给水管常关,夜班又未补水,无良好的 CO 微量测定警报装置,处理冒煤气事故未佩戴氧气呼吸器,反映管理、操作、维护检修各方面都存在问题。事故后公司在水封前加了一道严密蝶阀。后来认为这样做虽符合国际《工业企业煤气安全规程》(GB 622286),但此两种切断装置都不能可靠隔断,仍不是最佳的隔断煤气方案。

案例 63　风机检修时未可靠隔断煤气中毒事故

早在 20 世纪 60 年代,某钢厂转炉煤气机房曾发生风机检修过程中,人员中毒死亡事故。

事故原因:该风机可供多炉使用,风机检修时没有可靠隔断煤气,并因误操作致使煤气传入检修范围造成中毒死亡事故。

案例 64　责任心不强造成中毒

截止到 1984 年,某钢厂转炉煤气系统曾先后发生 9 人次煤气中毒事故,其中 3 人次是由于煤气加压站忘关放散阀所致,5 人次是由于忘关污泥球烘烤放散阀所致,另一人次是由于氧枪封口气源被沾渣掀翻上炉顶桶料时中毒。

事故原因:9 人次中毒大都属违规,责任心不强所造成。

案例 65　焦炉盲板作业爆炸着火事故

1. 事故经过

1977 年 11 月 9 日,某焦化厂检修 3 号焦炉煤气预热器,要求动力部煤气防护站进行抽堵盲板作业。8 时 30 分至 9 时,堵好 3 号焦炉 Φ529 焦炉煤气法兰盲板。

14 时 40 分,防护站站长带领 10 名盲板人员到现场准备抽盲板,按照分工,一部分人上脚手架松法兰盲板螺钉,另一部分人进行检查。检查时发现推焦机还在开,盲板附近有人正在电焊,周围围观的人还在吸烟。防护站站长向焦化厂负责人提出,推焦机停止行走、停止电焊、闲人疏散、清除炉门火源等。准备工作完毕,技术员去看煤气压力,并向站长汇报压力为(750±50)Pa。当防护站部分人员上脚手架准备工作时,4 号焦炉推焦机从北面摘开 402 号炭化室炉门,准备推焦,被焦化厂负责人制止,推焦车司机把炉门关上,但炉头红焦还留机侧平台 402 号炉门下面。防护站站长听技术员说压力是 80 mm 水柱,下令抽盲板。抽盲板过程中,人员分工和汽车布置都正确。但当阀门顶开后施工人员发现煤气压力高,煤气泄漏量大。防护站长做手势,命令再关闭直径 600 mm 阀,焦化厂职工未关。防护站技术员见状又与另一人再去看煤气压力,压力表仍指示 750 Pa,技术员又将压力告诉站长。

14 时 50 分,盲板已抽出,顶法兰的千斤顶已松回,并上了 7 个法兰螺钉,就在这时,4 号焦炉地下室发生爆炸,一股火从 4 号焦炉向 3 号焦炉烧过来,在抽盲板施工处发生爆炸着火,随后在 3 号焦炉地下室发生爆炸,造成 11 人烧伤。事故发生后,受伤人员被立即送往医院,同时马上组织有关人员逐渐关闭直径 600 mm 总阀降压,待着火法兰处的火势减小后,迅速拧紧法兰螺栓,将火熄灭。

2. 事故原因

(1)这次爆炸是由 4 号焦炉引起,后向 3 号焦炉蔓延,接连三次爆炸,火源来自 4 号焦炉。据调查,防护站在准备抽盲板时,推焦机摘开 402 号炭化室炉门准备推焦,被焦化厂负责人制止后封上焦门,但散落在炉头平台的红焦未处理(未运走或熄灭),且离盲板作业点仅 23.5 mm。

(3)盲板作业时仪表显示压力为 750 Pa,由于沿途管线上布置有阀门、混合器等附属设施,抽盲板处实际压力会高于仪表显示压。这违反了煤气防护站抽堵盲板安全规程"顶焦炉煤气正压抽堵盲板,只能在室外进行,室内一律不带正压操作,如要在室内进行作业,必须关上来源开闭器,通入蒸汽,使其压力保持在 50 Pa 左右"的规定。由于抽盲板处压力高,煤气泄漏量过大,扩散范围宽,与空气混合形成爆炸性气体。当形成的爆炸性气体扩散至 23.5 mm 外的炉头红焦时,便发生了上述煤气爆炸着火事故。大量焦炉煤气逸散,即使不遇红焦,也极可能在高温炉体环境引起爆炸着火。

3. 预防措施

(1)盲板作业,特别是带压盲板作业,必须遵守有关的压力规定(该压力指靠近盲板作业煤气流上游侧的压力)。

(3)在具有高温源的炉窑构建筑物内进行抽堵盲板作业,应严加管理。若万不得已须进行此类作业,除应经企业主管部门批准外,还应制定周密的安全措施,如在抽堵盲板处的周围用帆布遮严,顶部安装排气罩,罩内安装防爆抽风机,下部安装吹风机,将泄出的煤气抽送到安全地点放空,形成人工强制气流,以保证作业安全,也可能是炉窑停止用煤气,将压力降至 0.5 kPa 以下的正压,必要时通入蒸汽或氮气来保持微正压,确保盲板等煤气作业安全。

案例 66　焦炉煤气支管爆炸

1. 事故经过

1994 年 4 月 25 日 4 时 30 分,某厂因发电厂事故,造成厂区停电,焦化厂停电 13 min,回收车间鼓风机停止运转,焦炉煤气停止供应,焦炉煤气的用户来不及立即停止使用,造成焦炉煤气管道出现压力回零或出现负压,吸入空气产生爆炸性气体。停电后,4 号焦炉交换机工与厂调联系并得到同意后,于 4 时 45 分停止了 4 号焦炉加热。7 时左右焦炉煤气总管压力升高到 3 000 Pa 以上,车间与厂调联系准备向 4 号炉送煤气,厂调同意,于是在 4 号焦炉地下焦炉煤气支管末端放散管处取煤气样做爆发试验,做 4 次均合格(取煤气样做爆发试验时放散管未打开)。7 时 35 分,在 4 号焦炉地下室由南向北炉内送煤气。送煤气过程中,焦炉煤气总管压力始终大于 3 000 Pa,当送 10 个号左右,焦炉煤气支管内发生煤气爆炸,将焦炉煤气支管末端放散防爆管端部 4 mm 厚的铅板崩出,落在对面 20 余米处配煤车间墙根下,墙面上窗户碎数快,4 号焦炉煤气预热器上盖法兰连接处被崩出缝隙,煤气大量泄漏,当时在场的车间领导及岗位职工果断地采取了关阀措施,切断了火源,避免了事故进一步扩大。此次事故使 4 号焦炉停止加热时间延长,耽误生产 5 h。

2. 事故原因

(1)由于发电厂停电事故,造成厂区停电,焦化厂回收车间鼓风机停转,焦炉煤气来源切断,使用焦炉煤气的用户来不及立即停止使用煤气,如 4 号焦炉 4 时 30 分停电后,经与厂调联系,得到允许,4 时 45 分才停止焦炉加热,造成焦炉煤气管道压力回零或产生负压,管道内吸入空气,产生爆炸性气体。

(2)向焦炉内送煤气前没有使用蒸汽吹扫煤气管道。

(3)送煤气前做爆发试验时没有打开放散管,边放散边取样,所取的煤气样实际上是煤气管道末端放散管处的煤气,尽管取 4 次样做爆发试验都合格,但此处的煤气并不是管道中的煤气。

(4)由于没有打开放散管进行放散,管道内因压力回零或产生负压形成的爆炸性气体,当向炉内送煤气时,爆炸性气体遇炉内明火发生爆炸,造成事故。

3. 预防措施

(1)遇回收车间鼓风机停转,焦炉煤气来源切断的情况,所有使用焦炉煤气的用户必须立即停止使用煤气,以防止煤气管道压力回零或产生负压,吸入空气产生爆炸性气体。

(2)停送煤气作业必须认真执行岗位操作规程和岗位作业标准。

(3)当煤气管道打开或检修,煤气管道压力回零或产生负压时,送煤气前必须先通蒸汽吹扫管道,用蒸汽置换空气,蒸汽产生压力放散管冒出白色气体后,打开煤气主管开闭气用煤气置换蒸汽,然后逐渐关小蒸汽开关至全部关闭,待放散管蒸汽放净后取煤气样做爆发试验,取样3次,试验都合格后关闭放散管开闭器。

(4)停止加热后,地下室煤气管道始终充满煤气,保持正压,往燃烧室送煤气前,将煤气管道开闭器开到正常加热位置,然后打开放散管放散数分钟后,在末端取样做煤气爆发实验,3次都合格后,关闭放散管开闭器。

(5)焦炉停止加热后,送煤气必须根据具体情况按上述(3)或(4)的要求做煤气爆发实验,合格后才能关闭放散管开闭器。向炉内送煤气前,焦炉煤气主管压力必须达到2 500 Pa以上,送煤气过程中焦炉煤气主管压力要保持在2 000 Pa以上,否则暂停送煤气,待与厂调度、燃气厂联系,煤气压力升高后再继续送煤气。

(6)送煤气前,放散管放散取样以及用煤气吹扫管道时,焦炉煤气主管压力要保持2 000 Pa以上。

案例 67　饱和器煤气爆炸

1. 事故经过

1977年3月2日,某焦化厂回收车间三号饱和器检修后期,器上人孔已加开盖封上,白某等三人上器查看人孔封盖是否已塞上石棉绳,此时操作室内正在动火焊接与饱和器相通的150回流管的直径为15 mm的管头,引起饱和器爆炸,上盖被崩起,白某等三人被崩开掉下,经抢救无效死亡。

2. 事故原因

检修饱和器时没有可靠地割断煤气来源,在饱和器的出入口没有安装盲板,只关阀门但未关严,煤气漏入饱和器内,形成爆炸性气体;在与该饱和器相连通的管道上动火时,没有按规定先取管道、饱和器内气体进行分析、确认,而是盲目动火施焊,造成煤气爆炸;又因该饱和器人孔已封,处于密闭状态,一旦爆炸破坏力极大。

3. 预防措施

(1)必须严格遵守"煤气设施停煤气检修时必须可靠地隔断煤气来源,并将内部煤气吹净"的规定,并可靠隔断煤气安装盲板。检修动火前必须取设施煤气样进行分析,确认合格后才可动火,且工作中每小时必须重新取样一次。

(2)煤气设施检修要具有煤气安全技术知识和实际经验的人员负责制订检修动火方案,并统一指挥实施。

案例 68　焦炉煤气管道着火事故

1. 事故经过

某公司6号焦炉直径为600 mm的焦炉煤气管道,因为管内堵塞严重和技术改造(增加一段U形管用于封煤气)。需要停下来清扫和施工,为此,必须对须作业的管段堵盲板。作业前,公司书面编织了作业方案,填写了堵盲板作业的申请票,一并报送燃气车间审批认可,定于 1994 年 3 月 2 日上午进行堵盲板作业。

1994 年 3 月 2 日 9 时 15 分,关闭焦炉煤气总开闭器,5 号、6 号焦炉煤气管道初端压力均降至 5.8～6.0 kPa。9 时 20 分,5 号、6 号焦炉停止出炉,并将推焦车电源拉掉,焦炉及四周 100 m 范围禁止明火作业。9 时 25 分放散,先放散 5 号焦炉,放散后煤气压力初端为 1.5 kPa,6 号焦炉初端压力为 1.3 kPa,再放散 6 号焦炉,放散后煤气压力:5 号焦炉初端为 1.3 kPa;6 号焦炉初端为 0.7 kPa。9 时 35 分对作业点管内充氮气,并开始拆卸盲板除去法兰螺栓,充氮气后煤气管内压力:5 号炉初端回升至 1.6～1.8 kPa;6 号焦炉初端回升至 1.1 kPa。9 时 55 分,开始顶开法兰,抽出流量孔板,用铜合金铲刀清理石棉绳。10 时 6 分,当一位作业人员打手势准备再将法兰口顶开一些时,突然听到"轰"一声,同时在法兰出口形成火焰,将在法兰口边作业的 6 人烧伤,其中 4 人烧伤程度达 II 级,2 人轻微烧伤。

着火事故发生后,在 4 台消防车的配合下,向煤气管内强行通蒸汽和氮气,于 13 时 20 分,将大火扑灭,14 时将盲板堵好,14 时 43 分正式推出着火后第一炉焦炭。

2. 事故原因

(1)硫化物自燃引燃煤气。5 号、6 号焦炉配套的煤气净化系统自 1990 年投产以来,引进的工艺及设备部分存在一定缺陷,导致煤气质量差,使焦炉回用煤气过程中,煤气中杂质如焦油、萘、硫化物等逐步沉积于管道中,时间长了造成管道堵塞。当法兰口张开后,大量的空气进入煤气管道内,是空气中的氧气与沉积在管内的硫化物接触产生放热反应而自燃,并迅速引燃管内煤气产生爆燃着火。

(2)化纤衬衣产生静电火花引燃煤气。事故当天,参加作业的人员在棉布工作服内都套着衬衣,有人穿的是化纤衬衣,3 月初上午环境气温在 20～25 ℃,由于皮肤与化纤衬衣的摩擦作用,使静电集聚,在作业活动中产生放电现象,引燃煤气,导致着火。

(3)高速空气气流冲击法兰口杂质,产生静电火花引燃煤气。在距法兰口垂直距离 22.5 m 处,安装有两台功率为 3 kW、转速为 1 430 r/min 的轴流风机,从 9 时开始连续运转,当煤气流量孔板取开后,风速达 2 023 m/s 的气流猛烈冲击法兰口,与管口杂质快速摩擦形成静电,当杂质位移时产生静电火花引燃煤气。

(4)充氮点落实不当,使作业点管内煤气基本没有得到置换。按作业方案,考虑到焦炉煤气总阀门关不严,可能泄漏煤气这一事实,计划对作业区域管段先用氮气赶走煤气(放散),然后靠氮气对管内保压。由于失误,充氮气只充进 5 号焦炉初端,大量氮气又从 5 号炉放散管方向放掉,而是总管泄漏的煤气流向 6 号焦炉的作业点,是 6 号焦炉管内充满煤气而不是氮气,在事故发生后,导致了事故的扩大。

3. 预防措施

(1)消除硫化物自燃条件:抽堵煤气盲板的作业点管内必须保持正压,法兰口张开后,管内也必须保持正压,压力不宜低于 0.5 kPa,管内宜充氮气保压。

(2)参加堵抽盲板作业人员,不仅要求工作服不是化纤面料,内衣亦有同样要求。

(3)轴流风机喘振方向和距离应有严格要求,应防止近距离以控制风速。

(4)管理上,在作业中对作业方案有专人检查确认,以防止误操作。

案例 69　脱硫塔煤气爆炸事故

1. 事故经过

1989 年 10 月,某焦化厂脱硫车间处理 2 号脱硫塔,更换塔顶 4 号、5 号、6 号阀门及相应管段,堵出、入煤气阀 B_1、B_2 处盲板,塔内煤气用蒸汽置换合格。10 月 31 日,施工单位更换阀门机管道作业基本完毕,车间安排小修班焊接塔底直径 50 mm 的蒸汽吹扫管口。此时 1 号再生塔脱硫液通过 1 号调节器经 1 号、2 号、3 号阀向 1 号脱硫塔喷淋,2 号再生塔液位较低,4 号、5 号、6 号阀(均为泥浆阀)关闭。

9 时左右,当班工人巡检时发现 1 号液位调节器出口法兰漏液,经车间同意后将运行方式改为降低 1 号再生塔液位,提高 2 号再生塔液位。脱硫液经 2 号调节器,开 5 号阀,通过 1 号、2 号、3 号阀向脱硫塔喷淋。

由于新换的 2 号脱硫塔顶溶液管上部焊缝质量有问题,溶液渗漏至管外,尤以 5 号、6 号阀前后漏液严重。为了做到处理渗漏时 1 号脱硫塔捕停运,在场操作人员适当降低 2 号再生塔脱硫液位,开启 6 号阀,使 5 号阀前、后管不充满溶液运行,以利于补焊。

6 号阀前后管补焊完毕,1 号液位调节器出口法兰漏液也处理得不漏。操作人员又升高 1 号再生塔液位,调低 2 号再生塔液位,随后关 2 号阀,排空 2 号、3 号、4 号、5 号阀之间管内溶液,补焊 5 号阀左右侧管缝。

10 时 40 分左右,小修班焊工准备材料齐全,引弧欲焊接 2 号脱硫塔底直径 50 mm 的蒸汽吹扫管时,突然一声巨响,2 号液封槽上部人孔冲出脱硫液近 2 m 高,热气浪从直径 50 mm 的管口喷射将焊工双脚背灼伤。此事故若无 2 号液封槽上部人孔作泄压口,爆炸时产生的强烈冲击波势必造成 2 号脱硫塔体裂开,甚至破坏与之相连的正在运行的 1 号脱硫塔,后果不堪设想。

2. 事故原因

由于液位调节器均设置了防止脱硫塔时因虹吸作用夹带空气而通入的焦炉煤气引入管。6 号阀开启后,2 号液位调节器补充煤气随脱硫塔进入 2 号脱硫塔。并且,2 号再生塔倒换至 1 号再生塔运行过程中,操作人员错误地先开 4 号阀,后关 3 号阀,致使 2 号脱硫塔内近 20 000 Pa 压力的焦炉煤气在开关 4 号、3 号阀的时间内进入 2 号脱硫塔。经 1.5 h 的操作、倒换,流入 2 号脱硫塔内的焦炉煤气已与空气较为充分地混合且形成爆炸气体,遇引弧火花遂产生强烈爆炸。正确的作法是,6 号阀前后管缝补焊应在 1 号再生塔运行之后进行,5 号阀前后管缝补焊则应关 2 号阀、3 号阀,再开 4 号排空管内溶液后实施。

3. 预防措施

(1)事故发生后,车间组织人员用蒸汽重新置换 2 号脱硫塔,并带气焊接完直径

50 mm 蒸汽吹扫管。

（2）需动火作业的煤气设备应可靠切断，消除各方面可能窜来的煤气（或设备会发出的残余可燃成分），防止爆炸性气体的形成。泥浆阀虽然严密性很好，当其阀前管内充满溶液时，类似于水封加闸阀，较为可靠，但当阀前管内溶液不足时，隔断可靠性会受影响。

案例 70　熔硫釜放散器泄漏事故

1. 事故经过

1993 年 8 月 11 日 8 时左右，某公司焦化厂机修车间管工二班林某等七人分两组赴回收车间脱硫工段施工。由于熔硫釜上午生产，不能进入室内施工，下午停产，蒸汽散去后方可施工，所以上午他们分头预制。史某等三人到三楼接真空过滤机管道。林某等四人在脱硫工段门口，按草图量、画管料尺寸，画好后，韩某准备焊接，林与另外两人将画好尺寸的管子抬到钳工三班用割管机落料，落好料拿到黄血盐工段作预制件。10 时 10 分左右，林某对好一只 4 号弯头后离开。韩又去黄某工段联系工作，然后回班，问班里其他人是否见到林，大家都说没有，韩派人去脱硫工段找。

10 时 55 分左右，脱硫副工段长冯某到熔硫间检查熔硫釜压力，看东面熔硫釜压力表上时，发现东墙处手脚架上有两只脚，就过去用手派并叫了两声，不见反应，冯马上奔下楼叫来操作工丁某，丁某从八字楼梯爬上脚手架，把人翻过来说了声是林，自己觉得吃不消，准备下来，但终因四肢无力倒下了。冯立即派人叫救护车，自己则与其他人进熔硫间，关掉熔硫釜放散器，把丁救下抬到二楼休息室地上，吹风扇通风，随即又把林抬到休息室桌子上，将其衣襟解开。此时，丁清醒。救护车一到，林立即送往医院，经抢救无效于 11 时 50 分死亡。

2. 事故原因

（1）熔硫釜放散器被腐蚀穿孔（40 mm×70 mm），导致有毒混合气体溢出，积聚在室内，且事故地点在离地面 2.4 m 高的脚手架上，积聚的有毒混合气体不易散发，是本次中毒事故的物质原因。

（2）熔硫釜操作为间歇式，上午生产，下午停产。因为本次检修计划明确安排上午预制，不可能进熔硫间检修，且安全生产检修制度规定"确认安全可靠的条件下，才能进行检修"。"在有易燃、易爆、易中毒的设备、容器、管道上检修，必须切断来源"等。而林忽略上述规定，在未告知任何人情况下，单独进入正在生产的熔硫釜间工作，是本次中毒事故的主要责任者。

（3）熔硫釜放散器穿孔自五月上旬发现后，由于改良 ADA 法脱硫工艺的复杂性，对熔硫过程中散发的蒸汽毒性没有引起足够的重视，所以回收车间得到操作工反映后，没有采取有效防范措施，只按一般设备检修计划申报机动科和机修车间，机修车间同样按正常检修计划安排，而未组织抢修。由于脱硫工艺再一次进行改进，安装真空过滤机，为了不使施工重复进行而影响安全生产，因此，计划安排等真空泵到货后，熔硫釜放散器与真空过滤机及熔硫釜一起检修安装,是本次中毒事故的管理原因。

3. 预防措施

(1)立即更换已穿孔的熔硫釜放散器。

(2)在熔硫釜间和二楼操作室安装排气扇。

案例 71 二氧化硫中毒事故

1995年8月15日凌晨2时50分,某焦化厂脱硫车间粗脱硫大班丙班泡沫工赵某,将3号熔硫釜装满硫膏后,通知硫黄工张某打开2号熔硫釜釜盖,张与班长汪某一起将2号釜釜盖打开后,汪回泵工操作室去了。当张将3号釜的盖盖好并紧了两个螺栓时,感到吸入了带有异味的气体,于是赶紧想离开熔硫间避一下,当他走到熔硫间门口时,突然失去了知觉摔倒在地,待张醒来,发现自己躺在地上,爬起来后自己下到一楼操作室,感觉到自己头痛,胸口发闷,四肢无力。班长汪某即送张到医院治疗,张自述右耳听觉较差,牙齿咬和不好,头颈部疼痛,经X光拍片证明头骨无异常,仅面颊部有一肿块,医院诊断为二氧化硫气体中毒,且伴有头部轻度外伤。

1995年8月28日21时,甲班硫黄工王某放完硫黄后即打开3号釜熔硫釜釜盖,当推开釜盖时,釜内冲出股热蒸汽,王某吸入一口气体后感觉到呼吸不畅,就走出熔硫间透气,在距熔硫间门口5m远处摔倒并失去知觉,数分钟后清醒,自己下楼回到操作室,感到头痛、胸闷等不适,经送医院检查,诊断为轻微二氧化硫气体中毒,除脑后有两处摔伤的肿疱外无其他异常。

2. 事故原因

(1)第一起事故的直接原因是3号熔硫釜的加温蒸汽阀门不严密,造成夹套余汽将熔硫釜内硫膏加热而产生二氧化硫气体,溢出后使张中毒。第二起事故的直接原因是3号熔硫釜放散管被硫膏堵塞,放散阀不灵,造成放硫后放散不畅,釜内残存的热蒸汽由釜口溢出,其中所含的二氧化硫气体使王某中毒。

(2)熔硫间内由于蒸汽管网及蒸发设备较多,使得室内气温较高,加上通风设备发生故障,使室内通风不良。

(3)职工自我安全保护意识不强,操作时不佩戴安全帽,中毒摔倒后造成脑部轻微外伤。

(4)安全互保对子责任制不落实,第一起事故中汪某未等张盖完釜盖便回一楼操作室,使张某在中毒后无人监护,得不到及时救护。第二起事故中王某也是在无人监护下进行操作的。

(5)操作人员在下半夜工作较疲劳。

2. 预防措施

(1)立即更换漏气的3号熔硫釜的加温蒸汽阀及放散阀,并疏通放散管。

(2)改善熔硫间内通风状况,增设一台轴流风扇及两台抽风机。

(3)增强职工自我防护能力,严格执行现场作业人员"两穿一戴"的规定。

(4)强化安全确认制管理,落实互保对子。

(5)教育职工加强班前休息,避免疲劳操作。

案例 72　空气进入转炉煤气柜

1986 年 3 月 3 日,因某公司炼钢厂在水封逆止器逆止水层仅 100 mm 的情况下,试验联锁阀,而风机转速为高速,致使空气进入 30 000 m³ 转炉煤气柜,含氧量达 11.6%,引发事故。

案例 73　煤气柜车间液封槽着火事故

1986 年 3 月 19 日,气柜车间一名操作工在揭液封槽的铁盖时,只听一声轻微的爆炸声,接着冲起的火花将操作工的脸部灼伤,与此同时,与液封槽连通的反应槽上也有火花,着火持续 5 min。事故原因是溶液中夹带了一部分煤气进入液封槽,而液封槽的铁盖子未盖严,与空气混合形成了爆炸性气体,当操作人员在操作液封槽时,铁盖子与法兰发生摩擦,产生火花,引起爆炸。

预防措施:

(1)切实按照操作规程的要求做好日常维护检查,对设备的实际运行状况要心中有数,及时发现问题及时处理,避免留下事故隐患。

(2)操作人员在与煤气连通的设备操作时,要分析确定其现状,如有怀疑则要拿出可靠的操作方案,慎防设备中存在可燃气体,坚决杜绝侥幸心理。操作设备和使用工具时要轻拿轻放,增强自我保护意识。

(3)对可能存在可燃气体源的设备、部位进行检查,确认危险源,挂牌警示。

(4)对现有设备进行整改,对现有设备的铁盖进行检查,增加橡胶垫,涂黄油,杜绝因金属摩擦产生的火花。

案例 74　高炉煤气柜煤气外泄中毒

1990 年 5 月 19 日,运行车间 15 万立方米高炉煤气柜发生一起煤气外泄,47 人中毒的严重事故。事故的原因是操作人员撤除柜位报警,柜位超上限,当班操作人员离岗,未能及时发现煤气外泄。

预防措施:

(1)安全自控保护及柜位高、低报警装置都要确保正常完好。无论是煤气还是计控值班人员均应检查交接,并将其作为交班内容。

(2)严格遵守劳动纪律,加强职工执行岗位职责,岗位标准的自觉性。

(3)要确保各规定值达危险程度的声光报警和避免事故的自控功能,但也决不能因为声光报警和自控功能而忽视人的因素。完善的报警、自控功能和人的责任心两者都不可缺少,只有这样才能避免事故的发生。

案例 75 不带防护仪器造成中毒事故

1. 事故经过

1995 年 8 月 10 日,动力厂转炉煤气大处理,一万立方米转炉煤气柜停气检修,按操作程序将 1 号、2 号、3 号大水封,气柜进、出口水封,1 号 2 号加压机前后水封,出站防爆水封等水封溢流,均符合要求;开站内放散,通蒸汽 40 min。处理完毕后,9 时 45 分刘某等四名同志在防护站测定沉积物,清扫完毕后于 10 时 15 分开始清扫 2 号加压机后水封沉积物时,发生 4 人不同程度的煤气中毒,随即送往医院治疗,刘经及时抢救后脱险。

2. 事故原因

设备内残余煤气未处理干净,安全措施执行不严。操作人员进入水封没有佩戴便携式 CO 报警仪,未按安全技术操作规程作业,监护措施不到位,未按要求进行及时监测。自我防护意识不强。当发现有人中毒后,监护及救护人员未按规定要求佩戴防护面具便进入设施内实施救助,结果造成多人煤气中毒,扩大了事故。

3. 预防措施

强化安全管理,严格落实安全措施,确保监护、确认准确及时,危险场所、煤气区域施工作业必须做到严格遵守安全技术操作规程,认真开展有效监护,即定时监测,随时提醒、询问、通报、观察。必要时必须佩戴防护面具方准工作,并采取强制通风,多点监测确认,防止类似事故的发生。

附录

附录 A 工业企业煤气安全规程

(GB 6222—2005 代替 GB 6222—1986,2006-7-1 起执行)

目 次

前 言

本标准的全部技术内容为强制性的。

本标准代替 GB 6222—1986《工业企业煤气安全规程》。

本标准与 GB 6222—1986 相比主要差异如下:

增加了"规范性引用文件"及"术语和定义"二章;

将各类煤气通用的条款均提出,纳入第 4 章基本要求中;

提高了焦炉煤气电捕焦油器的含氧量,并规定配备检测装置;

根据现有技术修改了高炉煤气余压透平发电装置;

增加了有关转炉煤气生产中的安全要求(见第 5 章);

对高压高炉减压阀组前的煤气管道的气密性试验压力进行了修改(见第 6 章);

增加了水封高度,并增补了新型隔断装置双板切断阀(见第 7 章)

增加了对新型煤气柜的安全规定(见第 9 章);

对煤气事故的处理明确分节,使条例更清晰(见第 11 章);

根据目前的实际情况,删除部分与实际不符的条款(见第 12 章);

本标准由国家安全生产监督管理局提出并归口。

本标准负责起草单位:武汉安全环保研究院。

本单位参加起草单位:武汉钢铁设计研究总院、上海宝钢集团公司、武汉钢铁集团公司、鞍山钢铁集团公司、河南亚天集团公司、北京科力恒公司。

本标准主要起草人:卢春雪、万成略、李晓飞、魏萍、张文秀、皱明森、张兴良、胡云、韦裕国、吉卫星、朱刚。

本标准于 1986 年首次发布,2004 年第一次修改。

工业企业煤气安全规程

1　范围

本标准规定了并适用于工业企业厂区内的发生炉、水煤气炉、半水煤气炉、高炉、焦炉、直立连续式炭化炉、转炉等煤气及压力小于或等于 12×10^5 Pa(1.22×10^5 mmH$_2$O)的天然气(不包括开采和厂外输配)的生产、回收、输配、贮存和使用设施的设计、制造、施工、运行、管理和维修等。

本规程不适用于城市煤气市区干管、支管和庭院管网及调压设施、液化石油气等。

因采用新技术、引进技术和引进工程而不能执行本规程的有关规定时,需提出相应的安全规定(附科学依据),报省、自治区、直辖市的劳动部门批准并报劳动人事部备案后,才能使用和运行。

2　规范性引用文件

下列文件中的条款,通过本标准的引用成为本标准的条款。凡是注明日期的引用文件,其随后所有的修改单(不包括错误的内容)或修改版,均不适用于本标准,然而,鼓励根据本标准达成协议的各方研究是否使用这些文件的最新版本。凡是不注明日期的引用文件,其最新版本适用于本标准。

GB 4053.1　固定式钢直梯安全技术条件

GB 4053.2　固定式钢斜梯安全技术条件

GB 4053.3　固定式工业防护栏杆安全技术条件

GB 4053.4　固定式工业钢平台

GB 7231　工业管路的基本识别色和识别符号(GB 7231－1987,neqISO508:1966)

GB 16912　氧气及相关气体安全技术规程

GB 50028　城镇燃气设计规范

GB 50031　乙炔站设计规范

GB 50058　爆炸和火灾危险环境电力设计规范

GB 50195　发生炉煤气站设计规范

GB 50235　工业企业金属管道工程施工及验收规范

GB 50266　现场设备、工业管理焊接工程施工及验收规范

GB 50266　工业金属管道设计规范

GB J16　建筑设计防火规范

GB J19　工业企业采暖通风与空气调节设计规范

3　术语和定义

下列术语和定义适用于本标准。

3.1　计算压力 computation pressure

正常操作时工况可能出现的最高工作压力。是为了计算管道（或设备）的水封高度，或为了确定气密试验、强度试验的压力。煤气设施在正常生产运行情况下，可能达到的最大工作压力为最高工作压力。

3.2　煤气设施 gases equipment

所有流经煤气（特别是高压煤气）的设施，包括与其相连的其他介质（如蒸汽、氮气、水等）的管路、设备到与煤气介质第一个切断装置都视为煤气设施。

3.3　隔断装置 curtain appliance

凡在系统无异常状况下，处于关闭、封止状态，其承受介质压力在设计允许范围，具有煤气不泄漏到被隔断区域功能的装置。

3.4　粗煤气 untreated gases

未经净化的煤气。

3.5　剩余煤气放散装置 pressure control piping system

安装在净煤气管道上的，在煤气供用过程中，发生煤气压力骤然升高，超过预定值时，将煤气排出系统外的装置。

3.6　炉顶余压透平 top residual pressure turbine

利用高炉炉顶煤气余压发电的设备。

4　基本要求

4.1　煤气工程的设计应做到安全可靠，对于笨重体力劳动及危险作业，应优先采用机械化、自动化措施。

4.2　煤气工程设计，应由持有国家或省、自治区、直辖市有关部门颁发的有效的设计许可证的设计单位设计。设计审查应有当地公安消防部门、安全生产监督管理部门和煤气设施使用单位的安全部门参加。设计和制造应有完整的技术文件。煤气工程的设计人员，必须经有关部门考核，不合格者，不得独立进行设计工作。

4.3　煤气设施的焊接工作应按国家有关规定由持有合格证的焊工担任，煤气工程的焊接、施工与验收应符合 GB 50235 的规定。

4.4　施工应按设计进行,如有修改应经设计单位书面同意。工程的隐蔽部分,应经煤气使用单位与施工单位共同检查合格后,才能封闭。施工完毕,应由施工单位编制竣工说明书及竣工图,交付使用单位存档。

4.5　新建、改建和大修后的煤气设施应经过检查验收,证明符合安全要求并建立、健全安全规章制度后,才能投入运行。煤气设施的验收必须有煤气使用单位的安全部门参加。

4.6　现有企业的煤气设施达不到本规程要求者,应在改建、扩建、大修或技术改造中解决,未解决前,应采取安全措施,并报省、自治区、直辖市安全生产监督管理部门或其授权的安全生产监督管理部门备案。

4.7　煤气设施应明确划分管理区域,明确责任。

4.8　各种主要的煤气设备、阀门、放散管、管道支架等应编号,号码应标在明显的地方。煤气管理部门应备有煤气工艺流程图,图上标明设备及附属装置的号码。

4.9　有煤气设施的单位应建立以下制度:

煤气设施技术档案管理制度,将设备图纸、技术文件、设备检验报告、竣工说明书、竣工图等完整资料归档保存;

煤气设施大修、中修及重大故障情况的记录档案管理制度;

煤气设施运行情况的记录档案管理制度;

建立煤气设施的日、季和年度检查制度,对于设备腐蚀情况、管道壁厚、支架标高等每年重点检查一次,并将检查情况记录备查。

4.10　煤气危险区(如地下室、加压站、热风炉及各种煤气发生设施附近)的一氧化碳浓度应定期测定,在关键部位应设置一氧化碳监测装置。作业环境一氧化碳最高允许浓度为 $30\ mg/m^3$(24 ppm)。

4.11　应对煤气工作人员进行安全技术培训,经考试合格的人员才准上岗工作,以后每两年进行一次复审。煤气作业人员应每隔一至两年进行一次体检,体检结果记入"职工健康监护卡片",不符合要求者,不应从事煤气作业。

4.12　凡有煤气设施的单位应设专职或兼职的技术人员负责本单位的煤气安全管理工作。

4.13　煤气的生产、回收及净化区域内,不应设置与本工序无关的设施及建筑物。

4.14　剩余煤气放散装置应设有点火装置及蒸汽(或氮气)灭火设施,需要放散时,一般应点燃。

4.15　煤气设施的人孔、阀门、仪表等经常有人操作的部位,均应设置固定平台。走梯、栏杆和平台(含检修平台)应符合 GB 4053.1、GB 4053.2、GB 4053.3、GB 4053.4 的规定。

5　煤气生产、回收与净化

5.1　发生炉煤气的生产与净化

5.1.1 区域布置

5.1.1.1 发生炉煤气站的设计应符合 GB 50195 的规定。

5.1.1.2 室外煤气净化设备、循环水系统、焦油系统和煤场等建筑物和构筑物，宜布置在煤气发生站的主厂房、煤气加压机间、空气鼓风机间等的常年最小频率风向的上风侧，并应防止冷却塔散发的水雾对周围的影响。

5.1.1.3 新建冷煤气发生站的主厂房和净化区与其他生产车间的防火间距应符合 GBJ 16 的规定。

5.1.1.4 非煤气发生站的专用铁路、道路不得穿越站区。

5.1.1.5 煤气发生站区应设有消防车道。附属煤气车间的小型热煤气站的消防车道，可与邻近厂房的消防车道统一考虑。

5.1.1.6 煤气发生炉厂房与生产车间的距离应符合 GBJ 16 的有关规定。

5.1.1.7 煤气加压机与空气鼓风机宜分别布置在单独的房间内，如布置在同一房间，均应采用防爆型电气设备。

5.1.2 厂房建筑的安全要求

5.1.2.1 煤气发生站主厂房的设计应符合下列要求：

主厂房属乙类生产厂房，其耐火等级不应低于二级；

主厂房为无爆炸危险厂房，但贮煤层应采取防爆措施；

当贮煤斗内不可能有煤气漏入时，或贮煤层为敞开或半敞开建筑时，贮煤层属 22 区火灾危险环境；

主厂房各层应设有安全出口。

5.1.2.2 煤气站其他建筑应符合下列要求：

煤气加压机房、机械房应遵守第 8 章的规定；

焦油泵房、焦油库属 21 区火灾危险环境；

煤场属 23 区火灾危险环境；

贮煤斗室、破碎筛分间、运煤皮带通廊属 22 区火灾危险环境；

煤气管道排水器室属有爆炸危险的乙类生产厂房，应通风良好，其耐火等级不应低于二级。

5.1.2.3 煤气发生站中央控制室应设有调度电话和一般电话，并设有煤气发生炉进口饱和空气压力计、温度计、流量计、煤气发生炉出口煤气压力计、温度计、煤气高低压和空气低压报警装置、主要自动控制调节装置、联锁装置及灯光信号等。

5.1.3 设备结构

5.1.3.1 煤气发生炉炉顶设有探火孔者，探火孔应有汽封，以保证从探火孔看火及插杆时不漏煤气。

5.1.3.2 带有水夹套的煤气炉设计、制造、安装和检验应遵守现行有关锅炉压力容器的安全管理规定。

5.1.3.3 煤气发生炉水夹套的给水规定，要遵照 GB 50195 执行。

5.1.3.4　水套集汽包应设有安全阀、自动水位控制器,进水管应设止回阀,严禁在水夹套与集汽包连接管上加装阀门。

5.1.3.5　煤气发生炉的进口空气管道上,应设有阀门、止回阀和蒸汽吹扫装置。空气总管末端应设有泄爆装置和放散管,放散管应接至室外。

5.1.3.6　煤气发生炉的空气鼓风机应有两路电源供电。两路电源供电有困难的,应采取防止停电的安全措施。

5.1.3.7　从热煤气发生炉引出的煤气管道应有隔断装置,如采用盘形阀,其操作绞盘应设在煤气发生炉附近便于操作的位置,阀门前应设有放散管。

5.1.3.8　以烟煤气化的煤气发生炉与竖管或除尘器之间的接管,应有消除管内积尘的措施。

5.1.3.9　新建、扩建煤气发生炉后的竖管、除尘器顶部或煤气发生炉出口管道,应设能自动放散煤气的装置。

5.1.3.10　电捕焦油器应符合下列规定:

电捕焦油器入口和洗涤塔后应设隔断装置;

电捕焦油器应设泄爆装置,并应定期检查;

电捕焦油器应设当下列情况之一发生时能及时切断电源的装置:

煤气含氧量达 1%;

煤气压力低于 50 Pa(5.1 mmH$_2$O);

绝缘保温箱的温度低于规定(一般不低于煤气入口温度加 25℃);

电捕焦油器应设放散管、蒸汽管;

电捕焦油器底部应设保温或加热装置;

电捕焦油器沉淀管间应设带阀门的连接管;

抽气机出口与电捕焦油器之间宜设避振器。

5.1.3.11　每台煤气发生炉的煤气输入网路(或加压)前应进行含氧量分析,含氧量大于 1%时,禁止并入网路。

5.1.3.12　连续式机械化运煤和排渣系统的各机械之间应有电气联锁。

5.1.3.13　煤气发生炉加压机前设备水封或油封的有效高度:

最高工作压力小于 3×10^3 Pa 者为最高工作压力水柱高度加 150 mm,但不小于 250 mm;最高工作压力在 $3\times10^3\sim1\times10^4$ Pa 之间者为最高工作压力水柱高度的 1.5 倍;最高工作压力大于 10^4 Pa 者为最高工作压力水柱高度加 500 mm。

煤气发生炉加压机后设备水封或油封的有效高度应遵守 7.2.2.1 的规定。

5.1.3.14　钟罩阀内放散水封的有效高度,应等于煤气发生炉出口最高工作压力水柱高度加 50 mm。

5.1.4　气密性试验

煤气净化设备气密性试验与管道系统相同,应遵守 6.4.6 的有关规定。

5.2　水煤气(含半水煤气)的生产与净化

5.2.1 区域布置

5.2.1.1 水煤气生产厂房应位于厂区主要建筑物和构筑物常年最小频率风向的上风侧。

5.2.1.2 多台水煤气发生炉之间的中心距离应符合表 A-1 的规定。

表 A-1 多台水煤气发生炉之间的中心距离规定

炉子直径/m	炉子煤气量/(m²/h)	炉与炉的中心距/m
≤2.5	1 000~3 500	>7
≤3	5 000~7 000	>9
≤4	8 000~18 000	>10

5.2.1.3 水煤气生产车间的操作控制室可贴邻本车间设置,但应有防火墙隔开。控制室内必须设有调度电话,与使用煤气的车间保持联系,合理分配煤气使用量,以保证管道系统压力稳定。

5.2.1.4 水煤气生产车间应设有专用的分析站,除进行生产控制指标分析外,还应定时作安全指标分析测定。

5.2.1.5 间歇式水煤气炉的排放烟囱应单独设立,不宜和其他煤气设备共用烟道。

5.2.2 厂房建筑的安全要求

5.2.2.1 水煤气生产厂房宜单排布置,厂房的火灾危险性属于甲类,厂房的耐火等级不低于二级。半水煤气生产厂房的火灾危险性属于乙类(如同一装置生产水煤气和半水煤气时,应按水煤气要求处理)。防火间距应符合 GBJ 16 的有关规定。

5.2.2.2 水煤气生产厂房一般采用敞开式或半敞开式。宜采用不发生火花的地面,地面应平整并易于清扫。每层厂房应设有安全疏散门和楼梯。水煤气生产厂房的区域内应设有消防车道。

5.2.2.3 水煤气生产厂房的电气设备按 GB 50058 防爆要求设计。

5.2.3 设备结构

5.2.3.1 水煤气发生炉的料仓层宜有通风设施。煤、焦料仓的漏斗与煤气炉进料口之间的加料器宜采用密封或局部密封。

5.2.3.2 带有水夹套的水煤气炉的设计、制造、安装、检验和使用应遵守5.1.3.2~5.1.3.4 的规定。

5.2.3.3 通向煤气炉的空气管道的末端应设有泄爆膜和放散管。

5.2.3.4 洗涤塔排水管的水封有效高度为洗涤塔计算压力水柱高度至少加500 mm。

5.2.3.5 电除尘器应符合下列规定:

电除尘器入口、出口管道应设可靠的隔断装置。

电除尘器入口、出口应设煤气压力计,正常操作时电除尘器入口(煤气柜出口)的

煤气压力在 $2.5 \times 10^3 \sim 3.9 \times 10^3$ Pa($255 \sim 398$ mmH$_2$O);电除尘器出口(加压机人口)的煤气压力不低于 5×10^2 Pa(51 mmH$_2$O),低于此值时,煤气加压机应停车。

电除尘器中水煤气的含氧量,正常操作时应小于 0.6%;大于 0.6% 时,应发出报警信号;达到 0.8% 时,应立即切断电除尘器的电源。

电除尘器应设有放散管及泄爆装置。

5.2.4　水煤气(半水煤气)的含氧量应严格控制,一般设自动分析仪,并应有人工分析进行定期抽查。正常情况下,总管煤气含氧量应小于 0.6%;单台炉系统煤气含氧量达到 1% 时,该炉必须停车。

5.3　高炉煤气的回收与净化

5.3.1　区域布置

5.3.1.1　新建高炉应布置在居民区常年最小频率风向的上风侧,且厂区边缘距居民区边缘的距离应不小于 1 000 m。

5.3.1.2　新建高炉的除尘器应位于高炉铁口、渣口 10 m 以外的地方。旧有设备不符合上述规定的,应在改建时予以解决。

5.3.1.3　新建高炉煤气区附近应避免设置常有人工作的地沟,如必须设置,应使沟内空气流通,防止积存煤气。

5.3.1.4　厂区办公室、生活室宜设置在厂区常年最小频率风向的下风侧,离高炉 100 m 以外的地点。炉前休息室、浴室、更衣室可不受此限。

5.3.1.5　厂区内的操作室、仪器仪表室应设在厂区夏季最小频率风向的下风侧,不应设在经常可能泄漏煤气的设备附近。

5.3.1.6　新建的高炉煤气净化设备应布置在宽敞的地区,保证设备问有良好的通风。各单独设备(洗涤塔、除尘器等)间的净距不应少于 2 m,设备与建筑物间的净距不应少于 3 m。

5.3.2　设备结构

5.3.2.1　高炉应符合下列规定:

高炉冷却设备与炉壳、风口、渣口以及各水套均应密封严密;

软探尺的箱体、检修孔盖的法兰、链轮或绳轮的转轴轴承应密封严密;

硬探尺与探尺孔之间应用蒸汽或氮气密封。

高炉炉顶装料设备应符合下列要求:

炉顶双钟设备的大、小钟钟杆之间应用蒸汽或氮气密封;

料钟与料斗之间的接触面应采用耐磨材料制造,经过研磨并检验合格;

无料钟炉顶的料罐上下密封阀,应采用耐热材料的软密封和硬质合金的硬密封;

旋转布料器外壳与固定支座之间应密封严密;

炉喉应有蒸汽或氮气喷头;

新建、改建高炉放散管的放散能力,在正常压力下,应能放散全部煤气,高炉休风时应能尽快将煤气排出。

炉顶放散管的高度应高出卷扬机绳轮工作台 5 m 以上。放散管的放散阀的安装位置应便于在炉台上操作。放散阀座和阀盘之间应保持接触严密,接触面宜采用外接触。

5.3.2.2 重力除尘器应符合下列规定:

除尘器应设置蒸汽或氮气的管接头;

除尘器顶端至切断阀之间,应有蒸汽、氮气管接头;

除尘器顶及各煤气管道最高点应设放散阀。

5.3.2.3 洗涤塔、文氏管洗涤器和灰泥捕集器应符合下列规定:

常压高炉的洗涤塔、文氏管洗涤器、灰泥捕集器和脱水器的污水排出管的水封有效高度,应为高炉炉顶最高压力的 1.5 倍,且不小于 3 m。

高压高炉的洗涤塔、文氏管洗涤器、灰泥捕集器下面的浮标箱和脱水器,应使用符合高压煤气要求的排水控制装置,并有可靠的水位指示器和水位报警器;水位指示器和水位报警器均应在管理室反映出来。

各种洗涤装置应装有蒸汽或氮气管接头;在洗涤器上部,应装有安全泄压放散装置,并能在地面操作。

洗涤塔每层喷水嘴处,都应设有对开人孔;每层喷嘴应设栏杆和平台。

可调文氏管、减压阀组必须采用可靠的严密的轴封,并设较宽的检修平台。

每座高炉煤气净化设施与净煤气总管之间,应设可靠的隔断装置。

5.3.2.4 电除尘器应符合下列规定:

电除尘器入口、出口管道应设可靠的隔断装置;

电除尘器应设有当煤气压力低于 5×10^2 Pa(51 mmH$_2$O)时,能自动切断高压电源并发出声光信号的装置;

电除尘器应设有当高炉煤气含氧量达到 1%时,能自动切断电源的装置;

电除尘器应设有放散管、蒸汽管、泄爆装置;

电除尘器沉淀管(板)间,应设有带阀门的连通管,以便放散其死角煤气或空气。

5.3.2.5 布袋除尘器应符合下列规定:

布袋除尘器每个出入口应设有可靠的隔断装置;

布袋除尘器每个箱体应设有放散管;

布袋除尘器应设有煤气高、低温报警和低压报警装置;

布袋除尘器箱体应采用泄爆装置;

布袋除尘器反吹清灰时,不应采用在正常操作时用粗煤气向大气反吹的方法;

布袋箱体向外界卸灰时,应有防止煤气外泄的措施。

5.3.2.6 高炉煤气余压透平发电装置应符合下列规定:

余压透平进出口煤气管道上应设有可靠的隔断装置。入口管道上还应设有紧急切断阀,当需紧急停机时,能在 1 s 内使煤气切断,透平自动停车。

余压透平应设有可靠的严密的轴封装置。

余压透平发电装置应有可靠的并网和电气保护装置,以及调节、监测、自动控制仪表和必要的联络信号。

余压透平的启动、停机装置除在控制室内和机旁设有外,还可根据需要增设。

5.3.3　气密性试验压力

煤气清洗系统的气密性试验压力,应遵守 6.4.6 的有关规定。

5.4　焦炉煤气的回收与净化

5.4.1　区域布置

5.4.1.1　新建焦炉应布置在居民区夏季最小频率风向的上风侧,其厂区边缘与居民区边缘相距应在 1 000 m 以上,中间应隔有防护林带。

5.4.1.2　在钢铁联合企业中,焦炉宜靠近炼铁并与高炉组轴线平行布置。焦炉组纵轴应与常年最大频率风向夹角最小。

5.4.1.3　新建焦化厂的办公、生活和卫生设施应布置在厂区常年最小频率风向的下风侧。

5.4.2　煤气冷却及净化区域布置

5.4.2.1　新建焦煤气冷却,净化区应布置在焦炉的机侧或一端,其建(构)筑物最外边线距焦炉炉体边线应不小于 40 m。中、小型焦炉可适当减少,但不应小于 30 m。

5.4.2.2　煤气冷却及净化区域应遵守 4.1.3 及 5.1.1.4~5.1.1.6 的规定。

5.4.2.3　新建煤气冷却、净化区内煤气系统的各种设施的布置应符合下列要求:

煤气初冷器(塔)应正对抽气机室,按单行横向排列,初冷器出口煤气集合管中心线与抽气机室的行列线距离应不小于 10 m;

煤气冷却、净化系统的各种塔器与厂区专用铁路中心线的距离应不小于 20 m,与厂区主要道路的最近边缘的距离应不小于 10 m。

5.4.3　设备结构

5.4.3.1　煤气回收系统的设备结构应符合下列规定:

装煤车的装煤漏斗口上应有防止煤气、烟尘泄漏的设施;炭化室装煤孔盖与盖座间,炉门与炉门门框间应保持严密。

上升管内应设氨水,蒸汽等喷射设施。

一根集气管应设两个放散管,分别设在吸气弯管的两侧;并应高出集气管走台5 m 以上,放散管的开闭应能在集气管走台上操作。

集气管一端应装有事故用工业水管。

集气管上部应设清扫孔,其间距以及平台的结构要求,均应便于清扫全部管道,并应保持清扫孔严密不漏。

采用双集气管的焦炉,其横贯管高度应能使装煤车安全通过和操作,在对着上升管口的横贯管管段下部设防火罩。

在吸气弯管上应设自动压力调节翻板和手动压力调节翻板。

焦炉地下室应加强通风,两端应有安全出口,并应设有斜梯;地下室煤气分配管的净空高度不小于 1.8 m。

交换装置应按先关煤气,后交换空气、废气,最后开煤气的顺序动作。要确保炉内气流方向符合焦炉加热系统图。交换后应确保炉内气流方向与交换前完全相反,交换装置的煤气部件应保持严密。

废气瓣的调节翻板(或插板)全关时,应留有适当的空隙,在任何情况下都应使燃烧系统具有一定的吸力。

焦炉地下室、机焦两侧烟道走廊、煤塔底层的仪表室、煤塔炉间台底层、集气室、仪表间,都属于甲类火灾危险厂房。

设有汽化冷却的上升管的设计和制造,应符合现行有关锅炉压力容器安全管理规定。

焦炉地下室、焦炉烟道走廊、煤塔炉间台底层、交换机仪表室等地,应按 2 区选用电气设备,并应设有事故照明。

5.4.3.2 煤气冷却、净化系统的设备结构应符合下列规定:

煤气冷却及净化系统中的各种塔器,应设有吹扫用的蒸汽管;

各种塔器的入口和出口管道上应设有压力计和温度计;

塔器的排油管应装阀门,油管浸入溢油槽中,其油封有效高度为计算压力加500 mm;

电捕焦油器应遵守本规程 5.1.3.10 的有关规定。但电捕焦油器设在抽气机前时,煤气入口压力允许负压,可不设泄爆装置。在鼓风机后,应设泄爆装置,设自动的连续式氧含量分析仪,煤气含氧量达 1％时报警,达 2％时切断电源。

5.4.4 冷却、净化设备的气密性试验煤气冷却、净化设备的气密性试验与管道系统相同,应遵守 6.4.6 的有关规定。焦炉的吸气管应用 $5×10^3$ Pa(510 mmH$_2$O)做泄漏试验,20 min 压力降不超过 10％为合格。

5.5 直立连续式炭化炉煤气的生产与净化

5.5.1 区域布置

5.5.1.1 新建炭化炉厂应布置在居民区常年最小频率风向的上风侧,其厂区边缘与居民区边缘相距应在 1 000 m 以上,煤气产量小于 50 000 m³/h 者,不小于500 m。

5.5.1.2 炭化炉的厂房纵轴线与常年最大频率风向宜成直角(或接近直角)。

5.5.1.3 炭化炉的厂房四周应设消防车道。厂房与抽气、回收、净化等建筑物的距离应不小于 30 m。

5.5.2 煤气净化与冷却区域

煤气冷却及净化区域应遵守 4.13 及 5.1.1.4～5.1.1.5 的规定。

5.5.3 厂房建筑的安全要求

5.5.3.1 炭化炉厂房的火灾危险性属于甲类,厂房耐火等级不低于二级。

5.5.3.2 几座炭化炉厂房相连布置时,厂房与厂房可相邻布置,但建筑设计时,应考虑沉降差异,其间通过的各种管道、电缆通廊等应设沉降差异补偿装置。

5.5.3.3 采用发生炉热煤气供热时,发生炉厂房与炭化炉厂房可相邻布置。

5.5.4　设备结构

5.5.4.1　炭化炉的设备结构应符合下列规定：

炭化炉的护炉柱和底部承重梁应采用钢结构。

辅助煤箱上部应设泄爆孔。

升气管蝶阀和活塞阀的轴杆应设耐温填料盒，应密封严密，启闭灵活。

炉顶煤气总管的焦油氨水出口水封有效高度应不小于 100 mm。

煤气总管出口应安装压力自动调节器，必须操作灵敏，控制炉顶煤气呈微正压，并应装有事故超压自动（并附手动）排放装置，其放散管应高出屋顶 4 m 以上。

炭化炉厂房的安全出口应不少于 2 个；走廊通道宽度应不小于 1.5 m，并应设防护栏杆；重要处还应设防止工具坠落的保护网。

动力和照明电线应采用护套敷设；照明允许采用高压汞灯，并应设有事故照明。

炭化炉底的蒸汽注射管应保持排焦箱正压，排焦箱的水封高度应大于排焦箱内压力，一般不小于 10^3 Pa（10^2 mmH$_2$O）。

加热用的发生炉煤气总管端部，应设管道清灰的操作平台。

5.5.4.2　煤气冷却、净化系统的设备结构应符合下列规定：

污煤气管道应向抽水井倾斜，倾斜度应不小于 0.3%，转弯处应留清扫孔，管道与抽气机应用金属波纹管软镶连接；

抽气机出口与电捕焦油器之间宜设避振器；

易腐蚀区域的动力、照明电线应采用防腐套管铜芯线；

煤气冷却、回收和净化系统的设备结构应遵守本规程 5.4.3.2 的规定。

5.5.5　炭化炉煤气系统气密性试验

煤气冷却、净化设备及炭化炉出口至抽气机前的煤气管道的严密性试验应遵守 6.4.6 的规定。

5.6　转炉煤气的回收与净化

5.6.1　区域布置

5.6.1.1　转炉煤气回收净化系统的设备、机房、煤气柜以及有可能泄漏煤气的其他构件，应布置在主厂房常年最小频率风向的上风侧。

5.6.1.2　各单体设备之间以及它们与墙壁之间的净距应不小于 1 m。

5.6.1.3　煤气抽气机室和加压站厂房应符合第 8 章的有关规定。抽气机室可设在主厂房内，但应遵守下列规定：

与主厂房建筑隔断；

废气应排至主厂房外。

5.6.2　设备结构

5.6.2.1　转炉煤气活动烟罩或固定烟罩应采用水冷却，罩口内外压差保持稳定的微正压。烟罩上的加料孔、氧枪、副枪插入孔和料仓等应密封充氮，保持正压。

5.6.2.2　转炉煤气回收设施应设充氮装置及微氧量和一氧化碳含量的连续测定

装置。当煤气含氧量超过 2%或煤气柜位高度达到上限时应停止回收。

5.6.2.3 每座转炉的煤气管道与煤气总管之间应设可靠的隔断装置。

5.6.2.4 转炉煤气抽气机应一炉一机,放散管应一炉一个,并应间断充氮,不回收时应点燃放散。

5.6.2.5 湿法净化装置的供水系统应保持畅通,确保喷水能熄灭高温气流的火焰和炽热尘粒。脱水器应设泄爆膜。

采用半干半湿和干法净化的系统,排灰装置必须保持严密。

5.6.2.6 煤气回收净化系统应采用两路电源供电。

5.6.2.7 活动烟罩的升低和转炉的转动应联锁,并应设有断电时的事故提升装置。

5.6.2.8 转炉操作室和抽气机室、加压机房之间应设直通电话和声光信号,加压机房和煤气调度之间设调度电话。

5.6.2.9 转炉操作室和抽气机室、加压机房之间应设直通电话和声光信号,加压机房和煤气调度之间设调度电话。

5.6.2.10 转炉煤气回收净化区域应设消防通道。

5.6.2.11 转炉煤气电除尘器应符合下列规定:

电除尘器入口、出口管道应设可靠的隔断装置;

电除尘器应设有当转炉煤气含氧量达到 1%时,能自动切断电源的装置;

电除尘器应设有放散管及泄爆装置。

5.6.3 转炉煤气设施与管道严密性试验

转炉煤气设施与管道严密性试验前的准备工作及严密性试验应遵守 6.4.4~6.4.6的有关规定。

6 煤气管道(含天然气管道)

6.1 煤气管道的结构与施工

6.1.1 煤气管道和附件的连接可采用法兰、螺纹,其他部位应尽量采用焊接。

6.1.2 煤气管道的垂直焊缝距支座边端应不小于 300 mm,水平焊缝应位于支座的上方。

6.1.3 煤气管道应采取消除静电和防雷的措施。

6.2 煤气管道的敷设

6.2.1 架空煤气管道的敷设

6.2.1.1 煤气管道应架空敷设。若架空有困难,可埋地敷设,但应遵守 6.2.2的规定。

一氧化碳(CO)含量较高的,如发生炉煤气、水煤气、半水煤气、高炉煤气和转炉煤气等管道不应埋地敷设。

6.2.1.2 煤气管道架空敷设应遵守下列规定:

应敷设在非燃烧体的支柱或栈桥上。

不应在存放易燃易爆物品的堆场和仓库区内敷设。

不应穿过不使用煤气的建筑物、办公室、进风道、配电室、变电所、碎煤室以及通风不良的地点等。如需要穿过不使用煤气的其他生活间,应设有套管。

架空管道靠近高温热源敷设以及管道下面经常有装载炽热物件的车辆停留时,应采取隔热措施。

在寒冷地区可能造成管道冻塞时,应采取防冻措施。

在已敷设的煤气管道下面不应修建与煤气管道无关的建筑物和存放易燃、易爆物品;

在索道下通过的煤气管道,其上方应设防护网;

厂区架空煤气管道与架空电力线路交叉时,煤气管道如敷设在电力线路下面,应在煤气管道上设置防护网及阻止通行的横向栏杆,交叉处的煤气管道应可靠接地;

架空煤气管道根据实际情况确定倾斜度;

通过企业内铁路调车场的煤气管道不应设管道附属装置。

6.2.1.3　架空煤气管道与其他管道共架敷设时,应遵守下列规定:

煤气管道与水管、热力管、燃油管和不燃气体管在同一支柱或栈桥上敷设时,其上下敷设的垂直净距不宜小于 250 mm;

煤气管道与在同一支架上平行敷设的其他管道的最小水平净距宜符合表 A-2 的规定;

表 A-2　最小水平净距

序号	其他管道公称直径/mm	煤气管道公称直径/mm		
		<300	300~600	>600
1	<300	100	150	150
2	300~600	150	150	200
3	>600	150	200	300

与输送腐蚀性介质的管道共架敷设时,煤气管道应架设在上方,对于容易漏气、漏油、漏腐蚀性液体的部位,如法兰、阀门等,应在煤气管道上采取保护措施;

与氧气和乙炔气管道共架敷设时,应遵守 GB 16912 的有关规定和乙炔站设计规范的有关规定;

油管和氧气管宜分别敷设在煤气管道的两侧;

与煤气管道共架敷设的其他管道的操作装置,应避开煤气管道法兰、闸阀、翻板等易泄漏煤气的部位;

在现有煤气管道和支架上增设管道时,应经过设计计算,并取得煤气设备主管单位的同意;

煤气管道和支架上不应敷设动力电缆、电线,但供煤气管道使用的电缆除外;

其他管道的托架、吊架可焊在煤气管道的加固圈上或护板上,并应采取措施,消除管道不同热膨胀的相互影响,但不应直接焊在管壁上;

其他管道架设在管径大于或等于 1 200 mm 的煤气管道上时，管道上面宜预留 600 mm的通行道。

6.2.1.4 架空煤气管道与建筑物、铁路、道路和其他管线间的最小水平净距，应符合表 A-3 的规定。

表 A-3

序号	建筑物或构物名称	最小水平净距/m	
		一般情况	特殊情况
1	房屋建筑	5	3
2	铁路（距最近边轨外侧）	3	2
3	道路（距路肩）	1.5	0.5
4	架空电力线路外侧边缘		
	电压 1 kV 以下	1.5	
	电压 1～20 kV	3	
	电压 35～110 kV	4	
5	电缆管或沟	1	
6	其他地下增行敷设的管道	1.5	
7	常熔化金属、熔道出口及其他火源	10	可适当缩短，但应采取隔热保护措施
8	煤气管道	0.6	0.3

注：①架空电力线路与煤气管道的水平距离，应考虑导线的最大风偏。
②安装在煤气管道上的栏杆、走台、操作平台等任何凸出结构，均作为煤气管道的一部分。
③架空煤气管道与地下管、沟的水平净距指的是煤气管道支柱基础与地下管道或地沟的外壁之间的距离。

6.2.1.5 架空煤气管道与铁路、道路、其他管线交叉时的最小垂直净距，应符合表 A-4 的规定。

表 A-4

序号	建筑物和管线名称	最小垂直净距/m	
		管道下	管道上
1	厂区铁路轨顶面	5.5	
2	厂区铁路路面	5	—
3	人行道路面	2.2	
4	架空电力线路：		
	电压 1 kV 以下	1.5	3
	电压 1～30 kV	3	3.5
	电压 35～110 kV	不允许架设	4
5	架空索道（至小车底部）		3
6	电车道的架空线	1.5	
7	其他管道： 管径＜300 mm 管径≥300 mm	同管道直径但不小于 0.1 0.3	同管道直径但不小于 0.1 0.3

注：①表中序号 1 不包括行驶电气机车的铁路。
②架空电力线路与煤气管道的交叉垂直净距，应考虑导线的最大垂度。

6.2.1.6　煤气管道敷设高度除符合表 4 规定外还应符合下列规定：

大型企业煤气输送主管管底距地面净距不宜低于 6 m，煤气分配主管不宜低于 4.5 m，山区和小型企业可以适当降低；

新建、改建的高炉脏煤气、半净煤气、净煤气总管一般架设高度：管底至地面净距不低于 8 m（如该管道的隔断装置操作时不外泄煤气，可低至 6 m），小型高炉脏煤气、半净煤气、净煤气总管可低至 6 m；

新建焦炉冷却及净化区室外煤气管道的管底至地面净距不小于 4.5 m，与净化设备连接的局部管段可低于 4.5 m；

水煤气管道在车间外部，管底距地面净空一般不低于 4.5 m，在车间内部或多层厂房的楼板下敷设时可以适当降低，但要有通风措施，不应形成死角。

6.2.1.7　煤气分配主管可架设在厂房墙壁外侧或房顶，但应遵守下列规定：

沿建筑物的外墙或房顶敷设时，该建筑物应为一、二级耐火等级的丁、戊类生产厂房。

安设于厂房墙壁外侧上的煤气分配主管底面至地面的净距不宜小于 4.5 m，并便于检修。与墙壁间的净距：管道外径大于或等于 500 mm 的净距为 500 mm；外径小于 500 mm 的净距等于管道外径，但不小于 100 mm，并尽量避免挡住窗户。管道的附件应安装在两个窗口之间。穿过墙壁引入厂房内的煤气支管，墙壁应有环形孔，不准紧靠墙壁。

在厂房顶上装设分配主管时，分配主管底面至房面的净距一般不小于800 mm；外径 500 mm 以下的管道，当用填料式或波形补偿器时，管底至房顶的净距可缩短至 500 mm。此外，管道距天窗不宜小于 2 m，并不得妨碍厂房内的空气流通与采光。

6.2.1.8　厂房内的煤气管道应架空敷设。在地下室不应敷设煤气分配主管。如生产上必需敷设时，应采取可靠的防护措施。

6.2.1.9　厂房内的煤气管道架空敷设有困难时，可敷设在地沟内，并应遵守下列规定：

沟内除敷设供同一炉的空气管道外，禁止敷设其他管道及电缆；

地沟盖板宜采用坚固的炉篦式盖板；

沟内的煤气管道应尽可能避免装置附件、法兰盘等；

沟的宽度应便于检查和维修，进入地沟内工作前，应先检查空气中的一氧化碳浓度；

沟内横穿其他管道时，应把横穿的管道放入密闭套管中，套管伸出沟两壁的长度不宜小于 200 mm；

应防止沟内积水。

6.2.1.10　煤气分配主管上支管引接处（热发生炉煤气管除外），必须设置可靠的隔断装置。

6.2.1.11　车间冷煤气管的进口设有隔断装置、流量传感元件、压力表接头、取样嘴和放散管等装置时,其操作位置应设在车间外附近的平台上。

6.2.1.12 热煤气管道应设有保温层,热煤气站至最远用户之间热煤气管道的长度,应根据煤气在管道内的温度降和压力降确定,但不宜超过80m。

6.2.1.13 热煤气管道的敷设应防止由于热应力引起的焊缝破裂,必要时,管道设计应有自动补偿能力或增设管道补偿器。

6.2.1.14 不同压力的煤气管道连通时,必须设可靠的调压装置。不同压力的放散管必须单独设置。

6.2.2 地下煤气管道的敷设

6.2.2.1 工业企业内的地下煤气管道的埋设深度与建筑物、构筑物或相邻管道之间的最小水平和垂直净距,以及地下管道的埋设和通过沟渠等的安全要求,应遵守GB 50028的有关规定。压力在 $8 \times 10^5 Pa(8.16 \times 10^4 mmH_2O) \sim 12 \times 10^5 Pa(1.22 \times 10^5 mmH_2O)$ 的天然气管道与GB 50028中关于 $8 \times 10^5 Pa(8.16 \times 10^4 mmH_2O)$ 煤气管道的规定相同。

6.2.2.2 管道应视具体情况,考虑是否设置排水器,如设置排水器,则排出的冷凝水应集中处理。

6.2.2.3 地下管道排水器、阀门及转弯处,应在地面上设有明显的标志。

6.2.2.4 与铁路和道路交叉的煤气管道,应敷设在套管中,套管两端伸出部分,距铁路边轨不少于3 m,距有轨电车边轨和距道路路肩不少于2 m。

6.2.2.5 地下管道法兰应设在阀门井内。

6.3 煤气管道的防腐

6.3.1 架空管道,钢管制造完毕后,内壁(设计有要求者)和外表面应涂刷防锈涂料。管道安装完毕试验合格后,全部管道外表应再涂刷防锈涂料。管道外表面每隔四五年应重新涂刷一次防锈涂料。

6.3.2 埋地管道,钢管外表面应进行防腐处理,遵守表 A-5 的规定。在表面防腐蚀的同时,根据不同的土壤,宜采用相应的阴极保护措施。

表 A-5

绝缘等级	绝缘层次									总厚度/mm
	1	2	3	4	5	6	7	8	9	
加强	底漆一层	沥青1.5mm	玻璃布一层	沥青1.5mm	玻璃布一层	沥青1.5mm	玻璃布一层	沥青1.5mm	塑料布或牛皮纸一层	≥5.5

铸铁管道外表面可只浸涂沥青。

6.3.3 应定期测定煤气管道管壁厚度,建立管道防腐档案。

6.4 煤气管道的试验

6.4.1 煤气管道的计算压力等于或大于 $10^5 Pa(1.02 \times 10^5 mmH_2O)$ 应进行强度试验,合格后再进行气密性试验。计算压力小于 $10^5 Pa(1.02 \times 10^4 mmH_2O)$,可只进行气密性试验。

6.4.2　煤气管道的计算压力,应符合下列规定:

常压煤气发生炉出口至煤气加压机前的管道和热煤气发生炉输送管道,计算压力为发生炉出口自动放散装置的设定压力,也等于最大工作压力。

水煤气发生炉进口管道计算压力等于气化剂进入炉底内的最大工作压力,水煤气出口管道计算压力等于炉顶的最大工作压力。

常压高炉至半净煤气总管的管道,计算压力等于高炉炉顶的最大工作压力;净煤气总管及以后的管道,计算压力等于过剩煤气自动放散装置的最大设定压力;净高炉煤气管道系统设有自动煤气放散装置时,计算压力等于高炉炉顶的正常压力。

高压高炉至减压阀组前的管道,设计压力等于高炉炉顶的最大工作压力;减压阀组后的煤气管道,设计压力等于煤气自动放散装置的最大设定压力。

焦炉煤气或直立连续式炭化炉煤气抽气管的煤气计算压力等于煤气抽气机所产生的最大负压力的绝对值,净煤气管道计算压力等于煤气自动放散装置的最大设定压力,净煤气管道系统没有自动放散装置时,计算压力等于抽气机最大工作压力。

转炉煤气抽气机前的煤气管道计算压力等于煤气抽气机产生的最大负压力的绝对值。

煤气加压机(抽气机)入口前的管道,计算压力等于剩余煤气自动放散装置的最大设定压力;煤气加压机(抽气机)出口后的煤气管道,计算压力等于加压机(抽气机)入口前的管道计算压力加压机(抽气机)最大升压。

天然气管道计算压力为最大工作压力。

混合煤气管道的计算压力按混合前较高的一种管道压力计算。

6.4.3　煤气管道可采用空气或氮气做强度试验和气密性试验,并应做生产性模拟试验。

6.4.4　煤气管道的试验,应遵守下列规定:

管道系统施工完毕,应进行检查,并应符合本规程的有关规定;

对管道各处连接部位和焊缝,经检查合格后,才能进行试验,试验前不得涂漆和保温。

试验前应制订试验方案,附有试验安全措施和试验部位的草图,征得安全部门同意后才能进行。

各种管道附件、装置等,应分别单独按照出厂技术条件进行试验。

试验前应将不能参与试验的系统、设备、仪表及管道附件等加以隔断;安全阀、泄爆阀应拆卸,设置盲板部位应有明显标记和记录。

管道系统试验前,应用盲板与运行中的管道隔断。

管道以闸阀隔断的各个部位,应分别进行单独试验,不应同时试验相邻的两段;在正常情况下,不应在闸阀上堵盲板,管道以插板或水封隔断的各个部位,可整体进行试验。

用多次全开、全关的方法检查闸阀、插板、蝶阀等隔断装置是否灵活可靠;检查水封、排水器的各种阀门是否可靠;测量水封、排水器水位高度,并把结果与设计资料相比较,记入文件中。排水器凡有上、下水和防寒设施的,应进行通水、通蒸汽试验。

清除管道中的一切脏物、杂物,放掉水封里的水,关闭水封上的所有阀门,检查完毕并确认管道内无人,关闭人孔后,才能开始试验。

试验过程中如遇泄漏或其他故障,不应带压修理,测试数据全部作废,待正常后重新试验。

6.4.5 煤气管道的强度试验,应遵守下列规定:

架空管道气压强度试验的压力应为计算压力的 1.15 倍,压力应逐级缓升,首先升至试验压力的 50%,进行检查,如无泄漏及异常现象,继续按试验压力的 10% 逐级升压,直至达到所要求的试验压力。每级稳压 5 min,以无泄漏、目测无变形等为合格。

埋地煤气管道强度试验的试验压力为计算压力的 1.5 倍。

6.4.6 架空煤气管道严密性试验,应遵守下列规定:

架空煤气管道经过检查,符合本规程 6.4.4 的规定后,进行严密性试验。试验压力如下:加压机前的室外管道为计算压力加 5×10^3 Pa(510 mmH$_2$O),但不小于 2×10^4 Pa(2 040 mmH$_2$O);加压机前的室内管道为计算压力加 1.5×10^4 Pa(1 530 mmH$_2$O),但不小于 3×10^4 Pa(3 060 mmH$_2$O);位于抽气机、加压机后的室外管道应等于加压机或抽气机最大升压加 2×10^4 Pa(2 040 mmH$_2$O);位于抽气机、加压机后的室内管道应等于加压机或抽气机最大升压加 3×10^4 Pa(3 060 mmH$_2$O);常压高炉[炉顶压力小于 3×10^4 Pa(3 060 mmH$_2$O)者为常压高炉]的煤气管道(包括净化区域内的管道)为 5×10^4 Pa(5 100 mmH$_2$O),高压高炉减压阀组前的煤气管道为炉顶工作压力的 1.0 倍,减压阀组后的净煤气总管为 5×10^4 Pa(5 100 mmH$_2$O);常压发生炉脏煤气、半净煤气管道为炉底最大送风压力,但不得低于 3×10^3 Pa(306 mmH$_2$O);转炉煤气抽气机前气冷却、净化设备及管道为计算压力加 5×10^3 Pa(510 mmH$_2$O)。

架空煤气管道严密性试验允许泄漏率标准应遵守表 A-6 的规定。

表 A-6

管道计算压力/Pa (kgf/cm²)	管道环境	试验时间/h	每上时平均泄漏率/(%)
<10^5(1.02)	室内外、地沟及无围护结构的车间	2	1
≥10^5(1.02)	室内及地沟室外及围护结构的车间	24	0.25
		24	0.5

注:管道计算压力大于或等于 10^5 Pa(1.02×10^4 mmH$_2$O)的允许泄漏率标准,仅适用公称直径为 0.3 m 的管道,其余直径的管道的压力降标准,尚应乘以按下式求出的校正系数 C,$C = \dfrac{0.3}{D_g}$。式中 D_g 为试验管道的公称直径,单位为 m。

架空煤气管道气密性试验泄漏率的计算根据式(1)确定：

$$A=\frac{1}{t}\left(1-\frac{p_2}{p_1}\frac{T_1}{T_2}\right)\times100\%\tag{1}$$

式中：A——每小时平均泄漏率，(%)；

p_1、p_2——试验开始、结束时管道内气体的绝对压力数值，单位为帕（毫米水柱）$[Pa(mmH_2O)]$；

T_1、T_2——试验开始、结束时管道内气体的绝对温度数值，单位为开尔文(K)；

t——试验时间，单位为小时(h)。

6.4.7　地下煤气管道的气密性试验，应遵守下列规定：

试验前应检查地下管道的坐标、标高、坡度、管基和垫层等是否符合设计要求，试验用的临时加固措施是否安全可靠；对于仅需做气密性试验的地下煤气管道，在试验开始之前，应采用压力与气密性试验压力相等的气体进行反复试验，及时消除泄漏点，然后正式进行试验。

应遵守 6.4.4 的有关规定。

长距离煤气管道做气密性试验时，应在各段气密性试验合格后，再做一次整体气密性试验。

地下煤气管道应将土回填至管顶 50 cm 以上，为使管道中的气体温度和周围土壤温度一致，须停留一段时间后才能开始气密性试验，停留时间应遵守表 A-7 的规定。

表 A-7

管道直径/m	≤0.3	0.3~0.5	>0.5
停留时间/h	6	12	24

试验压力和试验时间，应遵守表 A-8 的规定；

表 A-8

计算压力(P_j)/Pa(kgf/cm²)	气密性试验压力/Pa(kgf/cm²)	度验时间/h
≤5×10³(0.051)	钢管：5×=10⁴(0.51) 铸铁管：2×10⁴(0.2)	24
>5×10³(0.051)—10⁵(1.02)	1.25×P_j >5×10⁴(0.51)	24
>10⁵(1.02)	P_j	24

地下煤气管道严密性试验的计算：相同管径的管道允许压力降 $\Delta P_允$ 的计算见式(2)。

$$\Delta P_允=\frac{KT}{D}\tag{2}$$

式中：$\Delta P_允$——计算压力大于或等于 10^5 Pa(1.02×10^4 mmH₂O)者，单位为毫米汞柱(mmHg)；计算压力小于 10^5 Pa(1.02×10^4 mmH₂O)者，单位为毫米

水柱(mmH_2O);

T——试验持续时间,单位为小时(h);

D——煤气管道内径,单位为米(m);

K——系数,计算压力大于或等于10^5 Pa者,$K=0.3$;计算压力小于10^5者,$K=0.66$。由不同管径组成的煤气管道,允许压力降ΔP允的计算见式(3)。

$$\Delta P_{允}=\frac{KT(d_1 l_1 + d_2 l_2 + \cdots + d_n l_n)}{d_1^2 l_1 + d_2^2 l_2 + \cdots + d_n^2 l_n} \tag{3}$$

式中:d_1、d_2——d_n煤气管道各管段内径,单位为米(m);

l_1、l_2——l_n各管段的长度,单位为米(m)。

实际压力降ΔP实的计算见式(4)。

$$\Delta P_{实}=\Delta P_{允}(T_1 P_1 / T_2 P_2) \tag{4}$$

式中:$\Delta P_{实}$——计算压力大于或等于10^5 Pa(1.02×10^4 mmH_2O)者,单位为毫米汞柱(mmHg);计算压力小于10^5 Pa(1.02×10^4 mmH_2O)者,单位为毫米水柱(mmH_2O);

P_1、P_2——试验开始、试验结束时测定的管道内气体的绝对压力数值,单位为毫米汞柱(mmHg)或为毫米水柱(mmH_2O);

T_1、T_2——试验开始、试验结束时测定的管道内气体各点的平均温度数值,单位为开尔文(K);

T_0——标准状态时的温度,$T_0=273$ K。

当$\Delta P_{实}$小于$\Delta P_{允}$时,气密性试验为合格。

7 煤气设备与管道附属装置

7.1 燃烧装置

7.1.1 当燃烧装置采用强制送风的燃烧嘴时,煤气支管上应装止回装置或自动隔断阀。在空气管道上应设泄爆膜。

7.1.2 煤气、空气管道应安装低压警报装置。

7.1.3 空气管道的末端应设有放散管,放散管应引到厂房外。

7.2 隔断装置

7.2.1 一般规定

凡经常检修的部位应设可靠的隔断装置。

焦炉煤气、发生炉煤气、水煤气(半水煤气)管道的隔断装置不应使用带铜质部件。

寒冷地区的隔断装置,应根据当地的气温条件采取防冻措施。

7.2.2 插板

插板是可靠的隔断装置。安设插板的管道底部离地面的净空距:金属密封面的插板不小于 8 m,非金属密封面的插板不小于 6 m,在煤气不易扩散地区须适当加高;封闭式插板的安设高度可适当降低。

7.2.3　水封

7.2.3.1　水封装在其他隔断装置之后并用时,才是可靠的隔断装置。水封的有效高度为煤气计算压力至少加 500 mm,并应定期检查水封高度。

7.2.3.2　水封的给水管上应设给水封和止回阀。

7.2.3.3　禁止将排水管、满流管直接插入下水道。水封下部侧壁上应安设清扫孔和放水头。U 形水封两侧应安设放散管、吹刷用的进气头和取样管。

7.2.4　眼镜阀和扇形阀

7.2.4.1　眼镜阀和扇形阀不宜单独使用,应设在密封蝶阀或闸阀后面。

7.2.4.2　敞开眼镜阀和扇形阀应安设在厂房外,如设在厂房内,应离炉子 10 m以上。

7.2.5　密封蝶阀

7.2.5.1　密封蝶阀不能作为可靠的隔断装置,只有和水封、插板、眼镜阀等并用时才是可靠的隔断装置。

7.2.5.2　密封蝶阀的使用应符合下列要求:

密封蝶阀的公称压力应高于煤气总体气密性试验压力;

单向流动的密封蝶阀,在安装时应注意使煤气的流动方向与阀体上的箭头方向一致;

轴头上应有开、关程度的标志。

7.2.6　旋塞

7.2.6.1　旋塞一般用于需要快速隔断的支管上。

7.2.6.2　旋塞的头部应有明显的开关标志。

7.2.6.3　焦炉的交换旋塞和调节旋塞应用 2×10^4 Pa(2 040 mmH$_2$O)的压缩空气进行气密性试验,经 30 min 后压降不超过 5×10^2 Pa(51 mmH$_2$O)为合格。试验时,旋塞密封面可涂稀油(50 号机油为宜),旋塞可与 0.03 m^3 的风包相接,用全开和全关两种状态试验。

7.2.7　闸阀

7.2.7.1　单独使用闸阀不能作为可靠的隔断装置。

7.2.7.2　所用闸阀的耐压强度应超过煤气总体试验的要求。

7.2.7.3　煤气管道上使用的明杆闸阀,其手轮上应有"开"或"关"的字样和箭头,螺杆上应有保护套。

7.2.7.4　闸阀在安装前,应重新按出厂技术要求进行气密性试验,合格后才能安装。

7.2.8　盘形阀

7.2.8.1　盘形阀(或钟形阀)不能作为可靠的隔断装置,一般安装在污热煤气管道上。

7.2.8.2　盘形阀的使用应符合下列要求:

拉杆在高温影响下不歪斜,拉杆与阀盘(或钟罩)的连接应使阀盘(或钟罩)不致歪斜或卡住;

拉杆穿过阀外壳的地方,应有耐高温的填料盒。

7.2.9 盲板

7.2.9.1 盲板主要适用于煤气设施检修或扩建延伸的部位。

7.2.9.2 盲板应用钢板制成,并无砂眼,两面光滑,边缘无毛刺。盲板尺寸应与法兰有正确的配合,盲板的厚度按使用目的经计算后确定。堵盲板的地方应有撑铁,便于撑开。

7.2.10 双板切断阀(平行双闸板切断阀、NK 阀)

7.2.10.1 阀腔注水型且注水压力为煤气计算压力至少加 5 000 Pa,并能全闭到位,保证煤气不泄漏到被隔断的一侧的双板切断阀是可靠的隔断装置。

7.2.10.2 非注水型双板切断阀应符合 7.2.5.1 和 7.2.7 的规定。

7.3 放散装置

7.3.1 吹刷煤气放散管

7.3.1.1 下列位置应安设放散管:

煤气设备和管道的最高处;

煤气管道以及卧式设备的末端;

煤气设备和管道隔断装置前,管道网隔断装置前后支管闸阀在煤气总管旁 0.5 m内,可不设放散管,但超过 0.5 m 时,应设放气头。

7.3.1.2 放散管口应高出煤气管道、设备和走台 4 m,离地面不小于 10 m。

厂房内或距厂房 20 m 以内的煤气管道和设备上的放散管,管口应高出房顶 4 m。厂房很高,放散管又不经常使用,其管口高度可适当减低,但应高出煤气管道、设备和走台 4 m。不应在厂房内或向厂房内放散煤气。

7.3.1.3 放散管口应采取防雨、防堵塞措施。

7.3.1.4 放散管根部应焊加强筋,上部用挣绳固定。

7.3.1.5 放散管的闸阀前应装有取样管。

7.3.1.6 煤气设施的放散管不应共用,放散气集中处理的除外。

7.3.2 剩余煤气放散管

7.3.2.1 剩余煤气放散管应安装在净煤气管道上。

7.3.2.2 剩余煤气放散管应控制放散,其管口高度应高出周围建筑物,一般距离地面不小于 30 m,山区可适当加高,所放散的煤气应点燃,并有灭火设施。

7.3.2.3 经常排放水煤气(包括半水煤气)的放散管,管口高度应高出周围建筑物,或安装在附近最高设备的顶部,且设有消声装置。

7.4 冷凝物排水器

7.4.1 排水器之间的距离一般为 200~250 m,排水器水封的有效高度应为煤气计算压力至少加 500 mm。

高压高炉从剩余煤气放散管或减压阀组算起 300 m 以内的厂区净煤气总管排水器水封的有效高度,应不小于 3 000 mm。

7.4.2 煤气管道的排水管宜安装闸阀或旋塞,排水管应加上、下两道阀门。

7.4.3 两条或两条以上的煤气管道及同一煤气管道隔断装置的两侧,宜单独设置排水器。如设同一排水器,其水封有效高度按最高压力计算。

7.4.4 排水器应设有清扫孔和放水的闸阀或旋塞;每只排水器均应设有检查管头;排水器的满流管口应设漏斗;排水器装有给水管的,应通过漏斗给水。

7.4.5 排水器可设在露天,但寒冷地区应采取防冻措施;设在室内的,应有良好的自然通风。

7.5 蒸汽管、氮气管

7.5.1 具有下列情况之一者,煤气设备及管道应安设蒸汽或氮气管接头:

停、送煤气时须用蒸汽和氮气置换煤气或空气者;

需在短时间内保持煤气正压力者;

需要用蒸汽扫除萘、焦油等沉积物者。

7.5.2 蒸汽或氮气管接头应安装在煤气管道的上面或侧面,管接头上应安旋塞或闸阀。

为防止煤气串人蒸汽或氮气管内,只有在通蒸汽或氮气时,才能把蒸汽或氮气管与煤气管道连通,停用时应断开或堵盲板。

7.6 补偿器

7.6.1 补偿器宜选用耐腐蚀材料制造。

7.6.2 带填料的补偿器,应有调整填料紧密程度的压环。补偿器内及煤气管道表面应经过加工,厂房内不得使用带填料的补偿器。

7.7 泄爆阀

7.7.1 泄爆阀安装在煤气设备易发生爆炸的部位。

7.7.2 泄爆阀应保持严密,泄爆膜的设计应经过计算。

7.7.3 泄爆阀泄爆口不应正对建筑物的门窗。

7.8 人孔、手孔及检查管

7.8.1 闸阀后,较低的管段上,膨胀器或蝶阀组附近、设备的顶部和底部,煤气设备和管道需经常入内检查的地方,均应设人孔。

7.8.2 煤气设备或单独的管段上人孔一般不少于两个。可根据需要设置人孔。人孔直径应不小于 600 mm,直径小于 600 mm 的煤气管道设手孔时,其直径与管道直径相同。

有砖衬的管道,人孔圈的深度应与砖衬的厚度相同。

人孔盖上应根据需要安设吹刷管头。

7.8.3 在容易积存沉淀物的管段上部,宜安设检查管。

7.9 管道标志和警示牌

7.9.1 厂区主要煤气管道应标有明显的煤气流向和种类的标志。

7.9.2 所有可能泄漏煤气的地方均应挂有提醒人们注意的警示标志。

8 煤气加压站与混合站

8.1 煤气加压站、混合站、抽气机室建筑物的安全要求

8.1.1 煤气加压站、混合站与焦炉煤气抽气机室主厂房火灾危险性分类及建筑物的耐火等级不应低于表 A-9 中的规定,站房的建筑设计均应遵守 GBJ 16 的有关规定。

表 A-9

名　称	火灾危险性分类	耐火等级
发生炉煤气加压站主厂房	乙	二级
煤气混合站主厂房	乙	二
焦炉煤气抽气机主厂房	甲	二级
直立连续式炭化炉煤气抽气机主厂房	甲	二级
转炉煤气抽气机室和加压站厂房	乙	二级
水煤气加压站厂房		二级
煤气混合站管理室	甲	二级
煤气加压站管理室		二级
焦炉煤气抽气机站管理室		二级

注:①发生煤煤气加压机按有爆炸危险的乙类生产厂房设计。
②当混合煤气发热值大于 12 552 kJ/m³(3 000 kcal/m³)爆炸下限小于 10%,煤气混合站按甲类生产厂房设计。

8.1.2 煤气加压站、混合站、抽气机室的电气设备的设计和施工,应遵守 GB 50058的有关规定。

8.1.3 煤气加压站、混合站、抽气机室的采暖通风和空气调节应符合 GBJ 19 的有关规定。

8.1.4 站房应建立在地面上,禁止在厂房下设地下室或半地下室。如为单层建筑物,操作层至屋顶的层高不应低于 3.5 m;如为两层建筑物,上层高度不得低于3.5 m,下层高度不得低于 3 m。

8.2 煤气加压站和混合站的一般规定

8.2.1 煤气加压站、混合站、抽气机室的管理室一般设在主厂房一侧的中部,

有条件的可将管理室合并在能源管理中心。为了隔绝主厂房机械运转的噪声,管理室与主厂房间相通的门应设有能观察机械运转的隔音玻璃窗。

8.2.2　管理室应装设二次检测仪表及调节装置。一次仪表不应引入管理室内。一次仪表室应设强制通风装置。

8.2.3　管理室应设有普通电话。大型加压站、混合站和抽气机室的管理室宜设有与煤气调度室和用户联系的直通电话。

8.2.4　站房内应设有一氧化碳监测装置,并把信号传送到管理室内。

8.2.5　有人值班的机械房、加压站、混合站、抽气机房内的值班人员不应少于二人。室内禁止烟火,如须动火检修,应有安全措施和动火许可证。

8.2.6　煤气加压机、抽气机等可能漏煤气的地方,每月至少用检漏仪或用涂肥皂水的方法检查一次,机械房内的一次仪表导管应每周检查一次。

8.2.7　煤气加压机械应有两路电源供电,如用户允许间断供应煤气,可设一路电源。焦炉煤气抽气机至少应有两台(一台备用),均应有两路电源供电,有条件时,可增设一台用蒸汽带动的抽气机。

8.2.8　水煤气加压机房应单独设立,加压机房内的操作岗位应设生产控制仪表、必要的安全信号和安全联锁装置。

8.2.9　站房内主机之间以及主机与墙壁之间的净距应不小于 1.3 m;如用作一般通道应不小于 1.5 m;

如用作主要通道,不应小于 2 m。房内应留有放置拆卸机件的地点,不得放置和加压机械无关的设备。

8.2.10　站房内应设有消防设备。

8.2.11　两条引入混合的煤气管道的净距不小于 800 mm,敷设坡度不应小于0.5%。引入混合站的两条混合管道,在引入的起始端应设可靠的隔断装置。

8.2.12　混合站在运行中应防止煤气互串,混合煤气压力在运行中应保持正压。

8.2.13　煤气加压机、抽气机的排水器应按机组各自配置。

8.2.14　每台煤气加压机、抽气机前后应设可靠的隔断装置。

8.2.15　发生炉煤气加压机的电动机必须与空气总管的空气压力继电器或空气鼓风机的电动机进行联锁,其联锁方式应符合下列要求:

空气总管的空气压力升到预定值,煤气加压机才能启动;空气压力降到预定值时,煤气加压机应自动停机。

空气鼓风机启动后,煤气加压机才能启动;空气鼓风机停止时,煤气加压机应自动停机。

8.2.16　水煤气加压机前宜设有煤气柜,如未设煤气柜,则加压机的电动机应与加压机前的煤气总管压力联锁,当煤气总管的压力降到正常指标以下,应发出低压信号,当压力继续下降到最低值时,煤气加压机应自动停机。

8.2.17　鼓风机的主电机采用强制通风时,如风机风压过低,应有声光报警信号。

8.3　天然气调压站

8.3.1　天然气调压站可设在露天或单独厂房内,露天调压站应有实体围墙,围墙与管道间距离不应小于 2 m。

8.3.2　调压站厂房和一次仪表室均属于甲类有爆炸危险厂房,应遵守本规程8.2的有关规定。

8.3.3　调压站操作室应设压力计、流量计、高低压警报器和电话。操作室应与调压站隔开,并设有两个向外开的门。

8.3.4　调压系统应有安全阀,并应符合现行的有关压力容器管理的规定。

9　煤气柜

9.1　湿式煤气柜

9.1.1　区域布置

9.1.1.1　新建湿式柜不应建设在居民稠密区,应远离大型建筑、仓库、通信和交通枢纽等重要设施,并应布置在通风良好的地方。

煤气柜周围应设有围墙,消防车道和消防设施,柜顶应设防雷装置。

9.1.1.2　湿式柜的防火要求以及与建筑物、堆场的防火间距应符合 GBJ 16 的规定。

9.1.2　设备结构

9.1.2.1　湿式柜每级塔间水封的有效高度应不小于最大工作压力的 1.5 倍。

9.1.2.2　湿式柜出入口管道上应设隔断装置,出入口管道最低处应设排水器,并应遵守 7.4 的有关规定。出入口管道的设计应能防止煤气柜地基下沉所引起的管道变形。

9.1.2.3　湿式柜上应有容积指示装置,柜位达到上限时应关闭煤气入口阀,并设有放散设施,还应有煤气柜位降到下限时,自动停止向外输出煤气或自动充压的装置。

9.1.2.4　湿式柜应设操作室,室内设有压力计、流量计、高度指示计,容积上、下限声光信号装置和联系电话。

9.1.2.5　湿式柜的水封在寒冷地带应采取相应的防冻措施。

9.1.2.6　湿式柜应遵守8.2.2和8.2.3的规定。

9.1.2.7　湿式柜需设放散管、人孔、梯子、栏杆。

9.1.2.8　湿式柜柜顶和柜壁外的爆炸性气体环境危险区域的范围应遵守GB 50058的规定。

9.1.3　湿式柜的检验

9.1.3.1　湿式柜施工完毕,应检查柜体内外涂刷的防腐油漆和水槽底板上浇的沥青层是否符合设计要求。

9.1.3.2　湿式柜安装完毕,应进行升降试验,以检查各塔节升降是否灵活可靠,并测定每一个塔节升起或下降后的工作压力是否与设计的工作压力基本一致。有条件的企业可进行快速升降试验,升降速度可按 1.0~1.5 m/min 进行。没有条件的企业可只做快速下降试验。升降试验应反复进行,并不得少于二次。

9.1.3.3 湿式柜安装完毕后应进行严密性试验。严密性试验方法分为涂肥皂水的直接试验法和测定泄漏量的间接试验法两种,无论采用何种试验方法,只要符合要求都可认为合格。

直接试验法:在各塔节及钟罩顶的安装焊缝全长上涂肥皂水,然后在反面用真空泵吸气,以无气泡出现为合格;

间接试验法:将气柜内充入空气,充气量约为全部贮气容积的 90%。以静置 1 d 后的柜内空气标准容积为起始点容积,以再静置 7 d 后的柜内空气标准容积为结束点容积,起始点容积与结束点容积相比,泄漏率不超过 2% 为合格。测定的柜内空气容积折算成标准容积应用式(5)计算:

$$V_N = V_t \frac{273 \times (B + P - \omega)}{760 \times (273 + t)} \tag{5}$$

式中:V_N——标准状态下的气体容积数值,单位为 m³;

V_t——测定的[平均温度为 t(℃)及大气压力为 B(mmHg)]湿式柜内空气容积数值,单位为 m³;

B——在湿式柜的 1/2 高度处所测定的大气压数值,单位为 mmHg;

P——湿式柜工作压力数值,单位为 mmHg;

ω——湿式柜内饱和水蒸气分压数值,单位为 mmHg;

t——充入湿式柜内空气各点的平均温度单位为℃。

气柜在静置 7 d 的试验期内,每天都应测定一次,并选择日出前、微风时、大气温度变化不大的情况下进行测定。如遇暴风雨等温度波动较大的天气时,测定工作应顺延。

9.2 干式煤气柜

9.2.1 区域布置

9.2.1.1 干式柜的区域布置应遵守 9.1.1.1 的规定。

9.2.1.2 干式柜与建筑物、堆物的防火间距,应符合 GBJ 16 的有关规定。

9.2.2 设备结构

9.2.2.1 干式柜的设备结构应遵守 9.1.2.2,9.1.2.3,9.1.2.6~9.1.2.8 的规定。

9.2.2.2 稀油密封型干式柜的上部可设预备油箱;油封供油泵的油箱应设蒸汽加热管,密封油在冬季要采取防冻措施;底部油沟应设油水位观察装置。

9.2.2.3 干式柜应设内、外部电梯,供检修及检查时载人用。电梯应设最终位置极限开关、升降异常灯。电梯内部应设安全开关、安全扣和联络电话。

干式柜一般应设有内部电梯供检修和保养活塞用。电梯应设有最终位置极限开关和防止超载、超速装置。还应设救护提升装置,活塞上部应备有一氧化碳检测报警装置及空气呼吸器。

干式柜外部楼梯的入口处应设门。

9.2.2.4　布帘式柜应设调平装置、活塞水平测量装置及紧急放散装置。用于LDG回收时,柜前宜设事故放散塔。应设微氧量的连续测定装置,并与柜入口阀、事故放散塔的入口阀、炼钢系统的三通切换阀开启装置联锁。柜区操作室应设有与转炉煤气回收设施间的声光信号和电话设施。柜位应设有与柜进口阀和转炉煤气回收的三通切换阀的联锁装置。

9.2.2.5　控制室内除设9.1.2.4规定的各种仪表外,还应设活塞升降速度、煤气出入口阀、煤气放散阀的状态和开度等测定仪,及各种阀的开、关和故障信号装置以及与活塞上部操作人员联系的通信设备。

9.2.2.6　干式柜除生产照明外还应设事故照明、检修照明、楼梯及过道照明、各种检测仪表照明以及外部升降机上、下出人口照明。

9.2.3　干式煤气柜的检验

9.2.3.1　干式煤气柜施工完毕,应按其结构类型检查活塞倾斜度、活塞回转度、活塞导轮与柜壁的接触面、柜内煤气压力波动值、密封油油位高度、油封供油泵运行时间等是否符合设计要求。

9.2.3.2　干式煤气柜安装完毕后应进行速度升降试验和严密性试验。严密性试验应遵守本规程9.1.3.3的规定。采用油封结构的干式柜,应检查柜侧壁是否有油渗漏。

10　煤气设施的操作与检修

10.1　煤气设施的操作

10.1.1　除有特别规定外,任何煤气设备均必须保持正压操作,在设备停止生产而保压又有困难时,则应可靠地切断煤气来源,并将内部煤气吹净。

10.1.2　吹扫和置换煤气设施内部的煤气,应用蒸汽、氮气或烟气为置换介质。吹扫或引气过程中,不应在煤气设施上栓、拉电焊线,煤气设施周围40 m内严禁火源。

10.1.3　煤气设施内部气体置换是否达到预定要求,应按预定目的,根据含氧量和一氧化碳分析或爆发试验确定。

10.1.4　炉子点火时,炉内燃烧系统应具有一定的负压,点火程序必须是先点燃火种后给煤气,不应先给煤气后点火。凡送煤气前已烘炉的炉子,其炉膛温度超过1 073 K(800 ℃)时,可不点火直接送煤气,但应严密监视其是否燃烧。

10.1.5　送煤气时不着火或者着火后又熄灭,应立即关闭煤气阀门,查清原因,排净炉内混合气体后,再按规定程序重新点火。

10.1.6　凡强制送风的炉子,点火时应先开鼓风机但不送风,待点火送煤气燃着后,再逐步增大供风量和煤气量。停煤气时,应先关闭所有的烧嘴,然后停鼓风机。

10.1.7 固定层间歇式水煤气发生系统若设有燃烧室,当燃烧室温度在 773 K (500 ℃)以上,且有上涨趋势时,才能使用二次空气。

10.1.8 直立连续式炭化炉操作时必须防止炉内煤料"空悬"。严禁同一孔炭化炉同时捣炉和放焦。炉底要保持正压。

10.1.9 煤气系统的各种塔器及管道在停产通蒸汽吹扫煤气合格后,不应关闭放散管;开工时,若用蒸汽置换空气合格后,可送入煤气,待检验煤气合格后,才能关闭放散管,但不应在设备内存在蒸汽时骤然喷水,以免形成真空压损设备。

10.1.10 送煤气后,应检查所有连接部位和隔断装置是否泄漏煤气。

10.1.11 各类离心式或轴流式煤气风机均应采取有效的防喘震措施。除应选用符合工艺要求、性能优良的风机外,还应定期对其动、静叶片及防喘震系统进行检查,确保处于正常状态。煤气风机在启动、停止、倒机操作及运行中,不应处于或进入喘震工况。

10.2 煤气设施的检修

10.2.1 煤气设施停煤气检修时,应可靠地切断煤气来源并将内部煤气吹净。长期检修或停用的煤气设施,应打开上、下人孔、放散管等,保持设施内部的自然通风。

10.2.2 进入煤气设施内工作时,应检测一氧化碳及氧气含量。经检测合格后,允许进入煤气设施内工作时,应携带一氧化碳及氧气监测装置,并采取防护措施,设专职监护人。一氧化碳含量不超过 30 mg/m³(24 ppm)时,可较长时间工作;一氧化碳含量不超过 50 mg/m³ 时,入内连续工作时间不应超过 1 h;不超过 100 mg/m. 时,入内连续工作时间不应超过 0.5 h;在不超过 200 mg/m³ 时,入内连续工作时间不应超过 15~20 min。

工作人员每次进入设施内部工作的时间间隔至少在 2 h 以上。

10.2.3 进入煤气设备内部工作时,安全分析取样时间不应早于动火或进塔(器)前 0.5 h,检修动火工作中每 2 h 应重新分析。工作中断后恢复工作前 0.5 h,也应重新分析,取样应有代表性,防止死角。当煤气比重大于空气时,取中、下部各一气样;煤气比重小于空气时,取中、上部各一气样。

10.2.4 打开煤气加压机、脱硫、净化和贮存等煤气系统的设备和管道时,应采取防止硫化物等自燃的措施。

10.2.5 带煤气作业或在煤气设备上动火,应有作业方案和安全措施,并应取得煤气防护站或安全主管部门的书面批准。

10.2.6 带煤气作业如带煤气抽堵盲板、带煤气接管、高炉换探料尺、操作插板等危险工作,不应在雷雨天进行,不宜在夜间进行;作业时,应有煤气防护站人员在场监护;操作人员应佩戴呼吸器或通风式防毒面具,并应遵守下列规定:

工作场所应备有必要的联系信号、煤气压力表及风向标志等;

距工作场所 40 m 内,不应有火源并应采取防止着火的措施,与工作无关人员应离开作业点 40 m 以外;

应使用不发火星的工具,如铜制工具或涂有很厚一层润滑油脂的铁制工具;

距作业点 10 m 以外才可安设投光器;

不应在具有高温源的炉窑等建筑物内进行带煤气作业。

10.2.7　在煤气设备上动火,除应遵守 10.2.1 和 10.2.2 的有关规定外,还应遵守下列规定:

在运行中的煤气设备上动火,设备内煤气应保持正压,动火部位应可靠接地,在动火部位附近应装压力表或与附近仪表室联系;

在停产的煤气设备上动火,除应遵守 10.1.2 和 10.1.3 的规定外,还应遵守:用可燃气体测定仪测定合格,并经取样分析,其含氧量接近作业环境空气中的含氧量;将煤气设备内易燃物清扫干净或通上蒸汽,确认在动火全过程中不形成爆炸性混合气体。

10.2.8　电除尘器检修前,应办理检修许可证,采取安全停电的措施。进入电除尘器检查或检修,除应遵守本标准有关安全检修和安全动火的规定外,还应遵守以下事项:

断开电源后,电晕极应接地放电;

入内工作前,除尘器外壳应与电晕极连接;

电除尘器与整流室应有联系信号。

10.2.9　进入煤气设备内部工作时,所用照明电压不得超过 12 V。

10.2.10　加压机或抽气机前的煤气设施应定期检验壁厚,若壁厚小于安全限度,应采取措施后,才能继续使用。

10.2.11　在检修向煤气中喷水的管道及设备时,应防止水放空后煤气倒流。

11　煤气事故处理

11.1　煤气事故的处理规则

11.1.1　发生煤气中毒、着火、爆炸和大量泄漏煤气等事故,应立即报告调度室和煤气防护站。如发生煤气着火事故应立即挂火警电话,发生煤气中毒事故应立即通知附近卫生所。发生事故后应迅速查明事故情况,采取相应措施,防止事故扩大。

11.1.2　抢救事故的所有人员都应服从统一领导和指挥,指挥人应是企业领导人(厂长、车间主任或值班负责人)。

11.1.3　事故现场应划出危险区域,布置岗哨,阻止非抢救人员进入。进入煤气危险区的抢救人员应佩戴呼吸器,不应用纱布口罩或其他不适合防止煤气中毒的器具。

11.1.4　未查明事故原因和采取必要安全措施前,不应向煤气设施恢复送气。

11.2　煤气中毒者的处理

11.2.1　将中毒者迅速及时地救出煤气危险区域,抬到空气新鲜的地方,解除一切阻碍呼吸的衣物,并注意保暖。抢救场所应保持清静、通风,并指派专人维持秩序。

11.2.2　中毒轻微者,如出现头痛、恶心、呕吐等症状,可直接送往附近卫生所急救。

11.2.3　中毒较重者,如出现失去知觉、口吐白沫等症状,应通知煤气防护站和附近卫生所赶到现场急救。

11.2.4　中毒者已停止呼吸,应在现场立即做人工呼吸并使用苏生器,同时通知煤气防护站和附近卫生所赶到现场抢救。

11.2.5　中毒者未恢复知觉前,不得用急救车送往较远医院急救;就近送往医院抢救时,途中应采取有效的急救措施,并应有医务人员护送。

11.2.6　有条件的企业应设高压氧仓,对煤气中毒者进行抢救和治疗。

11.3　煤气着火事故的处理

11.3.1　煤气设施着火时,应逐渐降低煤气压力,通入大量蒸汽或氮气,但设施内煤气压力最低不得小于 100 Pa(10.2 mmH_2O)。不应突然关闭煤气闸阀或水封,以防回火爆炸。直径小于或等于 100 mm 的煤气管道起火,可直接关闭煤气阀门灭火。

11.3.2　煤气隔断装置、压力表或蒸汽、氮气接头,应有专人控制操作。

11.4　煤气爆炸事故的处理

11.4.1　发生煤气爆炸事故后,应立即切断煤气来源,迅速将剩余煤气处理干净。

11.4.2　对爆炸地点应加强警戒。

11.4.3　在爆炸地点 40 m 以内不应有火源。

12　煤气调度室及煤气防护站

12.1　煤气调度室

12.1.1　在煤气使用单位较多的企业中,应设煤气调度室。煤气使用单位较少的企业,煤气分配工作可由动力或生产调度室负责。

12.1.2　调度室应为无爆炸危险房屋,并与有爆炸危险的房屋分开。

12.1.3　调度室应设有下列设备:

应设有各煤气主管压力,各主要用户用量,各缓冲用户用量,气柜贮量等的测量仪器、仪表和必要的安全报警装置;

应设有与生产煤气厂(车间)、煤气防护站和主要用户的直通电话。

12.1.4　各使用煤气单位应服从煤气调度室的统一调度。当煤气压力骤然下降到最低允许压力时,使用煤气单位应立即停火保压;恢复生产时,应听从煤气调度室的统一指挥。

12.2　煤气防护站

12.2.1　组织

每个生产、供应和使用煤气的企业,应设煤气防护站或煤气防护组,并配备必要的人员,建立紧急救护体系。

12.2.2 任务

掌握企业内煤气动态,做好安全宣传工作;组织并训练不脱产的防护人员,有计划地培训煤气专业人员;组织防护人员的技术教育和业务学习,平时按计划定期进行各种事故抢救演习。

经常组织检查煤气设备及其使用情况,对煤气危险区域定期作一氧化碳含量分析,发现隐患时,及时向有关单位提出改进措施,并督促按时解决。

协助企业领导组织并进行煤气事故的救护工作。

参加煤气设施的设计审查和新建、改建工程的竣工验收及投产工作。

审查各单位提出的带煤气作业(包括煤气设备的检修,运行时动火焊接等)的工作计划,并在实施过程中严格监护检查,及时提出安全措施及参与安排带煤气抽堵盲板、接管等特殊煤气作业。

12.2.3 权力

煤气防护站在企业安全部门领导下,行使下列权力:

有权提出煤气安全使用和有毒气体防护的安全指令;

有权制止违反煤气安全规程的危险工作,但应及时向单位负责人报告;

煤气设备的检修和动火工作,应经煤气防护站签发许可证后方可进行。

12.2.4 设施配置

煤气防护站应尽可能设在煤气发生装置附近,或煤气设备分布的中心且交通方便的地方,煤气防护人员应集中住在离工厂较近的地区。

煤气防护站应设煤气急救专用电话。

氧气充装室应符合 GB 16912 的有关规定。

煤气防护站应配备呼吸器、通风式防毒面具、充填装置、万能检查器、自动苏生器、隔离式自救器、担架、各种有毒气体分析仪、防爆测定仪及供危险作业和抢救用的其他设施(如对讲电话),并应配备救护车和作业用车等,且应加强维护,使之经常处于完好状态。

附录 B　中华人民共和国职业病防治法

（2001 年 10 月 27 日第九届全国人民代表大会常务委员会第二十四次会议通过）

第一章　总　则

第一条　为了预防、控制和消除职业病危害，防治职业病，保护劳动者健康及其相关权益，促进经济发展，根据宪法，制定本法。

第二条　本法适用于中华人民共和国领域内的职业病防治活动。

本法所称职业病，是指企业、事业单位和个体经济组织（以下统称用人单位）的劳动者在职业活动中，因接触粉尘、放射性物质和其他有毒、有害物质等因素而引起的疾病。

职业病的分类和目录由国务院卫生行政部门会同国务院劳动保障行政部门规定、调整并公布。

第三条　职业病防治工作坚持预防为主、防治结合的方针，实行分类管理、综合治理。

第四条　劳动者依法享有职业卫生保护的权利。

用人单位应当为劳动者创造符合国家职业卫生标准和卫生要求的工作环境和条件，并采取措施保障劳动者获得职业卫生保护。

第五条　用人单位应当建立、健全职业病防治责任制，加强对职业病防治的管理，提高职业病防治水平，对本单位产生的职业病危害承担责任。

第六条　用人单位必须依法参加工伤社会保险。

国务院和县级以上地方人民政府劳动保障行政部门应当加强对工伤社会保险的监督管理，确保劳动者依法享受工伤社会保险待遇。

第七条　国家鼓励研制、开发、推广、应用有利于职业病防治和保护劳动者健康的新技术、新工艺、新材料，加强对职业病的机理和发生规律的基础研究，提高职业病防治科学技术水平；积极采用有效的职业病防治技术、工艺、材料；限制使用或者淘汰职业病危害严重的技术、工艺、材料。

第八条　国家实行职业卫生监督制度。

国务院卫生行政部门统一负责全国职业病防治的监督管理工作。国务院有关部门在各自的职责范围内负责职业病防治的有关监督管理工作。

县级以上地方人民政府卫生行政部门负责本行政区域内职业病防治的监督管理工作。县级以上地方人民政府有关部门在各自的职责范围内负责职业病防治的有关监督管理工作。

第九条　国务院和县级以上地方人民政府应当制定职业病防治规划，将其纳入国民经济和社会发展计划,并组织实施。

乡、民族乡、镇的人民政府应当认真执行本法,支持卫生行政部门依法履行职责。

第十条 县级以上人民政府卫生行政部门和其他有关部门应当加强对职业病防治的宣传教育,普及职业病防治的知识,增强用人单位的职业病防治观念,提高劳动者的自我健康保护意识。

第十一条 有关防治职业病的国家职业卫生标准,由国务院卫生行政部门制定并公布。

第十二条 任何单位和个人有权对违反本法的行为进行检举和控告。

对防治职业病成绩显著的单位和个人,给予奖励。

第二章　前期预防

第十三条 产生职业病危害的用人单位的设立除应当符合法律、行政法规规定的设立条件外,其工作场所还应当符合下列职业卫生要求:

(一)职业病危害因素的强度或者浓度符合国家职业卫生标准;

(二)有与职业病危害防护相适应的设施;

(三)生产布局合理,符合有害与无害作业分开的原则;

(四)有配套的更衣间、洗浴间、孕妇休息间等卫生设施;

(五)设备、工具、用具等设施符合保护劳动者生理、心理健康的要求;

(六)法律、行政法规和国务院卫生行政部门关于保护劳动者健康的其他要求。

第十四条 在卫生行政部门中建立职业病危害项目的申报制度。

用人单位设有依法公布的职业病目录所列职业病的危害项目的,应当及时、如实向卫生行政部门申报,接受监督。

职业病危害项目申报的具体办法由国务院卫生行政部门制定。

第十五条 新建、扩建、改建建设项目和技术改造、技术引进项目(以下统称建设项目)可能产生职业病危害的,建设单位在可行性论证阶段应当向卫生行政部门提交职业病危害预评价报告。卫生行政部门应当自收到职业病危害预评价报告之日起三十日内,作出审核决定并书面通知建设单位。未提交预评价报告或者预评价报告未经卫生行政部门审核同意的,有关部门不得批准该建设项目。

职业病危害预评价报告应当对建设项目可能产生的职业病危害因素及其对工作场所和劳动者健康的影响作出评价,确定危害类别和职业病防护措施。

建设项目职业病危害分类目录和分类管理办法由国务院卫生行政部门制定。

第十六条 建设项目的职业病防护设施所需费用应当纳入建设项目工程预算,并与主体工程同时设计,同时施工,同时投入生产和使用。

职业病危害严重的建设项目的防护设施设计,应当经卫生行政部门进行卫生审查,符合国家职业卫生标准和卫生要求的,方可施工。

建设项目在竣工验收前,建设单位应当进行职业病危害控制效果评价。建设项目竣工验收时,其职业病防护设施经卫生行政部门验收合格后,方可投入正式生产和使用。

第十七条 职业病危害预评价、职业病危害控制效果评价由依法设立的取得省级以上人民政府卫生行政部门资质认证的职业卫生技术服务机构进行。职业卫生技术服务机构所作评价应当客观、真实。

第十八条 国家对从事放射、高毒等作业实行特殊管理。具体管理办法由国务院制定。

第三章　劳动过程中的防护与管理

第十九条 用人单位应当采取下列职业病防治管理措施:

(一)设置或者指定职业卫生管理机构或者组织,配备专职或者兼职的职业卫生专业人员,负责本单位的职业病防治工作;

(二)制定职业病防治计划和实施方案;

(三)建立、健全职业卫生管理制度和操作规程;

(四)建立、健全职业卫生档案和劳动者健康监护档案;

(五)建立、健全工作场所职业病危害因素监测及评价制度;

(六)建立、健全职业病危害事故应急救援预案。

第二十条 用人单位必须采用有效的职业病防护设施,并为劳动者提供个人使用的职业病防护用品。

用人单位为劳动者个人提供的职业病防护用品必须符合防治职业病的要求;不符合要求的,不得使用。

第二十一条 用人单位应当优先采用有利于防治职业病和保护劳动者健康的新技术、新工艺、新材料,逐步替代职业病危害严重的技术、工艺、材料。

第二十二条 产生职业病危害的用人单位,应当在醒目位置设置公告栏,公布有关职业病防治的规章制度、操作规程、职业病危害事故应急救援措施和工作场所职业病危害因素检测结果。

对产生严重职业病危害的作业岗位,应当在其醒目位置,设置警示标识和中文警示说明。警示说明应当载明产生职业病危害的种类、后果、预防以及应急救治措施等内容。

第二十三条 对可能发生急性职业损伤的有毒、有害工作场所,用人单位应当设置报警装置,配置现场急救用品、冲洗设备、应急撤离通道和必要的泄险区。

对放射工作场所和放射性同位素的运输、贮存,用人单位必须配置防护设备和报警装置,保证接触放射线的工作人员佩戴个人剂量计。

对职业病防护设备、应急救援设施和个人使用的职业病防护用品,用人单位应当进行经常性的维护、检修,定期检测其性能和效果,确保其处于正常状态,不得擅自拆除或者停止使用。

第二十四条　用人单位应当实施由专人负责的职业病危害因素日常监测,并确保监测系统处于正常运行状态。

用人单位应当按照国务院卫生行政部门的规定,定期对工作场所进行职业病危害因素检测、评价。检测、评价结果存入用人单位职业卫生档案,定期向所在地卫生行政部门报告并向劳动者公布。

职业病危害因素检测、评价由依法设立的取得省级以上人民政府卫生行政部门资质认证的职业卫生技术服务机构进行。职业卫生技术服务机构所作检测、评价应当客观、真实。

发现工作场所职业病危害因素不符合国家职业卫生标准和卫生要求时,用人单位应当立即采取相应治理措施,仍然达不到国家职业卫生标准和卫生要求的,必须停止存在职业病危害因素的作业;职业病危害因素经治理后,符合国家职业卫生标准和卫生要求的,方可重新作业。

第二十五条　向用人单位提供可能产生职业病危害的设备的,应当提供中文说明书,并在设备的醒目位置设置警示标识和中文警示说明。警示说明应当载明设备性能、可能产生的职业病危害、安全操作和维护注意事项、职业病防护以及应急救治措施等内容。

第二十六条　向用人单位提供可能产生职业病危害的化学品、放射性同位素和含有放射性物质的材料的,应当提供中文说明书。说明书应当载明产品特性、主要成分、存在的有害因素、可能产生的危害后果、安全使用注意事项、职业病防护以及应急救治措施等内容。产品包装应当有醒目的警示标识和中文警示说明。贮存上述材料的场所应当在规定的部位设置危险物品标识或者放射性警示标识。

国内首次使用或者首次进口与职业病危害有关的化学材料,使用单位或者进口单位按照国家规定经国务院有关部门批准后,应当向国务院卫生行政部门报送该化学材料的毒性鉴定以及经有关部门登记注册或者批准进口的文件等资料。

进口放射性同位素、射线装置和含有放射性物质的物品的,按照国家有关规定办理。

第二十七条　任何单位和个人不得生产、经营、进口和使用国家明令禁止使用的可能产生职业病危害的设备或者材料。

第二十八条　任何单位和个人不得将产生职业病危害的作业转移给不具备职业病防护条件的单位和个人。不具备职业病防护条件的单位和个人不得接受产生职业病危害的作业。

第二十九条　用人单位对采用的技术、工艺、材料,应当知悉其产生的职业病危害,对有职业病危害的技术、工艺、材料隐瞒其危害而采用的,对所造成的职业病危害后果承担责任。

第三十条　用人单位与劳动者订立劳动合同(含聘用合同,下同)时,应当将工作过程中可能产生的职业病危害及其后果、职业病防护措施和待遇等如实告知劳动者,并在劳动合同中写明,不得隐瞒或者欺骗。

劳动者在已订立劳动合同期间因工作岗位或者工作内容变更,从事与所订立劳动合同中未告知的存在职业病危害的作业时,用人单位应当依照前款规定,向劳动者履行如实告知的义务,并协商变更原劳动合同相关条款。

用人单位违反前两款规定的,劳动者有权拒绝从事存在职业病危害的作业,用人单位不得因此解除或者终止与劳动者所订立的劳动合同。

第三十一条　用人单位的负责人应当接受职业卫生培训,遵守职业病防治法律、法规,依法组织本单位的职业病防治工作。

用人单位应当对劳动者进行上岗前的职业卫生培训和在岗期间的定期职业卫生培训,普及职业卫生知识,督促劳动者遵守职业病防治法律、法规、规章和操作规程,指导劳动者正确使用职业病防护设备和个人使用的职业病防护用品。

劳动者应当学习和掌握相关的职业卫生知识,遵守职业病防治法律、法规、规章和操作规程,正确使用、维护职业病防护设备和个人使用的职业病防护用品,发现职业病危害事故隐患应当及时报告。

劳动者不履行前款规定义务的,用人单位应当对其进行教育。

第三十二条　对从事接触职业病危害的作业的劳动者,用人单位应当按照国务院卫生行政部门的规定组织上岗前、在岗期间和离岗时的职业健康检查,并将检查结果如实告知劳动者。职业健康检查费用由用人单位承担。

用人单位不得安排未经上岗前职业健康检查的劳动者从事接触职业病危害的作业;不得安排有职业禁忌的劳动者从事其所禁忌的作业;对在职业健康检查中发现有与所从事的职业相关的健康损害的劳动者,应当调离原工作岗位,并妥善安置;对未进行离岗前职业健康检查的劳动者不得解除或者终止与其订立的劳动合同。

职业健康检查应当由省级以上人民政府卫生行政部门批准的医疗卫生机构承担。

第三十三条　用人单位应当为劳动者建立职业健康监护档案,并按照规定的期限妥善保存。

职业健康监护档案应当包括劳动者的职业史、职业病危害接触史、职业健康检查结果和职业病诊疗等有关个人健康资料。

劳动者离开用人单位时,有权索取本人职业健康监护档案复印件,用人单位应当如实、无偿提供,并在所提供的复印件上签章。

第三十四条　发生或者可能发生急性职业病危害事故时,用人单位应当立即采取应急救援和控制措施,并及时报告所在地卫生行政部门和有关部门。卫生行政部门接到报告后,应当及时会同有关部门组织调查处理;必要时,可以采取临时控制措施。

对遭受或者可能遭受急性职业病危害的劳动者,用人单位应当及时组织救治、进行健康检查和医学观察,所需费用由用人单位承担。

第三十五条　用人单位不得安排未成年工从事接触职业病危害的作业;不得安排孕期、哺乳期的女职工从事对本人和胎儿、婴儿有危害的作业。

第三十六条 劳动者享有下列职业卫生保护权利：

（一）获得职业卫生教育、培训；

（二）获得职业健康检查、职业病诊疗、康复等职业病防治服务；

（三）了解工作场所产生或者可能产生的职业病危害因素、危害后果和应当采取的职业病防护措施；

（四）要求用人单位提供符合防治职业病要求的职业病防护设施和个人使用的职业病防护用品，改善工作条件；

（五）对违反职业病防治法律、法规以及危及生命健康的行为提出批评、检举和控告；

（六）拒绝违章指挥和强令进行没有职业病防护措施的作业；

（七）参与用人单位职业卫生工作的民主管理，对职业病防治工作提出意见和建议。

用人单位应当保障劳动者行使前款所列权利。因劳动者依法行使正当权利而降低其工资、福利等待遇或者解除、终止与其订立的劳动合同的，其行为无效。

第三十七条 工会组织应当督促并协助用人单位开展职业卫生宣传教育和培训，对用人单位的职业病防治工作提出意见和建议，与用人单位就劳动者反映的有关职业病防治的问题进行协调并督促解决。

工会组织对用人单位违反职业病防治法律、法规，侵犯劳动者合法权益的行为，有权要求纠正；产生严重职业病危害时，有权要求采取防护措施，或者向政府有关部门建议采取强制性措施；发生职业病危害事故时，有权参与事故调查处理；发现危及劳动者生命健康的情形时，有权向用人单位建议组织劳动者撤离危险现场，用人单位应当立即作出处理。

第三十八条 用人单位按照职业病防治要求，用于预防和治理职业病危害、工作场所卫生检测、健康监护和职业卫生培训等费用，按照国家有关规定，在生产成本中据实列支。

第四章　职业病诊断与职业病病人保障

第三十九条 职业病诊断应当由省级以上人民政府卫生行政部门批准的医疗卫生机构承担。

第四十条 劳动者可以在用人单位所在地或者本人居住地依法承担职业病诊断的医疗卫生机构进行职业病诊断。

第四十一条 职业病诊断标准和职业病诊断、鉴定办法由国务院卫生行政部门制定。职业病伤残等级的鉴定办法由国务院劳动保障行政部门会同国务院卫生行政部门制定。

第四十二条 职业病诊断，应当综合分析下列因素：

（一）病人的职业史；

(二)职业病危害接触史和现场危害调查与评价;

(三)临床表现以及辅助检查结果等。

没有证据否定职业病危害因素与病人临床表现之间的必然联系的,在排除其他致病因素后,应当诊断为职业病。

承担职业病诊断的医疗卫生机构在进行职业病诊断时,应当组织三名以上取得职业病诊断资格的执业医师集体诊断。

职业病诊断证明书应当由参与诊断的医师共同签署,并经承担职业病诊断的医疗卫生机构审核盖章。

第四十三条　用人单位和医疗卫生机构发现职业病病人或者疑似职业病病人时,应当及时向所在地卫生行政部门报告。确诊为职业病的,用人单位还应当向所在地劳动保障行政部门报告。

卫生行政部门和劳动保障行政部门接到报告后,应当依法作出处理。

第四十四条　县级以上地方人民政府卫生行政部门负责本行政区域内的职业病统计报告的管理工作,并按照规定上报。

第四十五条　当事人对职业病诊断有异议的,可以向作出诊断的医疗卫生机构所在地地方人民政府卫生行政部门申请鉴定。

职业病诊断争议由设区的市级以上地方人民政府卫生行政部门根据当事人的申请,组织职业病诊断鉴定委员会进行鉴定。

当事人对设区的市级职业病诊断鉴定委员会的鉴定结论不服的,可以向省、自治区、直辖市人民政府卫生行政部门申请再鉴定。

第四十六条　职业病诊断鉴定委员会由相关专业的专家组成。

省、自治区、直辖市人民政府卫生行政部门应当设立相关的专家库,需要对职业病争议作出诊断鉴定时,由当事人或者当事人委托有关卫生行政部门从专家库中以随机抽取的方式确定参加诊断鉴定委员会的专家。

职业病诊断鉴定委员会应当按照国务院卫生行政部门颁布的职业病诊断标准和职业病诊断、鉴定办法进行职业病诊断鉴定,向当事人出具职业病诊断鉴定书。职业病诊断鉴定费用由用人单位承担。

第四十七条　职业病诊断鉴定委员会组成人员应当遵守职业道德,客观、公正地进行诊断鉴定,并承担相应的责任。职业病诊断鉴定委员会组成人员不得私下接触当事人,不得收受当事人的财物或者其他好处,与当事人有利害关系的,应当回避。

人民法院受理有关案件需要进行职业病鉴定时,应当从省、自治区、直辖市人民政府卫生行政部门依法设立的相关的专家库中选取参加鉴定的专家。

第四十八条　职业病诊断、鉴定需要用人单位提供有关职业卫生和健康监护等资料时,用人单位应当如实提供,劳动者和有关机构也应当提供与职业病诊断、鉴定有关的资料。

第四十九条　医疗卫生机构发现疑似职业病病人时,应当告知劳动者本人并及时通知用人单位。

用人单位应当及时安排对疑似职业病病人进行诊断;在疑似职业病病人诊断或者医学观察期间,不得解除或者终止与其订立的劳动合同。

疑似职业病病人在诊断、医学观察期间的费用,由用人单位承担。

第五十条 职业病病人依法享受国家规定的职业病待遇。

用人单位应当按照国家有关规定,安排职业病病人进行治疗、康复和定期检查。

用人单位对不适宜继续从事原工作的职业病病人,应当调离原岗位,并妥善安置。

用人单位对从事接触职业病危害的作业的劳动者,应当给予适当岗位津贴。

第五十一条 职业病病人的诊疗、康复费用,伤残以及丧失劳动能力的职业病病人的社会保障,按照国家有关工伤社会保险的规定执行。

第五十二条 职业病病人除依法享有工伤社会保险外,依照有关民事法律,尚有获得赔偿的权利的,有权向用人单位提出赔偿要求。

第五十三条 劳动者被诊断患有职业病,但用人单位没有依法参加工伤社会保险的,其医疗和生活保障由最后的用人单位承担;最后的用人单位有证据证明该职业病是先前用人单位的职业病危害造成的,由先前用人单位承担。

第五十四条 职业病病人变动工作单位,其依法享有的待遇不变。

用人单位发生分立、合并、解散、破产等情形的,应当对从事接触职业病危害的作业的劳动者进行健康检查,并按照国家有关规定妥善安置职业病病人。

第五章 监督检查

第五十五条 县级以上人民政府卫生行政部门依照职业病防治法律、法规、国家职业卫生标准和卫生要求,依据职责划分,对职业病防治工作及职业病危害检测、评价活动进行监督检查。

第五十六条 卫生行政部门履行监督检查职责时,有权采取下列措施:

(一)进入被检查单位和职业病危害现场,了解情况,调查取证;

(二)查阅或者复制与违反职业病防治法律、法规的行为有关的资料和采集样品;

(三)责令违反职业病防治法律、法规的单位和个人停止违法行为。

第五十七条 发生职业病危害事故或者有证据证明危害状态可能导致职业病危害事故发生时,卫生行政部门可以采取下列临时控制措施:

(一)责令暂停导致职业病危害事故的作业;

(二)封存造成职业病危害事故或者可能导致职业病危害事故发生的材料和设备;

(三)组织控制职业病危害事故现场。

在职业病危害事故或者危害状态得到有效控制后,卫生行政部门应当及时解除控制措施。

第五十八条 职业卫生监督执法人员依法执行职务时,应当出示监督执法证件。

职业卫生监督执法人员应当忠于职守,秉公执法,严格遵守执法规范;涉及用人单位的秘密的,应当为其保密。

第五十九条　职业卫生监督执法人员依法执行职务时,被检查单位应当接受检查并予以支持配合,不得拒绝和阻碍。

第六十条　卫生行政部门及其职业卫生监督执法人员履行职责时,不得有下列行为:

(一)对不符合法定条件的,发给建设项目有关证明文件、资质证明文件或者予以批准;

(二)对已经取得有关证明文件的,不履行监督检查职责;

(三)发现用人单位存在职业病危害的,可能造成职业病危害事故,不及时依法采取控制措施;

(四)其他违反本法的行为。

第六十一条　职业卫生监督执法人员应当依法经过资格认定。

卫生行政部门应当加强队伍建设,提高职业卫生监督执法人员的政治、业务素质,依照本法和其他有关法律、法规的规定,建立、健全内部监督制度,对其工作人员执行法律、法规和遵守纪律的情况,进行监督检查。

第六章　法律责任

第六十二条　建设单位违反本法规定,有下列行为之一的,由卫生行政部门给予警告,责令限期改正;逾期不改正的,处十万元以上五十万元以下的罚款;情节严重的,责令停止产生职业病危害的作业,或者提请有关人民政府按照国务院规定的权限责令停建、关闭:

(一)未按照规定进行职业病危害预评价或者未提交职业病危害预评价报告,或者职业病危害预评价报告未经卫生行政部门审核同意,擅自开工的;

(二)建设项目的职业病防护设施未按照规定与主体工程同时投入生产和使用的;

(三)职业病危害严重的建设项目,其职业病防护设施设计不符合国家职业卫生标准和卫生要求施工的;

(四)未按照规定对职业病防护设施进行职业病危害控制效果评价、未经卫生行政部门验收或者验收不合格,擅自投入使用的。

第六十三条　违反本法规定,有下列行为之一的,由卫生行政部门给予警告,责令限期改正;逾期不改正的,处二万元以下的罚款:

(一)工作场所职业病危害因素检测、评价结果没有存档、上报、公布的;

(二)未采取本法第十九条规定的职业病防治管理措施的;

(三)未按照规定公布有关职业病防治的规章制度、操作规程、职业病危害事故应急救援措施的;

(四)未按照规定组织劳动者进行职业卫生培训,或者未对劳动者个人职业病防护采取指导、督促措施的;

（五）国内首次使用或者首次进口与职业病危害有关的化学材料，未按照规定报送毒性鉴定资料以及经有关部门登记注册或者批准进口的文件的。

第六十四条　用人单位违反本法规定，有下列行为之一的，由卫生行政部门责令限期改正，给予警告，可以并处二万元以上五万元以下的罚款：

（一）未按照规定及时、如实向卫生行政部门申报产生职业病危害的项目的；

（二）未实施由专人负责的职业病危害因素日常监测，或者监测系统不能正常监测的；

（三）订立或者变更劳动合同时，未告知劳动者职业病危害真实情况的；

（四）未按照规定组织职业健康检查、建立职业健康监护档案或者未将检查结果如实告知劳动者的。

第六十五条　用人单位违反本法规定，有下列行为之一的，由卫生行政部门给予警告，责令限期改正，逾期不改正的，处五万元以上二十万元以下的罚款；情节严重的，责令停止产生职业病危害的作业，或者提请有关人民政府按照国务院规定的权限责令关闭：

（一）工作场所职业病危害因素的强度或者浓度超过国家职业卫生标准的；

（二）未提供职业病防护设施和个人使用的职业病防护用品，或者提供的职业病防护设施和个人使用的职业病防护用品不符合国家职业卫生标准和卫生要求的；

（三）对职业病防护设备、应急救援设施和个人使用的职业病防护用品未按照规定进行维护、检修、检测，或者不能保持正常运行、使用状态的；

（四）未按照规定对工作场所职业病危害因素进行检测、评价的；

（五）工作场所职业病危害因素经治理仍然达不到国家职业卫生标准和卫生要求时，未停止存在职业病危害因素的作业的；

（六）未按照规定安排职业病病人、疑似职业病病人进行诊治的；

（七）发生或者可能发生急性职业病危害事故时，未立即采取应急救援和控制措施或者未按照规定及时报告的；

（八）未按照规定在产生严重职业病危害的作业岗位醒目位置设置警示标识和中文警示说明的；

（九）拒绝卫生行政部门监督检查的。

第六十六条　向用人单位提供可能产生职业病危害的设备、材料，未按照规定提供中文说明书或者设置警示标识和中文警示说明的，由卫生行政部门责令限期改正，给予警告，并处五万元以上二十万元以下的罚款。

第六十七条　用人单位和医疗卫生机构未按照规定报告职业病、疑似职业病的，由卫生行政部门责令限期改正，给予警告，可以并处一万元以下的罚款；弄虚作假的，并处二万元以上五万元以下的罚款；对直接负责的主管人员和其他直接责任人员，可以依法给予降级或者撤职的处分。

第六十八条　违反本法规定，有下列情形之一的，由卫生行政部门责令限期治理，并处五万元以上三十万元以下的罚款;情节严重的,责令停止产生职业病危害的作业,或者提请有关人民政府按照国务院规定的权限责令关闭:

　　(一)隐瞒技术、工艺、材料所产生的职业病危害而采用的;

　　(二)隐瞒本单位职业卫生真实情况的;

　　(三)可能发生急性职业损伤的有毒、有害工作场所、放射工作场所或者放射性同位素的运输、贮存不符合本法第二十三条规定的;

　　(四)使用国家明令禁止使用的可能产生职业病危害的设备或者材料的;

　　(五)将产生职业病危害的作业转移给没有职业病防护条件的单位和个人,或者没有职业病防护条件的单位和个人接受产生职业病危害的作业的;

　　(六)擅自拆除、停止使用职业病防护设备或者应急救援设施的;

　　(七)安排未经职业健康检查的劳动者、有职业禁忌的劳动者、未成年工或者孕期、哺乳期女职工从事接触职业病危害的作业或者禁忌作业的;

　　(八)违章指挥和强令劳动者进行没有职业病防护措施的作业的。

　　第六十九条　生产、经营或者进口国家明令禁止使用的可能产生职业病危害的设备或者材料的,依照有关法律、行政法规的规定给予处罚。

　　第七十条　用人单位违反本法规定,已经对劳动者生命健康造成严重损害的,由卫生行政部门责令停止产生职业病危害的作业,或者提请有关人民政府按照国务院规定的权限责令关闭,并处十万元以上三十万元以下的罚款。

　　第七十一条　用人单位违反本法规定,造成重大职业病危害事故或者其他严重后果,构成犯罪的,对直接负责的主管人员和其他直接责任人员,依法追究刑事责任。

　　第七十二条　未取得职业卫生技术服务资质认证擅自从事职业卫生技术服务的,或者医疗卫生机构未经批准擅自从事职业健康检查、职业病诊断的,由卫生行政部门责令立即停止违法行为,没收违法所得;违法所得五千元以上的,并处违法所得二倍以上十倍以下的罚款;没有违法所得或者违法所得不足五千元的,并处五千元以上五万元以下的罚款;情节严重的,对直接负责的主管人员和其他直接责任人员,依法给予降级、撤职或者开除的处分。

　　第七十三条　从事职业卫生技术服务的机构和承担职业健康检查、职业病诊断的医疗卫生机构违反本法规定,有下列行为之一的,由卫生行政部门责令立即停止违法行为,给予警告,没收违法所得;违法所得五千元以上的,并处违法所得二倍以上五倍以下的罚款;没有违法所得或者违法所得不足五千元的,并处五千元以上二万元以下的罚款;情节严重的,由原认证或者批准机关取消其相应的资格;对直接负责的主管人员和其他直接责任人员,依法给予降级、撤职或者开除的处分;构成犯罪的,依法追究刑事责任:

　　(一)超出资质认证或者批准范围从事职业卫生技术服务或者职业健康检查、职业病诊断的;

　　(二)不按照本法规定履行法定职责的;

（三）出具虚假证明文件的。

第七十四条 职业病诊断鉴定委员会组成人员收受职业病诊断争议当事人的财物或者其他好处的，给予警告，没收收受的财物，可以并处三千元以上五万元以下的罚款，取消其担任职业病诊断鉴定委员会组成人员的资格，并从省、自治区、直辖市人民政府卫生行政部门设立的专家库中予以除名。

第七十五条 卫生行政部门不按照规定报告职业病和职业病危害事故的，由上一级卫生行政部门责令改正，通报批评，给予警告；虚报、瞒报的，对单位负责人、直接负责的主管人员和其他直接责任人员依法给予降级、撤职或者开除的行政处分。

第七十六条 卫生行政部门及其职业卫生监督执法人员有本法第六十条所列行为之一，导致职业病危害事故发生，构成犯罪的，依法追究刑事责任；尚不构成犯罪的，对单位负责人、直接负责的主管人员和其他直接责任人员依法给予降级、撤职或者开除的行政处分。

第七章　附　则

第七十七条 本法下列用语的含义：

职业病危害，是指对从事职业活动的劳动者可能导致职业病的各种危害。职业病危害因素包括：职业活动中存在的各种有害的化学、物理、生物因素以及在作业过程中产生的其他职业有害因素。

职业禁忌，是指劳动者从事特定职业或者接触特定职业病危害因素时，比一般职业人群更易于遭受职业病危害和罹患职业病或者可能导致原有自身疾病病情加重，或者在从事作业过程中诱发可能导致对他人生命健康构成危险的疾病的个人特殊生理或者病理状态。

第七十八条 本法第二条规定的用人单位以外的单位，产生职业病危害的，其职业病防治活动可以参照本法执行。

中国人民解放军参照执行本法的办法，由国务院、中央军事委员会制定。

第七十九条 本法自 2002 年 5 月 1 日起施行。

附录 C 有关概念解释

1. 标准煤

为统一能源计量,人为规定发热值为 7 000 kcal/kg 或 29 307.6 kJ/kg 的煤为标准煤。标准煤又称煤当量或燃料当量。

2. 动力

用于作机械功的力或能源。

3. 工质

"工作介质"的简称。它是各种机器借以完成能量转化的媒介物质。如汽轮机中的蒸汽,制冷机中的氨等。蒸汽在汽轮机中工作时,将热能转化为机械能以产生原动力;氨在制冷机中把热量从低温处传送到高温处。

4. 介质

即媒质。物体系统在其间存在或物理过程(如力和能量的传递)在其间进行的物质。介质也可泛指一般物质,如工作介质、置换介质、爆炸介质、着火介质、冷却介质等。

5. 置换介质

在煤气工程中,为避免各种煤气设施和管道在投运输送煤气或停气检修时形成爆炸性混合气体,须用氮气、蒸汽或二氧化碳等气体置换出其中的空气或煤气,所用的此类气体称为转换介质。

6. 稀有气体

稀有气体包括:氦(He)、氖(Ne)、氩(Ar)、氪(Kr)、氙(Xe)、氡(Rn)。它们不易和其他物质起化学反应,故又称惰性气体。随稀有气体化合物的发现,打破了人们对稀有气体"惰性"的观点。

7. 压力

压力也称压强。单位面积上受到的作用力,称为压力。气体的压力是分子紊乱运动对器壁频繁撞击的结果,其法定计量单位为帕[斯卡](Pa)。

8. 气流静压

气流静压是在气流中的一个足够小的物体上某个给定点上的压力。一般从气流流过的壁面上测量静压。其计算公式如下

$$P_{静} = H\rho g, \text{Pa}$$

式中:H——所测压力计液柱垂直高度,m;

ρ——液柱的液体密度,kg/m^3;

g——重力加速度,9.81m/s^2。

9. 气流动压

即气体流动所形成的压力。其值与流速平方成正比。计算式如下

$$P_{动} = \frac{\rho V^2}{2} , \text{Pa}$$

式中：ρ——气体密度，kg/m^3；

V——气体的流速，m/s。

10. 气流全压

在气流中，某一点的动压与静压之和称为全压，也称为总压。计算式如下

$$P_{全} = P_{静} + P_{动} , \text{Pa}$$

11. 绝对压力

以绝对真空（完全真空）为基准算起的压力，称为绝对压力。

12. 表压力

以大气压为基准算起的压力称表压力（表压），又称相对压力、计算压力。压力计测得的压力值一般是表压力。

13. 真空压力

绝对压力不足于大气压力的部分，称真空压力（真空度、负压）。

14. 大气压

亦称"大气压强"，简称"气压"，是由于地球大气的重量而产生的压强。其大小与高度、温度等条件有关，一般随高度的增大而减小。

大气压也是压强的一种单位，是"标准大气压"的简称。其与水银柱、Pa 的换算关系如下：

1 标准大气压（物理大气压）＝ 760 torr ＝ 101 324.72 Pa（去小数四舍五入得 101 325 Pa）

1 标准大气压一般采用 101 325 Pa 这一数值。

（1 托＝ 1 mm 汞柱）

15. 烟囱吸力

烟囱内外气体密度差及烟囱高度所形成的抽吸力（负压）称为烟囱吸力。其计算公式如下

$$p_{吸} = H(\rho_{空} - \rho_{烟})$$

式中：$p_{吸}$——烟囱吸力，Pa；

H——烟囱高，m；

$\rho_{空}$——空气密度，kg/m^3；

$\rho_{烟}$——烟气密度，kg/m^3；

g——重力加速度，m/s^2。

不仅烟囱会产生吸力，有位差的管道中不同高度处的介质也会产生压力差，有时可形成负压（吸力）。

16. 流动阻力

流体在管内流动或绕经物体流动时，都存在流动阻力，其方向与流速相反。

流动阻力包括由于黏滞性(内摩擦力)所引起的沿程阻力和流经局部管件时的局部阻力。

17. 理想气体定律

理想气体定律是一个气体状态的理想的方程式,是一个描述气体四个基本性质之间关系的方程式。这个定律通常用下式表示

$$pV = nRT$$

式中:p——绝对压力,Pa;$p = 101\ 325\ \text{Pa} + p'$,Pa,($p'$是表压力);

V——体积,m^3;

n——气体摩尔数,mol;

T——气体的绝对温度,K;$T = t + 273.15$(t是温度摄氏度,℃)。

R——气体常数,如压力、温度和体积采用 SI 制单位,则

$$R = 8.31\ \text{Pa} \cdot \text{m}^3 / (\text{mol} \cdot \text{K})$$

18. 气体分压定律

即道尔顿分压定律。

其文字表述是:容器内的总压力等于组分气体分压力之和,数学式为

$$p = p_A + p_B + p_C$$

式中:p_A、p_B、p_C为封闭在体积 V 的容器内的 A、B、C 三种气体的分压,p 为容器内的总压力。

19. 范德华方程

$$p = \frac{RT}{V-b} - \frac{a}{V^2}$$

式中:a、b 常数,通常查表得到;a/V^2 分子间吸引力有关的修正项;b 分子体积效应的修正项;上式是指 1 mol 气体的方程。

20. 阿基米德原理

静止液体作用在沉浸于其中的物体表面上的总压力(浮力),等于物体所排开的液体的重量,且方向垂直向上。

21. 伯努利方程

$$Z_1 + \frac{P_1}{\rho g} + \frac{V_1^2}{2g} = Z_2 \frac{P_2}{\rho g} + \frac{V_2^2}{2g} \pm E' + h_s$$

式中:Z_1——位置能量,对于气体通常可忽略;

$P/\rho g$——压力势能;

$V^2/2g$——动能;

h_s——机械能损失;

E'——流体同外界交换的机械能,输出取"+",输入取"−"。

本方程是能量守恒定律应用于运动流体的一种数学表达式。

22. 层流

流体质点间相互不混杂、层次分明、平滑地流动称为层流(或称片流)。

23. 湍流

流体质点间相互混杂而无层次地流动称为湍流(或称紊流)。

24. 雷诺数

雷诺数 R_e 是一个表征流体惯性力与黏性力之比的无量纲数,即

$$R_e = \frac{V_t l t}{v}$$

式中:V_t——流体的特征速度,如在管流中取过流断面上的平均流速,m/s;

　　　l_t——流体的特征长度,如在管流中常取水力直径 ds,对圆管内流动即为管子的内径 d,m;

　　　v——黏性力,m^2/s。

(上式分子、分母量纲为 m^2/s 约去,故为无量纲。)

25. 临界雷诺数

层流和湍流相互转化时的雷诺数称为临界雷诺数。由层流转变为湍流时为上临界雷诺数;反之,为下临界雷诺数。上临界雷诺数的值不稳定,变化范围大;下临界雷诺数的基本不变。

一般以下临界雷诺数 R_e 来判别流动状态是层流或是湍流。

在内径为 d 的圆断面管内的流动 $R_e \approx 2\ 300$。大于 $2\ 300$ 即可判为湍流。

26. 温度

温标上的标度,是表示物体冷热程度的物理量。物体温度的升高或降低,标志着物体内部分子热运动平均动能的增加或减少。

27. 温标

为量度物体温度高低而对温度零点和分度方法所作的一种规定。我国法定计量单位采用绝对温标和摄氏温标。

绝对温标即开[尔文]氏温标,是按热力学理论,规定分子运动停止时的温度为绝对零度。开氏温标是基本温标,用符号 T 表示,其单位是开[尔文],用符号 K 表示。

摄氏温标是将水的冰点和水的沸点间的温度差分为 100 等分,每一等分就称为 1 摄氏度,并规定水的冰点温度数值为 0 ℃,沸点为 100 ℃。摄氏温标是导出温标,用符号 t 表示,其单位是摄氏度,用符号℃表示。

两种温标的基本单位的大小是一致的,两者之间的换算关系为

$$t = T - T_0$$

式中:$T_0 = 273.15$ K

　　　t——摄氏温标度数,℃;

　　　T——开氏温标度数,K。

28. 等感温度

把空气温度、湿度和流动速度对人体的综合作用所产生的感温指数称"等感温

度",同也叫"实感温度"。

29. 导热

导热是由物体内部分子和原子的微观运动所引起的一种热量转移方式。例如,热量从固体的高温部分传递到低温部分。导体在固体、液体和气体中都能发生。

30. 对流放热

流动着的流体与和它直接接触的固体壁面间的热量传递过程称为对流放热,简称放热(或给热)。

31. 辐射换热

物体的热能不断地以电磁波的形式向四面八方发射,这种形式的能量称为热辐射能。当这种电磁波落到另一物体表面时,就或多或少地被它吸收并又转变成热能,热量就从一个物体转移到另一个物体。两个温度不等的物体以这种方式交换热量的过程称为辐射换热。电磁波的传播不需要依靠中间介质,因而辐射换热是真空中唯一的热传递方式。

32. 传热过程

冷流体和热流体被壁面隔开,热量从热流体经过壁面传递给冷流体,这种过程称为传热过程。如各种管式或板式换热器中的热量传递以及管道中液体与周围环境的热交换。

33. 流量

单位时间内流体流过管道或设备某处横截面的数量称流量。流过的数量按体积计算的称为体积流量,用符号 Q 表示;按质量计算的称为质量流量,用符号 m 表示。体积流量 Q 常用单位如 m^3/h、mL/min、cm^3/s 等;质量流量 m 常用单位如 kg/h、kg/min、g/s 等。

34. 气体标准状态

气体标准状态是指气体绝对压力为 1 标准大气压、气体绝对温度为 273.15K 时的状态。

气体标准状态体积一般用标准立方米表示或作 Nm^3 表示,其中 N 代表英文字母 normal,中文意义是"标准的"。现有时也可只用 m^3。

35. 比热

1 g 物质温度升高 1 ℃所需吸收的热量(J),即为该物质的比热。各种物质的比热是不同的。

对同一物质特别是气体,比热的大小又与加热的条件(如温度的高低、压强和体积的变化情况)有关。气体体积恒定时的比热称定容比热;压强恒定时的比热称定压比热。同一物质在不同状态下比热也不同,如水的比热为 4.186 8 $J/(g \cdot K)$,即 1 $cal/(g \cdot ℃)$,而冰则约为 2.093 4 $J/(g \cdot K)$,即 0.5 $cal/(g \cdot ℃)$。

SI 制中比热单位为 $kJ/(kg \cdot K)$;工程单位制中则为 $kcal/(kg \cdot ℃)$。对于气体(除按重量外),还可以按每标准立方米气体升高 1℃所需的热量(J)来表示,其单位为 kJ/(m³·K)，kcal/m³。

36. 密度

物体的质量与其体积的比值称为质量密度，简称密度，又称体积质量，用符号 ρ 表示，单位为 g/cm³、kg/m³。如水的密度在 4 ℃时为 1 g/cm³，标准状况下干燥空气的平均密度为 1.293 kg/m³。

37. 重度

每立方米体积的物质的重量。在工程制单位制中用符号 Γ 表示，其单位为 kgf/m³，其意义是单位体积的重量（力）。按此意义在 SI 制（即我国法定计量单位制）中，则为 N/m³。实行法定计量单位制后，一般采用密度来表示，避免使用"重度"。

将工程单位制公式改写成国际单位制（SI 制）公式时，可将 ρg 代替 ρ。

38. 比重

历史上比重有多种含义，当其单位为 kg/m³ 时，应称为体积质量，当其单位为 1，即表示在相同条件下，某一物质的体积质量与另一参考物质（如水）的体积质量之比时，应称为相对体积质量或相对[质量]密度。

在预先说明的情况下，也有将某种气体与干燥空气质量之比看作某一气体的比重，在此情况下"比重"也没有量纲和单位。

39. 湿度

表示气体（或大气）干湿程度的物理量，有绝对湿度、相对湿度和比较湿度等表示方法。湿蒸汽中液态水分的质量占蒸汽总质量的百分数称为蒸汽的湿度。

绝对湿度每立方米湿气体中所含水蒸气的质量，以 kg/m³ 计量。

相对湿度每立方米湿气体中所含水蒸气的质量，与同一温度下饱和气体中所含水蒸气质量的比值，以％表示。

相对湿度（ϕ）可用下式求得

$$\phi = \frac{p}{p_0} \times 100\ \%$$

式中：P——气体中水的蒸汽压；

P_0——在同一温度 T 时水的饱和蒸汽压（也叫平衡蒸汽压）。

比较湿度湿气体中，每 1 kg 干燥气体所含有的水蒸气的质量，以 kg/kg 或 g/kg 计量。

40. 湿润

固相物表面被液相物所附着的过程称为湿润。附着过程决定于以下四种力：

固液分子间作用力；

液体分子内聚力（或液体表面张力）；

气体分子与液体分子间的作用力；

液体质点与固体表面间的摩擦力。

例如：同样处于空气介质下，将水滴滴在干净的玻璃板上，水滴即行流散，即水使玻璃迅速湿润，玻璃质点与水有很大相互作用力，玻璃有亲水性；而水滴在石蜡表面，则水滴不流散，说明石蜡有疏水性。前者易于湿润，后者难于湿润。

41. 黏滞性

液体和气体内部阻碍其相对流动的特性称黏滞性也称内摩擦性，内摩擦力的大小称为黏度。黏度通常用动力黏度（绝对黏度）$^0\mu$、运动黏度（条件黏度、相对黏度）^0E 等表示。动力黏度的计量单位为 Pa·s，动力黏度的计量单位为 m²/s。

液体的黏滞性随温度而改变，当温度升高时，液体的黏滞性减小，而气体的则增加。

42. 液气平衡

液体经过蒸发转变为气体，即由液相转变为气相。在一个密闭容器中，当气液之间达到平衡之后蒸发过程就告终止。开始，分子运动主要是从液相转变为气相一个方向，随着气相分子浓度的增加，凝聚的速度逐渐接近蒸发速度，最终达到动力学平衡，即达到液气平衡状态。这就是液气平衡的概念。

43. 蒸气压

在给定温度下，与纯液体呈平衡的蒸气压力称该液体的蒸气压。平衡、液体必定同时存在。

44. 饱和蒸气

与同种物质的液态或固态处于平衡状态的蒸气即为饱和蒸气。

液体或固体气化时，它的分子不断从该体内逸出，形成蒸气，但同时也有分子从蒸气中进入该体内。当同一时间内逸出和进入的分子数目相同时，称这种液体或固体同其蒸气处于平衡状况，这时的蒸气即为饱和蒸气，此时的温度称"饱和温度"，压强称"饱和蒸气压"。

45. 饱和蒸气压

即饱和蒸气的压强。在一定温度下，各种液态和固态物质都有一定的饱和蒸气压，其值随温度升高而增加。液态物质的温度升高到它的沸点时，其饱和蒸气压与外界压强相等。在同温度下，各种物质具有不同的饱和蒸气压。

46. 相平衡

指气液、固液、固气三者之间的全面的平衡。

以 $-5 \sim +30$ ℃范围内水的相图为例说明相平衡（相图）某些特性（其他纯物质的相图与此相似）（见图 C-1）。

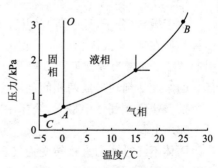

AB 线是液态水的蒸汽压温度曲线的一部分，在该线上任一点的温度和压力下液态水与水蒸气成平衡。A 点表示两相在 0.01 ℃和 0.608 ℃压力时呈平衡。B 点表示在 25 ℃与液态水成平衡的蒸气压力为 3.2 kPa。

$-5\sim30$℃水的相图，三相点出现在A处

图 C-1

AC 线代表冰的蒸汽压曲线。

AD 线代表液态水和冰成平衡的温度和压力条件。

A 点代表三相(液、固和气)相互成平衡的点,称作三相点。

47. 露点

气压不变、水汽无增减的情况下,未饱和空气因冷却而达到饱和时的温度称露点。它是空气湿度的一种表示方法。气温与露点的差值愈小,空气愈接近饱和。

48. 蒸发

在液体表面发生的气化现象为蒸发。它在任何温度下都能进行。温度越高,液体表面积越大,液面附近该物质的蒸气密度越小,则蒸发越快(即一定时间内液体蒸发量越大)。相同条件下,各种液体蒸发的快慢不同。

从物质的分子运动观点来说,蒸发是由于在同一时间内从液面逸出的分子数多于由液面外进入液体的分子数所致。

49. 蒸馏

利用液体中各组分挥发性的不同,以分离液体混合物的方法称蒸馏。将液体混合物加热至沸,在所生成的蒸气中比原液含有较多的易挥发组分,而在剩余混合液中则含有较多的难挥发组分,因此可使混合物中各组分得到部分乃至完全分离。

50. 分馏、精馏

将产品分成一系列的馏分的简单蒸馏叫分馏。

用多次蒸馏的方法以分离液体混合物来获取较净产品的作法叫精馏。精馏的具体方法是:在具有多层塔板的精馏塔中,将由塔顶蒸气凝缩而得的部分馏出液,由塔顶回流入塔内,使与从蒸馏釜连续上升的蒸气在各层塔板上或填料表面上密切接触,不断地进行部分气化与部分凝缩,其效果相当于多次的简单蒸馏,从而提高各组分的分离的程度。

51. 凝聚

气体转化为液体或固体的过程为凝聚;化工过程中悬浮于液体中直径小于 1 μm 的极细微粒,通过加入药品使之聚集的过程也称凝聚。

52. 扩散

由于微粒(分子、原子等)的热运动而产生的物质迁移现象即为扩散,可由一种或多种物质在气、液或固相的同一相内或不同相间进行。它主要由于浓度差或温度差所引起,而以前者为较常见。一般从浓度较高和区域向较低的区域迁移,直到相内各部分的浓度达到均匀或两相间的浓度达到平衡为止。

扩散速度在气体中最大,液体中次之,固体中最小。

53. 升华

固体不经过液态直接转变为气态的过程称为升华。

在相图中,在三相点以下任何温度,当压力降低到小于平衡蒸气压时,固体就会升华。

在寒冷干燥的冬天，气温低于 0 ℃，空气中水蒸气分压低于其平衡值（0 ℃时 0.608 kPa），冰或雪就会升华而"消失"。煤气工程中常见萘的升华现象。

54. 乳化、乳化剂、乳状液

乳化是两种互不相容的液体形成乳状的过程。

乳化剂能促使两种互不相溶的液体（如油和水）形成稳定的乳状液的物质。

乳状液由两种互不相溶的液体所组成的分散物系，即一种液体（分散相）分散在另一种液体（分散介质）中。

55. 吸附

固体与气体接触，气体分子被固体表面原子吸引或起化学反应形成吸附层即为吸附。

吸附分物理吸附和化学吸附，此两类吸附可相伴发生。

产生物理吸附的作用力是范德华力（即分子间引力），可看作是气体在固体表面的凝聚。产生化学吸附的作用力是化学键力，一些吸附剂只对某些气体才会发生化学吸附作用，这类吸附可看作吸附剂表面上的化学反应，而且多是不可逆的反应。

56. 解吸

将已被吸附剂吸附之气体自吸附剂中析出即为解吸。

解吸一般采取加热、减压或一方面加热一方面用另一种含吸附气体很低的气体吹过吸附剂的方法。

57. 虹吸现象

依靠大气压强，利用曲管将液体经过高出液面的地方引向低处的现象。

在曲管（虹吸管）内预先充满液体，同时液柱本身产生的压强不超过当地大气压的情况下，虹吸现象才能发生（即 ac 液柱形成的压强小于大气压强时）。

例如，以水充满曲管，把它的两端放入不连通的 A、B 两贮水器中（见图 C-2），即见水由 A 流入 B。设 c 表示曲管的最高点，从图 C-2 可以看出，管内 a 处的压强等于大气压强减去 ac 水柱的静压强，b 处的压强等于大气压强减去 bc 水柱的静压强，两相比较，a 处的压强比 b 处要大一个相当于 ab 水柱的静压强，所以水由 A 流入 B。

58. 毛细现象

含有细微缝隙的物体与液体接触时，在浸润情况下液体沿缝隙上升或渗入，在不浸润情况下液体沿缝隙下降的现象称毛细现象。它是物质分子间的力作用的结果。

内径小到足以引起显著毛细现象的管子称"毛细管"。如液体能浸润管壁，则液面成凹形弯月面。例如细玻璃管中水面呈凹形而水面上升，汞面呈凸形而汞下降。

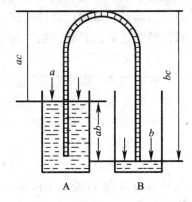

图 C-2

59. 电晕

电晕是带电体表面在气体或液体介质中局部放电的现象,常发生在不均匀电场中电场强度很高的区域内(例如高电压导线的周围)。其特征为:出现与日晕相似的光层,发出嘶嘶的声音,产生臭氧和氧化氮等。

60. 电离

中性分子或原子形成"离子"的过程即为电离。产生的原因:在气体中是由于高能粒子(电子或离子)等的碰撞或其他高能射线的辐照;在溶液中则主要由于溶剂极性分子的吸引。

61. 电除尘

电除尘是使气体中含有的悬浮状尘粒,在通过电晕放电电场时,尘粒从气体离子获得电荷,而被吸引达沉淀电极,并用水流冲刷、依靠重力或振打除去的一种除尘方法。

62. 喘振

当风机进气流量减小到某一定值时,影响到进入风机相应流道的气流方向,进气冲角变化使气流的分离区沿叶轮逆旋转方向,以比叶轮旋转速度小的相对速度移动,产生所谓旋转脱离。当旋转脱离扩散到整个级的通道,级的压力突然下降,机后系统气体倒流,瞬时弥补级的流量不足,当把倒流的气体压出后,又使压力再度突降,又发生倒流,如此重复,机组及机后系统产生低频高振幅的压力脉动并发出很大声响,机组剧烈振动,这就是喘振。喘振经常损坏机组的部件。

63. 气蚀(汽蚀)

由于流体的动力作用,使运动液体局部降低到在该温度下的液体气化压力时,液体就开始气化而形成气泡。当压力降低时,溶解在液体中的气体常在气化前释出,形成气泡,此类气泡组成所谓空穴(气穴)。

当气泡随液体到达静压超过饱和蒸气压的区域时,气泡中的蒸汽又突然凝结而使气泡破灭。气泡破灭时,周围液体以高速向气泡中心运动而形成高频水锤作用,在流道面上产生很高的局部应力与局部温度升高,并产生噪声和振动。过程反复进行就会对某一区域的零件表面产生破坏作用,再加上化学和电化学的腐蚀作用造成具有海绵状或蜂窝状特征的气蚀损坏,这就是气蚀(对水泵而言即为汽蚀)。

64. 水锤

在管道中,由于启动、停机、阀门突然启闭和突然换向等原因,使管内流速发生急降,从而导致管内压力急剧升高的流动现象,称为水锤(或水击)。

发生水锤时,管内压力变化值可能很大,以致管子可能爆裂。

65. 煤的干馏

煤在隔绝空气的情况下加热,先放出水分和吸附的气体,随后开始分解产生煤气和焦油,剩下以炭为主体的焦炭。这种过程叫做煤的干馏。

66. 煤焦油

煤干馏产生的一种产品，呈黑褐色，高温干馏产生的比重大于 1，低温干馏产生的相对密度小于 1。它由多种有机物组成，含有：石蜡、环烷、烯类、苯、萘、蒽、焦油酸、焦油碱、沥青等物质，还含有游离碳。

67. 烯烃聚合

煤气中的不饱和烃如丁二烯、环成二烯等二烯烃类物质聚合成胶质体的过程称为烯烃聚合。

它的聚合主要是因为煤气中存在一氧化氮（NO），一氧化氮与氧作用后生成二氧化氮（NO_2），在二氧化氮参与下形成胶质体聚合物（与焦油类似）。其形成过程大致如下：

$$NO + O_2 \longrightarrow NO_2$$

$$NO_2 + 二烯烃类物质 \longrightarrow 气质胶（或叫一氧化氮胶 NOG \ \mu m）$$

一氧化氮胶最初粒度仅 0.1 μm，悬浮于煤气流中，其后逐渐变大，易沉积于流速及流向变化的地方，即使含量极少也会造成堵塞故障。

（编者注：根据武钢引进 1700 轧机系统时德方介绍，煤气中 NO_x 应低于 0.2 ppm，但实际高达 0.828 ppm；当时武钢硅钢片厂投产初期每 3～5 天就要对烧嘴及各类阀清扫一次，这阶段测定含 NOG μm 等阻塞物平均仅有 2.22 mg/m³）

68. 化学腐蚀

金属或合金与周围环境中的非电解质接触，直接发生化学反应而引起的金属的腐蚀叫化学腐蚀。或者说，化学腐蚀是金属与物质直接发生的氧化还原的反应。

69. 电化学反应

由于金属与电解质溶液接触，发生氧化还原反应并伴随有电流发生的腐蚀叫电化学腐蚀。电化学腐蚀比化学腐蚀复杂得多，具有一定的普遍性。

如钢（铁碳合金）在干燥的空气里，一般不易被腐蚀，但在潮湿的空气中很快发生腐蚀，就是因为作为弱电解质的水中溶有二氧化碳（CO_2）、二氧化硫（SO_2）等气体后成为弱酸，使水中氢离子（H^+）增多，形成钢中的碳为正极，铁为负极的无数原电池，使钢发生电化学腐蚀的缘故。

70. 燃料

用以产生热量或动力的可燃性物质，称为燃料，主要是含碳物质或碳氢化合物。按其形态可分为固体燃料、液体燃料及气体燃料。

原子核反应堆中放出能量的元素或化合物称"核燃料"。

71. 燃气

可燃气体的概称。也可指燃料燃烧后的高温气体。

72. 煤气

泛指一般的可燃气体。通常指固体燃料（或重油）经干馏、气化或其他方法所获得的气体产物，主要成分为可燃气体如氢、一氧化碳、碳氢化合物等，并含有氮、二氧化碳等不可燃气体。有高炉煤气、焦炉煤气、转炉煤气、发生炉煤气、水煤气、油煤气等。

73. 自燃

可燃物质不依靠外部提供的点火能量,自行氧化发热直至燃烧的现象。

关于煤气设施内腐蚀沉积物自燃:焦炉煤气或含有焦炉煤气的混合气中含有的硫化氢与钢材起腐蚀作用而产生含有活性硫化铁的、棕褐色海绵状物质,它沉积于管道或设施内,具有自燃性质,当其水分被蒸发、有机层被除去、自燃质表面暴露,即开始吸附氧分子而产生热量,当传热不良时,就会使温度不断升高,而达到赤热点引起自燃,这就是燃气设施内腐蚀沉积物自燃。其他含有硫化氢的燃料也会产生上述现象。这种自燃往往是引起煤气爆炸的一个潜在因素。

74. 回火

煤气烧嘴回火:如烧嘴出口气流速度过低,局部流速小于火焰传播速度,火焰就会回窜到喷嘴中即为煤气烧嘴回火。又当管道压力低于规定值时(一般应≥500 Pa),如用户继续使用或放散管仍处于放散状态,则会使煤气管内形成负压,而从其他炉窑烧嘴处吸入炽热气体而使火焰引入烧嘴内部造成烧嘴回火。

无焰燃烧混合器回火:如混合器内气流速度过低就会发生回火或器内存在阻碍物、速度场不均匀,即使平均流速大于火焰传播速度,有时也会造成回火,这就是无焰燃烧混合器的回火。

煤气管道的回火:当煤气管道漏泄煤气着火时,在未通入蒸汽或氮气等充压介质情况下急速而完全地隔断煤气来源,则会造成炽热气体进入管道内造成回火。此类回火最容易导致煤气爆炸。

(编者注:国标煤气安全规程规定"直径≤100 mm 煤气管道着火时允许直接关闭煤气阀门灭火"可作为制定规程、教材的依据。但有关资料规定:"直径≤50 mm 的煤气管才允许不经介质转换停送煤气"。究竟如何确定此临界直径,有待进一步试验验证。)

75. 吹熄

在气体燃料燃烧过程中,如气流速度超过火焰传播速度,则会发生火焰被吹熄的现象(或脱火现象)。

76. 有焰燃烧

空气与煤气经单独流股状态进入炉膛,两者的混合与燃烧同时进行的燃烧为有焰燃烧,也称火炬燃烧。

由于煤气、空气分股流入,就有可能将它们分别预热到较高温度,这种方法较适用于发热值较低的煤气。

77. 无焰燃烧

空气与煤气在进入燃烧室前已进行混合的一种燃烧方法称无焰燃烧。这种方法需要的空气过剩系数小,一般为 1.03～1.05,它能使煤气很快地、完全地燃烧。

此种此种方法不足之处:空气预热温度不能太高(<300 ℃)、烧嘴能力较小、要求煤气压力较高、火焰辐射能力较低等。

78. 理论空气量

单位重量（或体积）燃料完全燃烧而烟气中没有剩余氧时所需要的干空气量称理论空气量。其法定计量单位：对固体及液体燃料为 m^3/kg；对气体燃料为 m^3/m^3。

79. 空气过剩系数

燃料燃烧时，比理论空气量多出的那部分空气量称为过剩空气量。实际供给的空气量与理论空气量的比值称为空气过剩系数（α）

$$\alpha = \frac{实际供给的空气量}{理论空气量}$$

80. 理论烟气量

单位燃料量与理论空气量进行完全燃烧时所生成的烟气量称为理论烟气量。

81. 实际烟气量

理论烟气量之外加上过剩空气中氧、氮以及水蒸气的体积所构成的烟气量。

82. 煤气爆炸

煤气（可燃气体）与助燃气体按一定比例范围混合、在着火源的作用下发生急骤的化学反应，释放出大量能量，使气体体积突然膨胀引起冲击波的现象称为煤气爆炸。

煤气爆炸属化学爆炸中的气相爆炸。其爆炸最大压力可按下式计算

$$p_{最大} = \frac{T_{最高}}{T_0} \times p_0 \times \frac{n}{m}$$

式中：$p_{最大}$——爆炸后最大压力，MPa；

　　　p_0——爆炸前压力，MPa；

　　$T_{最大}$——爆炸后气体温度，K；

　　T_0——爆炸前气体温度，K；

　　　m——爆炸前气体物质的量，mol；

　　　n——爆炸后气体物质的量，mol。

83. 爆燃与爆轰

爆燃与爆轰都属化学爆炸现象，爆速低于音速的称为爆燃，一般爆速在 $0.3 \sim 10\ m/s$ 范围。爆速达到音速或以上，甚至高达数度千米，压力达到十几甚至几十大气压的称爆轰。

爆轰一般在可燃气体浓度达到一定范围时发生[如氢与空气混合引起爆轰的范围为：下限 18.3%（体积浓度），上限 59.0%（体积浓度）]，在具有足够大的直径和比较长的管道内也能发生，这是因为着火介质的冲击波使介质的温度、压力和密度急剧增大，使燃烧的化学反应加速所致。

在某钢铁企业曾发生过氢气瓶混装氧气爆炸以及直径 2.4 m 的混合煤气管道爆炸两次事故，都造成较大破坏，似可用爆轰理论给予解释。

84. 非化学爆炸

非由于化学反应而引起的爆炸。如高压容器因内压过高所造成的爆炸（破）以及核裂变形成不受控制的链式反应和核聚变反应所形成的爆炸，均为非化学爆炸。

85. 泄压面积

具有爆炸危险的生产厂房，为防止爆炸时造成大的破坏，设置轻质屋盖，易于泄压的门、窗，轻质墙体等泄压处的总面积称为泄压面积。

甲、乙类爆炸危险的厂房泄压面积与厂房体积的比值(m^3/m^3)，一般采用0.05~0.10。在有爆炸危险的仓、罐或管和适当部位，也可设爆破口，以降低爆炸威力，爆破口的面积也为泄压面积。

86. 爆破清管

向管系充入清管介质至一定表压(一般为0.6 MPa)，突然释压(通过金属膜片、橡胶石棉板的鼓破或使进，排气阀受控多次充压、释压)使局部产生接近声速的气流进行清管，称为爆破清管。一般都用氮所作为清管介质。

在武钢曾用于氧气管道脱脂清管和转炉热端烟气取样系统清管。

87. 中毒

由毒物引起疾病称为中毒。

物质进入机体，蓄积达一定量，能与机体组织发生生物化学或生物物理学变化，干扰或破坏机体的正常生理功能，引起暂时性或永久性的病理状态，甚至危及生命。该物质称为毒物。

化学物质的毒性程度通常分为：剧毒、高毒、中等毒、低毒、微毒五级。

88. 煤气毒性成分

煤气中除一氧化碳(CO)、二氧化碳(CO_2)为毒性成分外，其他成分如：饱和烃类物质(C_mH_n)、苯(C_6H_6)、硫化氢(H_2S)、氨气(NH_3)、二氧化硫(SO_2)、氮氧化物(N_xO_y)、氰化氢(HCN)都属毒性成分，进入机体不同量都会有不同的中毒临床表现。

89. 二氧化碳中毒

迅速吸入含有4%~6%(即70~110 mg/L)二氧化碳的空气时，会有头痛、耳鸣、心悸、血压上升、精神兴奋、眩晕、昏迷等症状。

如空气中含量达8%~10%时，吸入后会迅速发生呼吸困难，呼吸及脉搏频数，血压上升，步履蹒跚，发生痉挛，意识消失，最后全身出现紫蓝色，呼吸停止而死亡。

如浓度达20%可立即致死。

小动物(如白鼠等)不能用作二氧化碳试验之用，因为白鼠等小动物对二氧化碳的感受性远不如人类敏感。

90. 窒息

缺氧或机体呼吸受到阻碍时，氧气吸入不足或停止，二氧化碳排出困难、蓄积增多的现象称为窒息。

可分为有机械性窒息、空气中缺氧窒息以及中毒性窒息(如一氧化碳中毒)。

91. 赋味

又叫加味。对无味或气味弱的煤气加入具有强烈气味又不溶于水的物质，使煤气泄漏时可以嗅到气味的方法叫赋味。

一般采用乙硫醇为加味剂。

92. 强度试验

为鉴定计算压力≥0.1 MPa的煤气管道和设施在工作压力下能否产生不正常位移、变形、倒塌,以确保投运时的安全,需在严密试验前作强度试验。

架空煤气管道强度试验压力为计算压力的1.15倍,压力应分级缓升,首先试到50%,经检查无异常后再按10%递增试验,直到所要求的试验压力,每级(次)至少稳压5 min。

93. 严密性试验

为保证煤气管道和设施有较高的密封性,需在投运前作严密试验。国标《工业企业煤气安全规程》规定:

(1)加压机前室外管道的试验压力为计算压力加5×10^3 Pa,但不小于3×10^4 Pa;

(2)加压机前室内管道试验压力为管道计算压力加1.5×10^4 Pa,但不小于3×10^4 Pa;

(3)位于加压机后室外管道试验压力应等于加压机最大升压加2×10^4 Pa;

(4)位于加压机后室内管道试验压力等于加压机最大升压加3×10^4 Pa;

(5)常压高炉(炉顶压力$<3 \times 10^4$ Pa)的煤气管道试验压力为5×10^4 Pa,高压高炉减压阀组前的煤气管道试验压力为炉顶工作压力的1.5倍,减压阀组后的净煤气总管的试验压力为5×10^4 Pa。

试验应进行两小时,小时平均泄漏率(A)≤1% 为合格。计算公式如下

$$A = \frac{l}{t}\left(l - \frac{P_2 T_1}{P_1 T_2}\right) \times 100\%$$

式中:P_1,P_2——试验开始、结束时管道内气体绝对压力,Pa;

T_1,T_2——试验开始、结束时管道内气体绝对温度,K;

t——试验时间,h。

94. 可靠隔断

凡在系统无异常状况下,处于关闭、封止状态,其承受介质压力在设计允许范围内,具有煤气不泄漏到被隔断区域功能的装置称为"煤气可靠隔断装置"。应用该类装置且通过正确使用、精心维护即可达到可靠隔断煤气的目的。

95. 煤气杂质

煤气杂质是指煤气中所含有害成分。所谓有害是指它的存在会造成管道、烧嘴、阀类、压送机以及其他附属装置的堵塞,能引起煤气设备和管道等的内腐蚀,燃烧后会产生有毒气体污染环境、腐蚀设备或引起煤气性能参数改变,破坏炉窑机组的既定热工制度等。煤气中不可燃成分(如氧、氮等)超过规定值时也会产生有害作用,也应视为杂质。

96. 等速取样

在测定煤气中含尘、含焦油或其他机械杂质时,应预先测算出管内煤气流速,取

样时使取样管口流速与煤气流速相等即为等速取样。这种取样方法能避免因取样口流速与主流流速不等而造成取得试样中杂质含量与主流中杂质含量不相等而产生的测定误差。

97. 可靠接地

为防止煤气管道及其他设施因雷击、带电产生火花导致煤气着火、爆炸事故，必须可靠接地。对地电阻不得超过 10 Ω，煤气管道在 300 m 范围内至少设置一处接地装置。

98. 煤气置换作业

向煤气管道或设备中通入转换介质（如氮气、二氧化碳、蒸汽等），驱除出其中的残存煤气或空气以及再用煤气或空气，驱除出置换介质的作业称为气体置换作业。

作业目的是在送煤气或停煤气时不使之形成爆炸性混合物，从根本上避免爆炸事故的发生。

作业前要与正常运行的系统可靠隔断，作业后要将置换介质引入管拆除。

作业时要通过计算以及末端取样分析的方法来判断是否置换完毕。如管道、设备内要进入人，则应作 CO 微量测定或鸽子、小白鼠试验合格。

99. 人工呼吸

一种急救方法。即在自然呼吸停止时（如在一氧化碳中毒、触电、淹溺等情况下）借助于外力使胸腔节律地扩大和缩小，保证空气继续从肺进出，以维持机体的氧化代谢过程，促使自然呼吸运动的恢复。

人工呼吸法有仰卧压胸法、举臂压胸法和口对口人工呼吸法等多种方法。适于现场急救，列为呼吸复苏术中的首选方法。

口对口的人工呼吸法的操作：首先清除患者口腔中的异物、黏液、呕吐物等，保持呼吸道畅通。术者一手自下颌处将患者头部托起使之后仰，并使其口张开，另一手将患者鼻孔捏住，以防气体由鼻孔逸出，然后深吸一口气对准患者的口用力吹气，吹毕让患者胸廓及肺自行回缩，保持每分吹 16～20 次，以胸廓可以扩张，可听到肺泡呼吸音为有效标志。（见图 C-3）呼吸复苏术（人工呼吸）要与心脏复苏术同时进行，后者的目的是维持或恢复血液的循环。

图 C-3

100. 悬浮微粒

直径≤10μm，不产生惯性沉降的微粒，称悬浮微粒。

101. 湍流凝聚

调整运动的含尘气流的雷诺数(R_e)为 0.6×10^6 以上时，其悬浮尘粒作强烈运动，促使悬浮尘粒与液滴微粒充分混合、黏结，并进一步使悬浮尘粒相互黏结，称为湍流凝聚。

在高炉煤气文氏管式除尘器中，湍流凝聚作用很大，是凝聚除尘中作用最大的一种。在文氏管式除尘器喉部气体中，悬浮尘粒与液滴微粒总数一般在 $10^5 \sim 10^7$ 个/cm³ 之间。

102. 蓄热缓冲

利用由热容量较大的物质制成的装置吸收和放出热量的功能，使所通过的温度变化较大气流的温度变化变小的方法。

103. 管线补偿

由于温度的变化会使煤气管线伸长或收缩，钢管道的线伸长(收缩)系数($\alpha = 0.000\ 012\ \text{K}^{-1}$)，因此煤气管线必须采取补偿措施(如安装补偿器或利用管线弯管补偿)。

温度由 253 K 升至 333 K 时，1 kg 长的钢管，将伸长 960 mm，如不采取补偿措施，会招致管线或其构建筑物损坏的严重后果。

其计算公式及具体计算如下

$$\Delta L = \alpha \cdot (T_2 - T_1)\ L$$

其中：α——管线伸长(收缩)系数 $= 0.000\ 012\ \text{K}^{-1}$；

T_1、T_2——管线伸长(收缩)前后的温度，K；

ΔL——管线伸长(收缩)量，m。

计算：$\Delta L = 0.000\ 12 \times (333 - 253) \times 1\ 000\ \text{m} = 0.96\ \text{m} = 960\ \text{mm}$

104. 冷凝水排出器

由于煤气一般都处于水汽饱和或含湿较高的状况下输送，且因管壁散热使温度渐降，部分水汽凝结成水，并有酚、氰、萘、焦油、尘粒等随水沉降，如不排除，将使管道载荷过重而坍塌、折断，造成严重事故，因此必须设置冷凝水排出器，并使其始终处于有效排放状况，同时又要能有效封住煤气防止外泄或击穿。

一般采用单式冷凝水排出器，即将冷凝水排放管插入贮水容器，并保持容器满流溢出，排水管插入深度(即耐压封止有效高度)应大于或等于该处煤气计算压力加 5 000 Pa(约 500 mmH$_2$O)。

105. 复式冷凝水排出器

在设置冷凝水排出器时，如受空间高度制约，无法设置一定高度的冷凝水排除器(不能保证达到规定的水封有效高度)时，可设复式冷凝水排除器。该种装置可承受高出自身高度的煤气压力，其原理是煤气压力击穿第一室后，在第一室水面空间积聚煤气形成压力 p 反作用于第一室水面，该压力 p 一方面由第二室封止，另一方面与第一室的水柱形成合力与煤气压力 P_0 相平衡而封止。也可以按此原理设计成三室或多室，以封止具有更大压力的煤气(见图 C-4)。

106. 水封有效高度

对冷凝水排出器和插入水中的深度（即为其封止有效高度），对 V 形或 U 形水封而言，水封器所能产生的最大液面差为其有效封住煤气的高度（见图 C-5）。

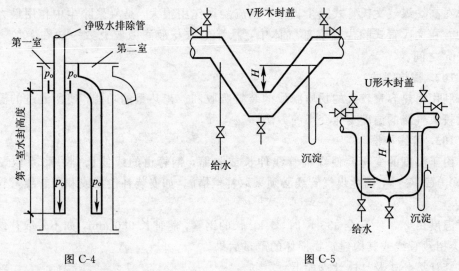

图 C-4　　　　　　　　　　　　　　　　图 C-5

107. 水封击穿

当煤气压力超过冷凝水排除器或水封器的与其有效高度（或实际水封高度）液柱相当的压力时，使水封作用失效、煤气外泄或进入被封止区域的现象，称为水封击穿。

108. 热值指数

热值指数等于燃料气热值除以其密度的开方数，即等于热值/$\sqrt{\rho}$。德国采用热值除以气体密度和空气密度的比值的开方数，即等于热值/$\sqrt{\rho/\rho_{空气}}$。

引入热值指数这一概念的意义是：由于大工业企业所供炉、窑、机组燃料气一般多采用测定流量孔板所产生差压（Δp）的方法进行流量测定的，即气流量正比于差压的开方值也就是 $Q_{cc}\sqrt{\Delta p}$ 并利用比记号参与自控，但它与真实流量之间存在由于燃料气密度变化所引起的流量误差，进而影响供热总量。为弥补这一误差，引入了热值指数的概念。在自动控制进入炉、窑、机组燃料气总供热量时，用保持热值指数（热值/$\sqrt{\rho}$）稳定的同时保持流量信号（$\sqrt{\Delta p}$）的稳定来保证总供热量的稳定。其实质是消除 $\sqrt{\rho}$ 变化引起总供热量的误差。

109. 卡诺循环

即理想的热动力循环。它由两个定温过程和两个绝热过程组成。表示在 pV 图上（见图 C-6），图中 ab 是可逆的定温膨胀过程，bc 是可逆绝热膨胀过程，cd 是可逆定温压缩过程，da 是可逆的绝热压缩过程，经此四过程完成一个可逆的循环。

通过演算证明：热效率

$$\eta_t = \frac{T_1 - T_2}{T_1}$$

从上式可得到以下结论：

（1）卡诺循环的热效率决定于高温热源和低温热源的温度，也就是工质在吸热和放热时的温度。提高 T_1，降低 T_2 可以提高其热效率。

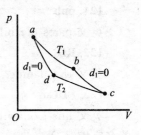

图 C-6 卡诺循环

（2）当 $T_1 = T_2$ 时，循环的热效率为零。即在温度平衡的体系中，不可能使热能转化为机械能，或机器借助单热源做功是不可能的，也就是第二类永动机是不可能的。

110. 气化制冷

物质由液态转化为气态的过程称为气化。物质气化时吸收热量（即气化潜热），可使自身及周围温度下降，这种现象即为气化制冷。

如液化石油气发生跑液事故时会从环境吸热，使阀门冻住而扩大事故。

在 1 标准大气压下，液化气在下列成分百分含量（质量）时，其气化潜热为 394.23 kJ/kg：

C_2H_8　34.02；C_4H_{10}（异）　26.8；C_3H_6　21.2；C_3H_8　9.83；C_4H_{10}（正）　5.49；C_5H_{12}　2.064；$C_2H_6 \sim C_2H_4$　0.563；H_2S　0.033

111. c. e

英文 Coal Equivalent 的缩写，即煤当量或标准煤，也叫燃料当量。

112. BFG

英文 blast furnace gas 的缩写，即高炉煤气。

113. COG

是英文 coke oven gas 的缩写，即焦炉煤气。

114. MixG

英文 mixed gas 的缩写，即混合煤气。

115. LPG

英文 liquefied petroleum gas 的缩写，即液化石油气。

116. WI

英文 wobbe Index 的缩写，即韦伯指数（热值指数）。

117. TRT

英文 top Pressure recovery turbine 的缩写，即顶压回收透平。

118. EP

英文 electrostatic precipitator 的缩写，即静电除尘器。

119. pH

表示溶液中氢离子浓度（$[H^+]$）的一种方法，$pH = -lg[H^+]$。

120. ppm

英文 parts per million 的缩写，即百万分率。

121. ppb

英文 parts per billion 的缩写，即十亿分率。

122. RD

英文 rice damper 的缩写，即米粒气流调节器。

123. LDG

英文 linz Donawitg gas 的缩写，即转炉煤气。（L、D 是林茨、多纳维茨两个钢厂的名字缩写。）

124. OG

英文 oxygen converter gas recovery 的缩写，即纯氧顶吹转炉烟气回收。

125. CCP

英文 combined cycle process 的缩写，即联合循环热装置，全称是燃气联合循环热装置。

126. PSA

英文 pressure seing adsoption 的缩写，即变压吸附。焦炉煤气提氢新法采用变压吸附法。

参 考 文 献

[1] 任贵义.炼铁学.上册[M].北京:冶金工业出版社,1996.
[2] 张丽英.炼钢基础原理[M].北京:中国工人出版社,2005.
[3] 高泽平.炼钢工艺学[M].北京:冶金工业出版社,2006.
[4] 冯婕.转炉炼钢实训[M].北京:冶金工业出版社,2006.
[5] 冯安祖.中国冶金工业全书:炼焦化工[M].北京:冶金工业出版社,1992.